高等学校计算机教材

Java EE 项目开发教程

（第 3 版）

（含视频教学）

郑阿奇　主编

俞　琰　编著

電子工業出版社

Publishing House of Electronics Industry

北京 • BEIJING

内 容 简 介

本书以“网上书店”项目为引导，系统简明地介绍 Java EE 基本技术和应用方法，对 Java EE 的教学具有明显的优势。其基本方法是把繁多和复杂的内容分散开来，通过应用理解原理和方法。

本书从结构上做了调整，更加规范，与 Java EE 项目开发直接结合。本书共 10 章，清晰地划分为项目开发准备、项目开发入门、项目开发综合、项目开发技术 4 个部分；通过与项目相关的知识点介绍，对项目开发过程中的疑问进行详细的解答。

本书免费提供教学课件、实例工程文件和配套的 jar 包。同时，提供二维码扫码教学视频，均可到华信教育资源网（www.hxedu.com.cn）直接下载通过 PC 播放。

本书可以作为大学本专科 Java EE 课程教材、实习教材，也可以作为 Java EE 技术培训和入门参考书。

图书在版编目（CIP）数据

Java EE 项目开发教程：含视频教学/郑阿奇主编. —3 版. —北京：电子工业出版社，2018.1
ISBN 978-7-121-32867-1

Ⅰ. ①J… Ⅱ. ①郑… Ⅲ. ①JAVA 语言－程序设计－高等学校－教材 Ⅳ. ①TP312.8

中国版本图书馆 CIP 数据核字（2017）第 246639 号

策划编辑：程超群
责任编辑：郝黎明　特约编辑：张燕虹
印　　刷：三河市华成印务有限公司
装　　订：三河市华成印务有限公司
出版发行：电子工业出版社
　　　　　北京市海淀区万寿路 173 信箱　邮编　100036
开　　本：787×1 092　1/16　印张：15.75　字数：403 千字
版　　次：2009 年 1 月第 1 版
　　　　　2018 年 1 月第 3 版
印　　次：2018 年 8 月第 2 次印刷
定　　价：39.00 元

凡所购买电子工业出版社图书有缺损问题，请向购买书店调换。若书店售缺，请与本社发行部联系，联系及邮购电话：（010）88254888，88258888。

质量投诉请发邮件至 zlts@phei.com.cn，盗版侵权举报请发邮件至 dbqq@phei.com.cn。

本书咨询联系方式：（010）88254577，ccq@phei.com.cn。

前　言

Java EE 是目前 Java 开发 Web 应用（特别是企业级应用）的首选平台之一，为了轻松学习和掌握 Java EE，需要比较好的简单易懂的教材。本书第 1 版即《J2EE应用实践教程》（ISBN 978-7-121-07852-1）以“网上书店”项目为向导，在完成项目的同时模仿学习 Java EE，并在一定程度上考虑了知识的系统性，实践证明是成功的。《Java EE 项目开发教程（第 2 版）》在第 1 版的基础上做了进一步完善和许多创新，继续得到了高校广大师生和读者的推崇。

本书根据 Java EE 技术的最新发展和教学实践，在第 2 版的基础上进行了修改和完善，从结构上做了调整，更加规范，与 Java EE 项目开发直接结合，清晰地划分为下列 4 个部分。

（1）项目开发准备：构建 Java EE 开发环境。

（2）项目开发入门：包括 Java EE 开发初步、Java EE 框架与 MVC 模式、Java EE 框架集成。

（3）项目开发综合：包括网上书店应用的架构设计、显示图书功能开发、购物车功能开发。

（4）项目开发技术：包括日志输出和事务管理、Ajax 验证用户注册、Java EE 应用测试与发布。

本书通过华信教育资源网（www.hxedu.com.cn）免费提供完善的配套资源，内容不仅包括最后完成的项目总体，而且包括每一章配套的可运行工程（含 jar 包）。这些工程的功能逐步累积，在最后一章形成完整的工程，更有利于读者学习和模仿。同时提供教学课件，方便教学。教师在教学过程中既可以采用课堂教学，也可以采用计算机在教室或机房演示教学。

本书每章包含二维码扫码教学视频，在开发环境下指导项目开发主要过程和要点，回答读者关心的问题。读者也可到华信教育资源网直接下载通过 PC 播放。

本书由东南大学俞琰编著，由南京师范大学郑阿奇主编并定稿。

参加本书编写的还有徐文胜、丁有和、殷红先、曹弋、陈瀚、陈冬霞、邓拼搏、高茜、刘博宇、彭作民、钱晓军、孙德荣、陶卫冬、吴明祥、王志瑞、徐斌、严大牛、郑进、周何骏、于金彬、马骏、周怡明、姜乃松、梁敬东等。

由于编者的水平有限，错误在所难免，敬请广大师生、读者批评指正。

意见建议邮箱：easybooks@163.com。

编　者

本书配套视频目录

目　录

第 1 章 项目开发准备：Java EE 开发环境

本章主要内容：

（1）Java EE 相关软件的安装。

（2）Java EE 开发环境的搭建。

（3）MyEclipse 集成开发环境。

原 Sun 公司（现被 Oracle 收购）早在 1996 年就推出了一种纯面向对象的编程语言，命名为 Java，如今已成为最流行的语言之一。Java EE 是 Java 企业版开发平台，主要用于快速设计、开发、部署和管理企业级的大型软件系统。电信、电子商务、银行、金融、保险、证券等各行业的企业信息化平台大多使用 Java EE。

本书介绍的 Java EE 开发是以 JDK 8 为底层运行平台、Tomcat 9 为应用容器、MySQL 5.7 为后台数据库的轻量级平台，使用最新的 MyEclipse 2017 作为可视化集成开发环境（IDE）。同时，开发时需要配置相应版本的.jar 包，形成.jsp、.java、.xml 等文件。开发完成后，发布到 Web 服务器上，它们的关系如图 1.1 所示。

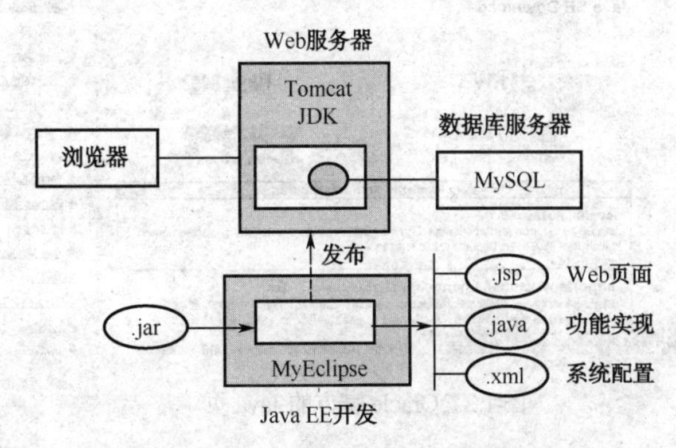

图 1.1 本书的 Java EE 开发

读者在学习 Java EE 开发时，所有程序可以安装在一台计算机上，以便进行系统调试。开发完成后，再发布到真正的 Web 服务器上。

1.1 Java EE 软件安装

Java EE 程序的开发、运行首先离不开 JDK 和服务器，而且一个功能强大的可视化 IDE（集成开发环境）和后台数据库也是必不可少的。

本书 Java EE 开发环境所选择配置的软件如下。

（1）JDK 运行平台：jdk1.8.0_131 和 jre8。

（2）Web 服务器：Tomcat 9.0.0.M20。

（3）IDE 工具：MyEclipse 2017 CI。

（4）数据库：MySQL Server 5.7.17。

1.1.1 下载安装 JDK 8

Java EE 程序必须安装在 Java 运行环境中，这个环境最基础的部分是 JDK，它是 Java SE Development Kit（Java 标准开发工具包）的简称。一个完整的 JDK 包括了 JRE（Java 运行环境），是辅助开发 Java EE 软件的所有相关文档、范例和工具的集成。

Oracle 公司定期在其官网发布最新版的 JDK，并提供免费下载。JDK 下载、安装及配置的整个过程，步骤如下。

1. 访问 Oracle 官网 Java 主题页

Oracle 官方的 Java 页网址为：http://www.oracle.com/technetwork/java/javase/downloads/index.html，如图 1.2 所示。

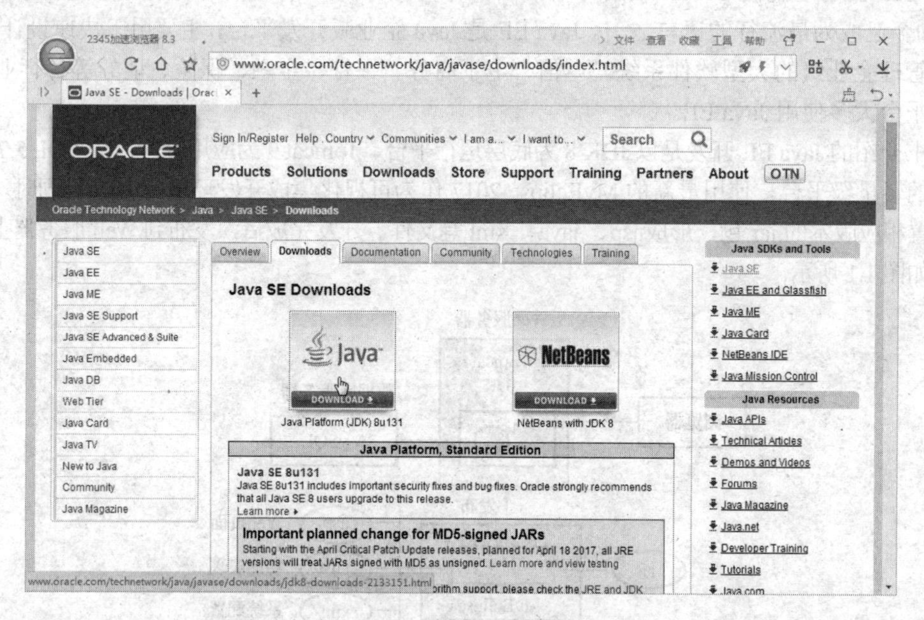

图 1.2 Oracle 官方的 Java 页

单击“Java SE Downloads”下的图标，即可进入 JDK 的下载页面。

2. 选择合适的 JDK 版本下载

下载页面的中央有选择链接区，列出了适用于各种不同操作系统平台的 JDK 下载链接，单击选中“Accept License Agreement”，即可根据需要下载合适的 JDK 版本，笔者所用计算机的操作系统是 32 位 Windows 7 旗舰版，故选适用于 Windows x86 体系的 JDK，单击“jdk-8u131-windows-i586.exe”链接开始下载，如图 1.3 所示。

下载得到的安装可执行文件名为 jdk-8u131-windows-i586.exe，该文件大小约为 190MB，由于 Oracle 官方对页面访问流量的控制，为提高下载速度，建议读者使用迅雷等第三方工具。

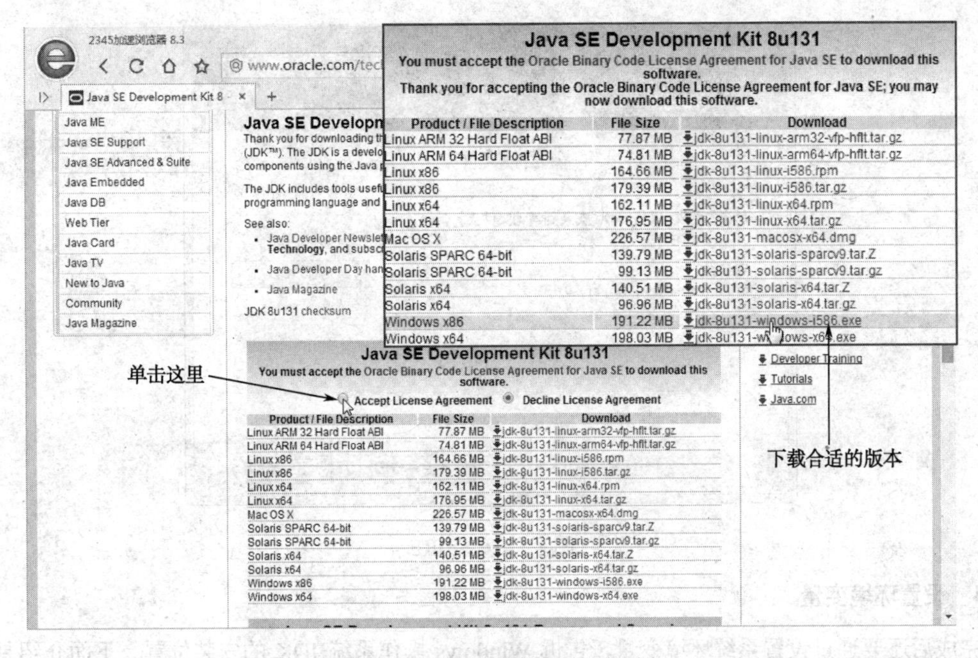

图 1.3　选择要下载的 JDK 版本

3. 安装 JDK 和 JRE

双击下载得到的可执行文件，启动安装向导，如图 1.4 所示。

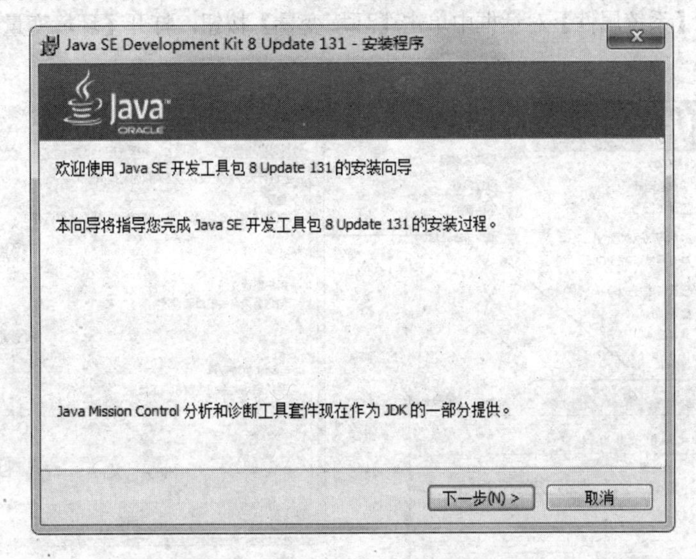

图 1.4　安装 JDK

单击【下一步】按钮，跟着向导的指引操作，安装过程非常简单（这里不展开），本书将 JDK 安装在默认目录“C:\Program Files\Java\jdk1.8.0_131”下。

安装完 JDK 后，向导会自动弹出【Java 安装】对话框，接着安装其配套的 JRE，如图 1.5 所示。系统显示 JRE 会被安装到“C:\Program Files\Java\jre1.8.0_131”，保持这个默认的路径，单击【下一步】按钮开始安装，直到完成。

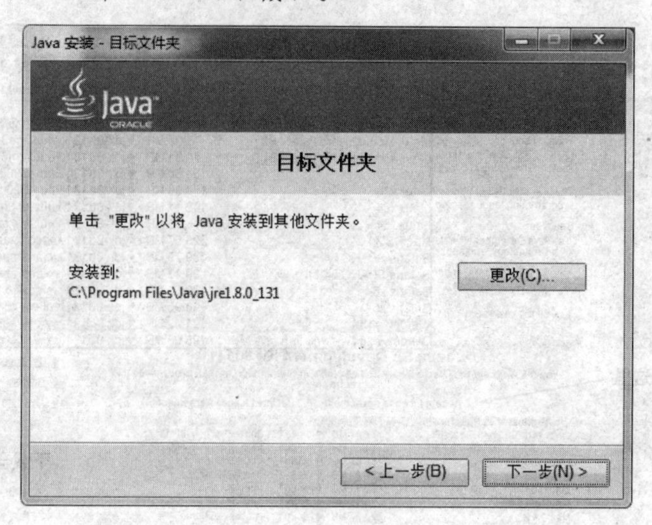

图 1.5　安装 JRE

4. 设置环境变量

完成后还要通过设置系统环境变量，告诉 Windows 操作系统 JDK 的安装位置。下面介绍具体设置方法。

（1）打开【环境变量】对话框

右击桌面上的“计算机”图标，选择【属性】，在弹出的控制面板主页中单击“高级系统设置”链接项，在弹出的【系统属性】对话框中单击【环境变量】按钮，打开【环境变量】对话框，操作过程如图 1.6 所示。

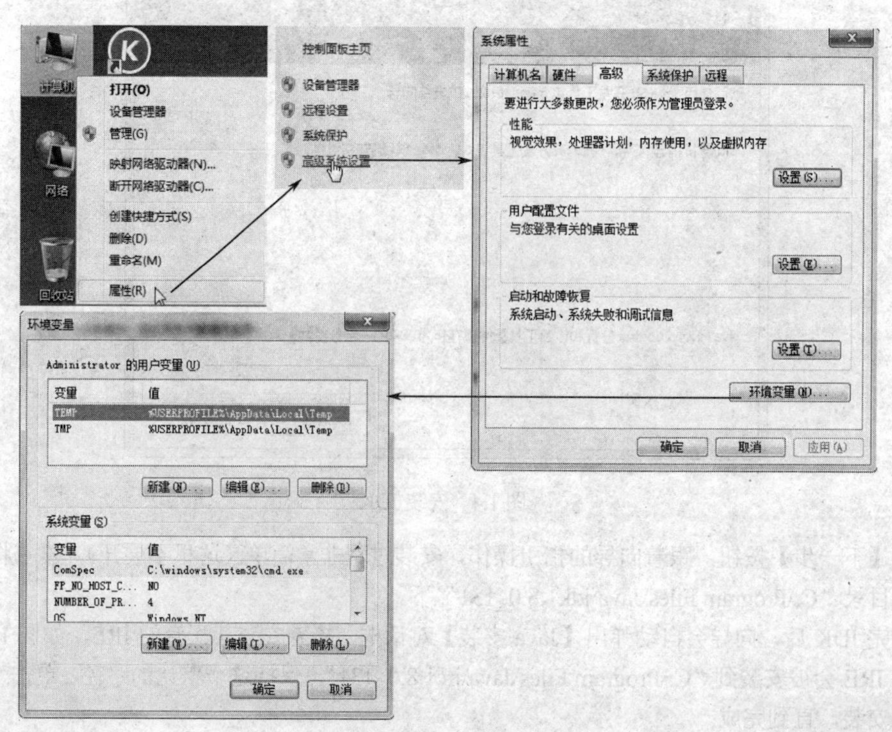

图 1.6　打开【环境变量】对话框

（2）新建系统变量 JAVA_HOME

在“系统变量”列表下单击【新建】按钮，弹出【新建系统变量】对话框。在“变量名”栏中输入“JAVA_HOME”，在“变量值”栏中输入 JDK 安装路径“C:\Program Files\Java\jdk1.8.0_131”，如图 1.7 所示，单击【确定】按钮。

图 1.7　新建 JAVA_HOME 变量

（3）设置系统变量 Path

在“系统变量”列表中找到名为“Path”的变量，单击【编辑】按钮，在“变量值”字符串中加入路径“%JAVA_HOME%\bin;”，如图 1.8 所示，单击【确定】按钮。

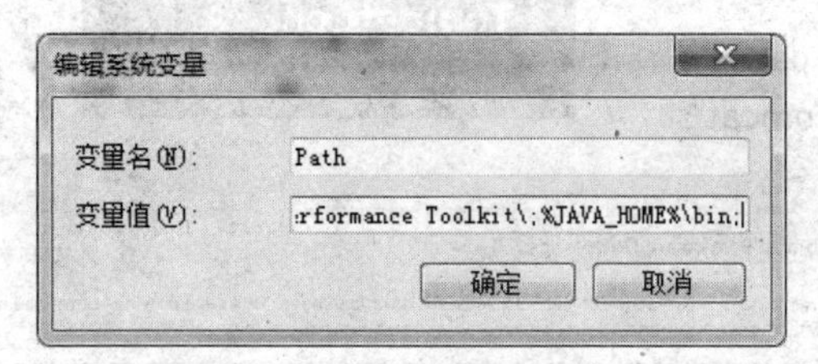

图 1.8　编辑 Path 变量

单击【环境变量】对话框的【确定】按钮，回到【系统属性】对话框，再次单击【确定】按钮，完成 JDK 环境变量的设置。

5. 测试安装

读者可以自己测试 JDK 安装是否成功。选择任务栏【开始】→【运行】，输入“cmd”并回车，进入命令行界面，输入“java -version”，如果配置成功就会出现 Java 的版本信息，如图 1.9 所示。

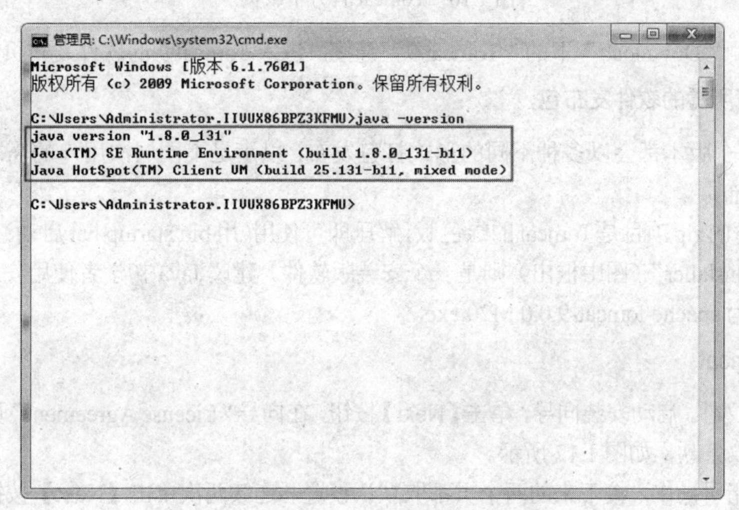

图 1.9　JDK 8 安装成功

至此，JDK 的安装与配置就完成了。

1.1.2 下载安装 Tomcat 9

Tomcat 是著名的 Apache 软件基金会资助 Jakarta 的一个核心子项目，本质上是一个 Java Servlet 容器。它技术先进、性能稳定，而且免费开源，因而深受广大 Java 爱好者的喜爱并得到部分软件开发商的认可，成为目前最为流行的 Web 服务器之一。作为一种小型、轻量级应用服务器，Tomcat 在中小型系统和并发访问用户不是很多的场合下被普遍采用，是开发和调试 Java EE 程序的首选。

因为 Tomcat 的运行离不开 JDK 的支持，所以要先安装 JDK，然后才能正确安装 Tomcat。本书采用最新的 Tomcat 9 作为承载 Java EE 应用的 Web 服务器，Tomcat 下载、安装的步骤如下。

1. 访问 Tomcat 官网

Tomcat 官方的下载网址为：http://tomcat.apache.org/download-90.cgi，如图 1.10 所示。

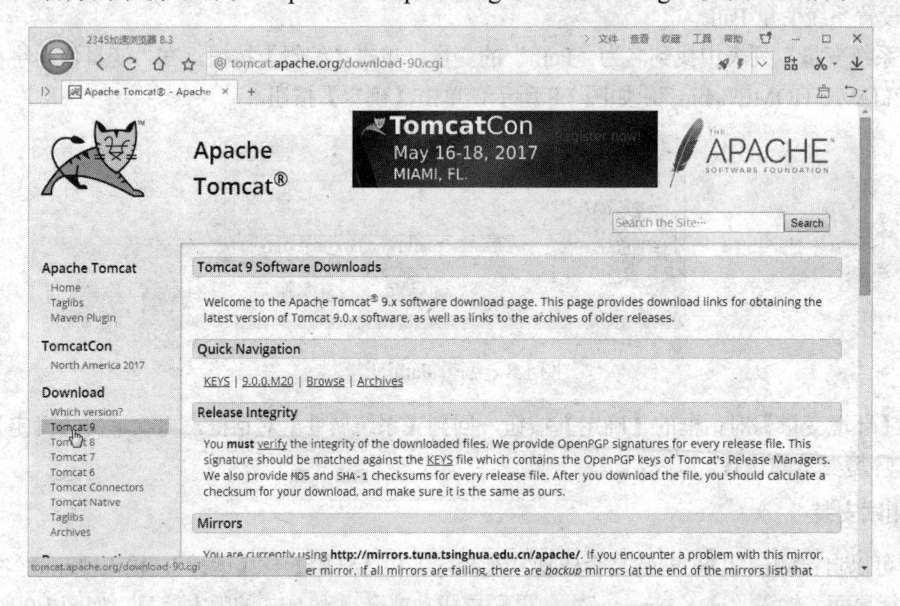

图 1.10 Tomcat 官方下载页

单击页面左侧“Download”下的“Tomcat 9”链接，进入 Tomcat 9 的软件发布页。

2. 选择下载所需的软件发布包

Tomcat 的每个版本都会以多种不同的形式打包发布，以满足不同层次用户的需求，如图 1.11 所示为 Tomcat 9 发布页。

其中，Core 下的 zip 项目是 Tomcat 的绿色版，解压即可使用（用 bin\startup.bat 启动），而“32-bit/64-bit Windows Service Installer”（图中框出）则是一个安装版软件。建议 Java 初学者使用安装版，下载获得的安装包文件名为 apache-tomcat-9.0.0.M20.exe。

3. 安装 Tomcat

双击安装包文件，启动安装向导，单击【Next】按钮，在向导“License Agreement”页单击【I Agree】按钮同意许可协议条款，如图 1.12 所示。

跟着向导的指引操作，接下来的两个页都取默认设置，连续两次单击【Next】按钮。

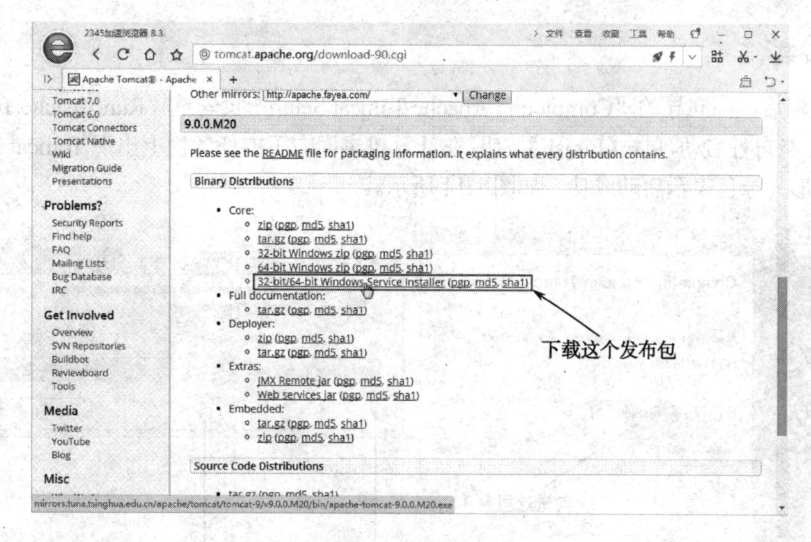

图 1.11　Tomcat 9 发布页

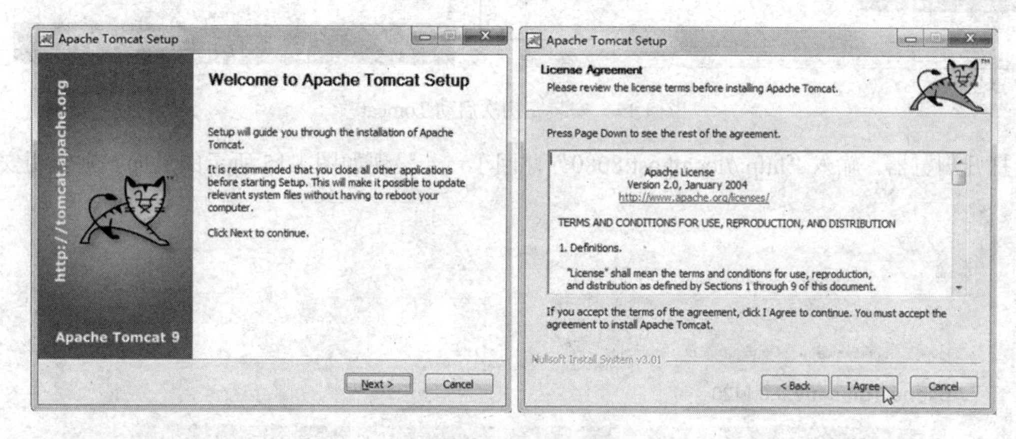

图 1.12　Tomcat 9 安装向导

在“Java Virtual Machine”页，请读者留意路径栏里填写的应是自己计算机 JRE 的安装目录“C:\Program Files\Java\jre1.8.0_131”，如图 1.13 所示。确认无误后再单击【Next】按钮继续，直到完成。

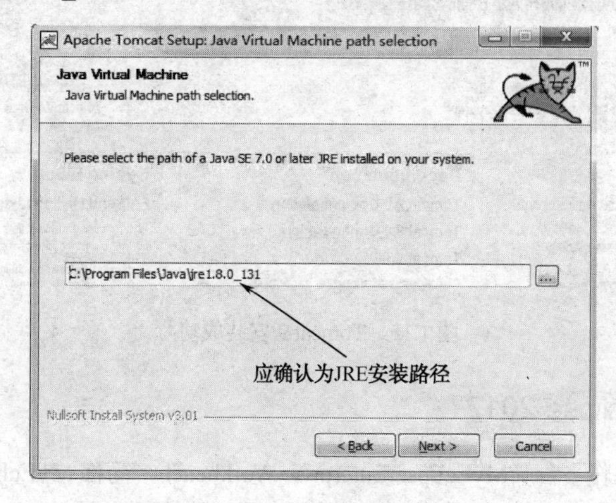

图 1.13　选择 Tomcat 所用 JRE 的路径

4. 测试安装

在安装完毕后，在向导的“Completing Apache Tomcat Setup”页勾选“Run Apache Tomcat”项，以保证 Tomcat 能自行启动，单击【Finish】按钮，在计算机桌面右下方任务栏上出现 Tomcat 的图标 ，图标中央三角形为绿色表示启动成功，如图 1.14 所示。

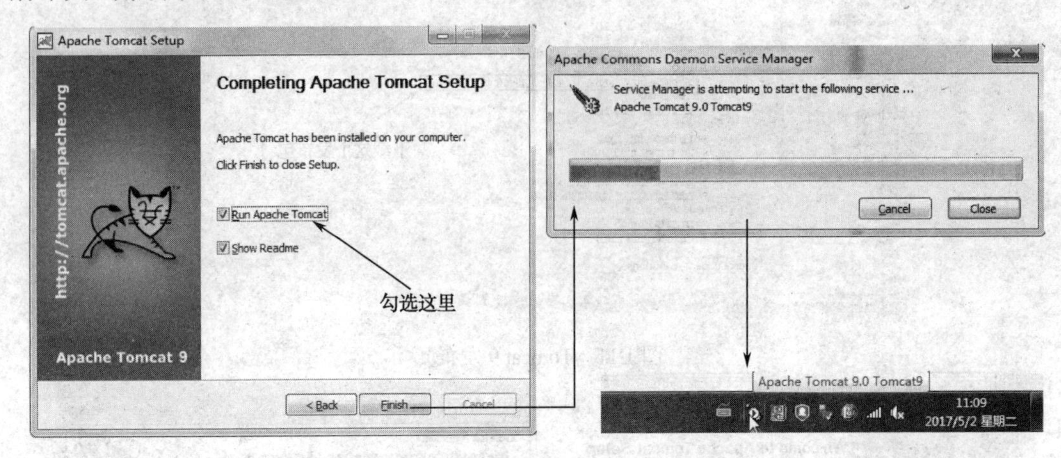

图 1.14　安装完初次启动 Tomcat

打开浏览器，输入“http://localhost:8080”并回车，若呈现如图 1.15 所示的页面，则表明安装成功。

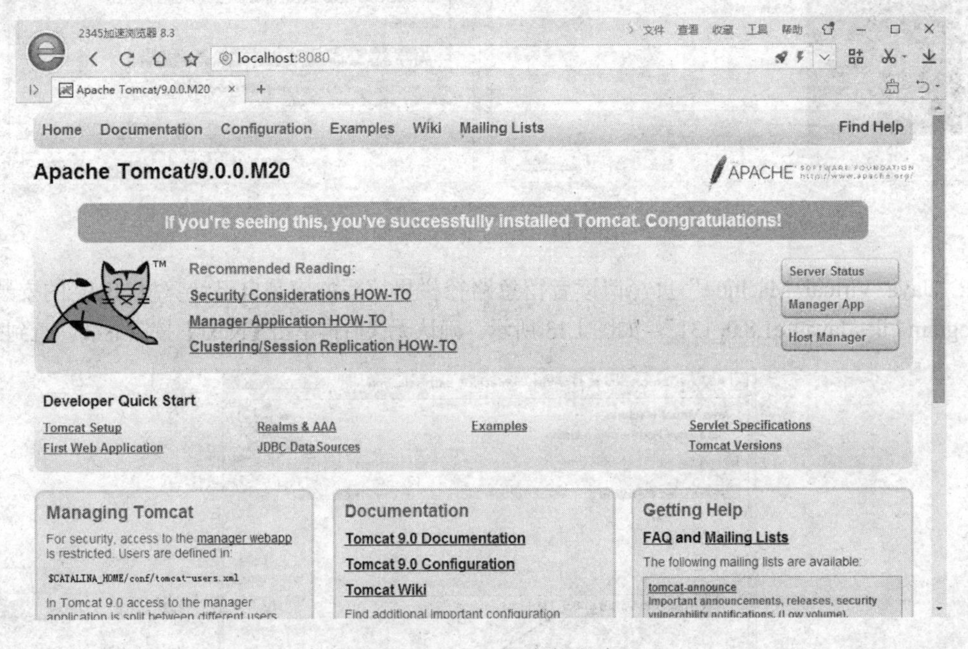

图 1.15　Tomcat 9 安装成功

1.1.3　安装 MyEclipse 2017

MyEclipse 企业级工作平台（MyEclipse Enterprise Workbench，简称 MyEclipse）是对原 Eclipse IDE（一种早期基于 Java 的可扩展开源编程工具）的扩展和集成产品，作为一个极其优秀的用于开发 Java 应用的 Eclipse 插件集合，其功能非常强大，支持也很广泛，尤其是对各种开源产品的支持非常好。利用它可以在数据库和 Java EE 应用的开发、发布以及应用程序服务器的整合方面极大地提高工作效率。它是功能丰富的 Java EE 集成开发环境（IDE），包括了完备的编码、调试、测试和发布功能，完整支持 html/xhtml、JSP、JSF、CSS、Javascript、SQL、Hibernate、Spring 等各种 Java 相关的技术标准和框架。

本书使用的是 MyEclipse 官方发布的最新版 MyEclipse 2017 CI 系列，其下载、安装和初始配置的步骤如下。

1. 下载安装包

目前，由北京慧都科技有限公司与 Genuitec 公司合作运营 MyEclipse 中国官网，其网址为：http://www.myeclipsecn.com/，专为国内用户提供 MyEclipse 软件的下载和技术支持服务，进入其下载主页，单击“推荐本地下载”→“Windows”图标下的“离线版”链接，如图 1.16 所示。

图 1.16 MyEclipse 中国官网下载主页

我们下载的是离线版安装包，文件名为：myeclipse-2017-ci-4-offline-installer-windows.exe，文件大小为 1.56GB。

2. 安装 MyEclipse

双击执行离线安装程序，启动安装向导，单击【Next】按钮，如图 1.17 所示。

在向导“License”页勾选“I accept the terms of the license agreement”同意许可协议条款，单击【Next】按钮继续，接下来的每一步都采用默认设置（不再展开），直至最后安装完成，在“Installation”页确保已勾选了“Launch MyEclipse 2017 CI”，再单击【Finish】按钮结束安装过程，如图 1.18 所示。

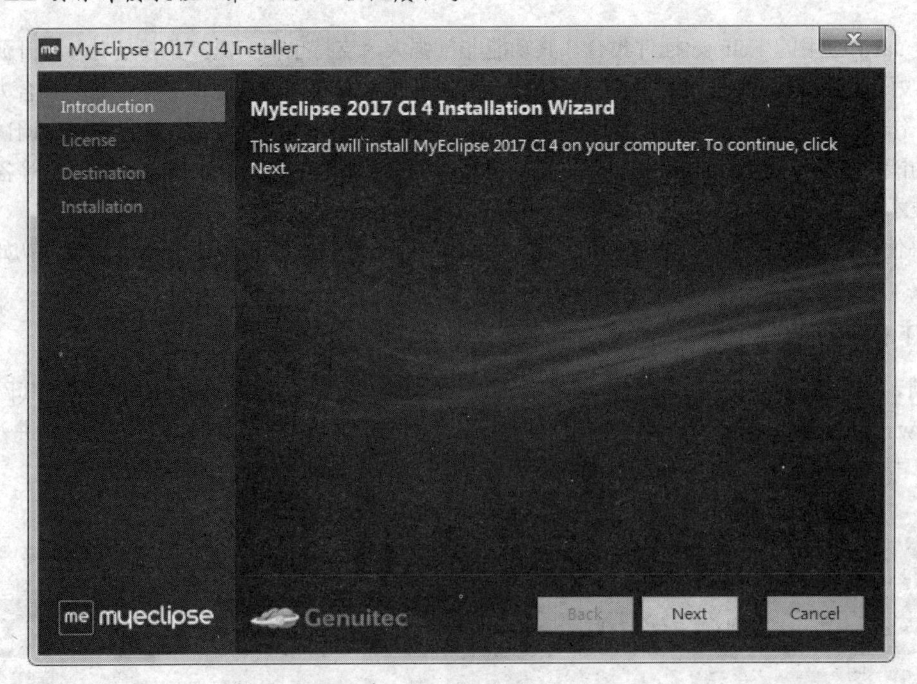

图 1.17 MyEclipse 2017 安装向导

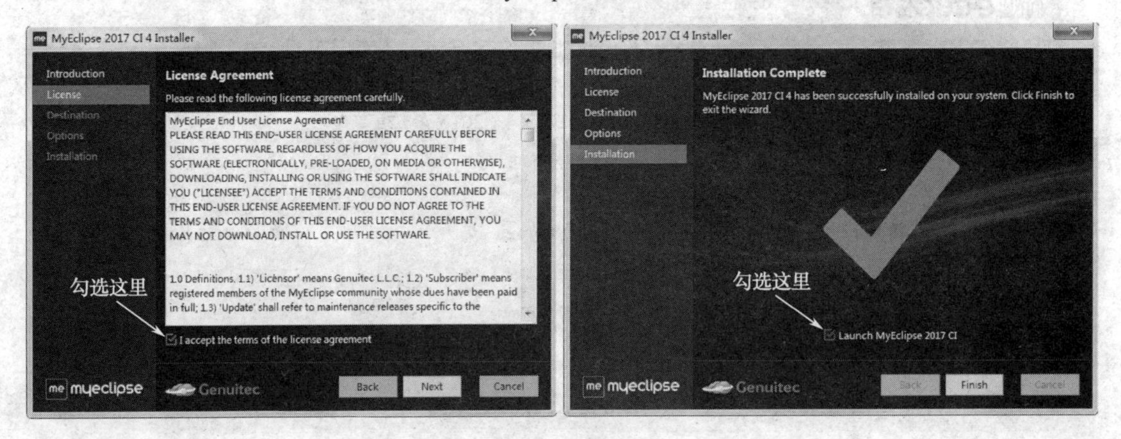

图 1.18 安装过程中的几个操作

3. 初始启动

安装一完成，MyEclipse 2017 就会启动，初启时会弹出【Eclipse Launcher】对话框要求用户选择一个工作区（Workspace），也就是用于存放用户项目（所开发的程序）的地方。这里取默认值即可，默认的工作区所在目录路径为“C:\Users\Administrator\Workspaces\MyEclipse 2017 CI”，如图 1.19 所示。为避免每次启动都要选择工作区的麻烦，可勾选下方的“Use this as the default and do not ask again”，单击【OK】按钮，开始启动，出现启动画面。

4. 初次使用须注册

自 MyEclipse 2014 之后，Genuitec 公司加强了知识产权保护，普通用户很难再得到免费的破解版。MyEclipse 2017 默认只提供用户 7 天的免费试用体验期，一旦过期，将无法继续使用。为延长软件使用期，在初次使用 MyEclipse 前须注册一个免费邮箱账户，注册方法如下。

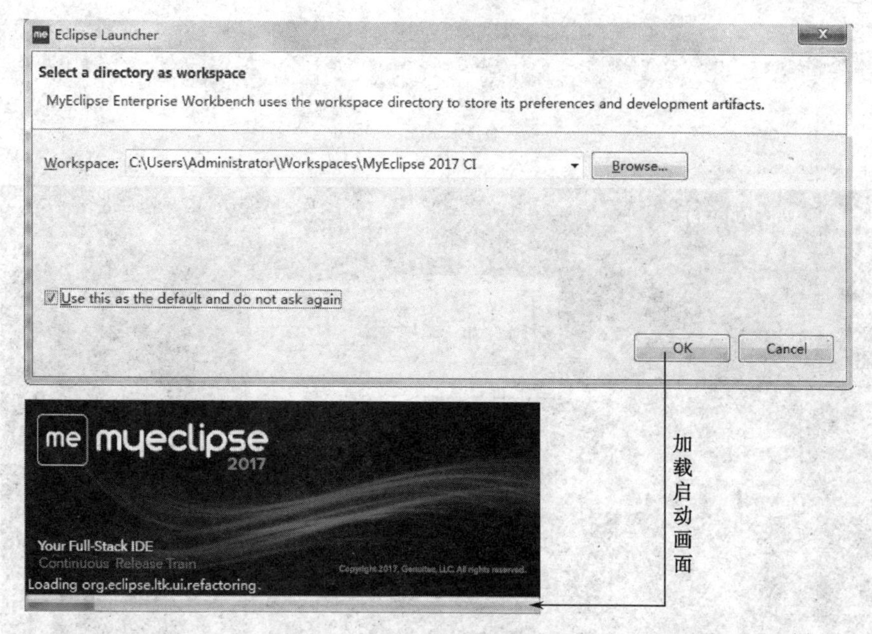

图 1.19　初次启动 MyEclipse 2017

（1）初启软件时出现一个模式对话框，单击右下角的【Start Trial】按钮，填写 3 个栏目的注册信息（内容可随意），再次单击【Start Trial】按钮，如图 1.20 所示。

图 1.20　注册邮箱账户

（2）出现 MyEclipse 2017 的开发环境初始界面，如图 1.21 所示。

其默认显示的是 MyEclipse Dashboard 的“Welcome”（欢迎）页，读者也可切换查看其他分页的内容。

（3）关掉 MyEclipse Dashboard，选择主菜单【Help】→【Subscription Information】，出现一个模式对话框，从中可看到软件试用期为 30 天，并提示过期日期，如图 1.22 所示。

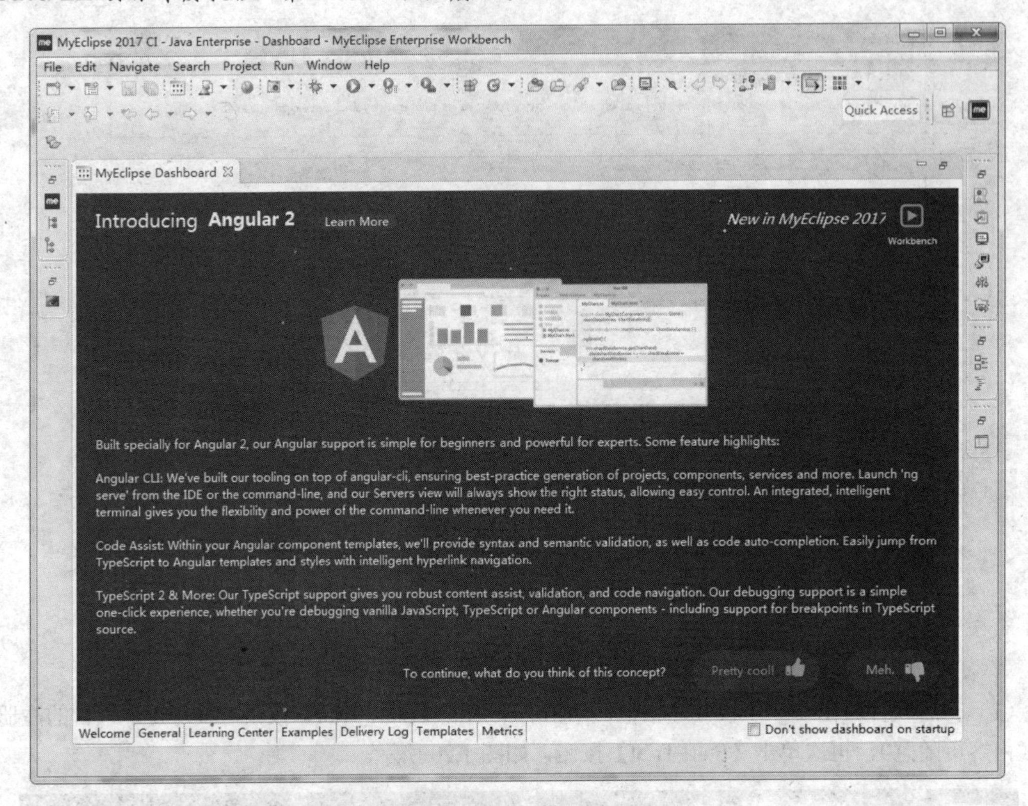

图 1.21 MyEclipse 2017 的开发环境初始界面

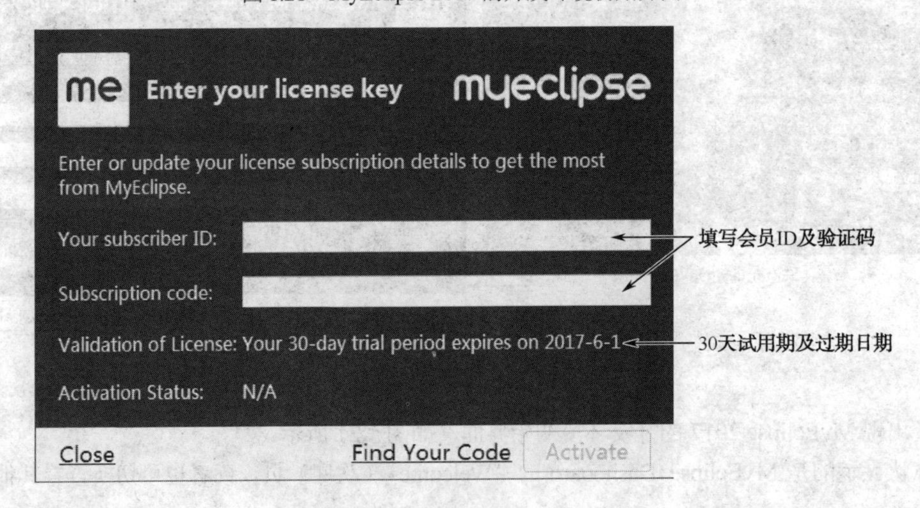

图 1.22 延长 MyEclipse 2017 使用期限

笔者安装的软件使用有效期截止到 2017 年 6 月 1 日。若想延长试用期甚至想永久免费使用，需要向 Genuitec 公司花钱购买，方法是在前面初启软件的对话框（见图 1.20 中的左图）底部单击"Buy Now"链接，就可以进入申请付费流程（略）；若用户已经购买，单击【Start Trial】按钮后就可以直接跳到如图 1.22 所示的界面去填写会员 ID 及验证码，完成后单击【Activate】按钮激活软件。

1.1.4 安装 MySQL 5.7

MySQL 是小型关系数据库管理系统（DBMS），由瑞典 MySQL AB 公司开发，目前

属于 Oracle 旗下产品。MySQL 是最流行的数据库，尤其在 Web 应用（如 Java EE、ASP.NET 等）方面被广泛地使用。由于其体积小、速度快、总体拥有成本低，尤其是具有开放源码这一优点，一般中小型企业都乐于选择 MySQL 作为其网站数据库。

本书选用 MySQL 作为项目开发用数据库，MySQL 下载、准备、安装和初始配置的步骤如下。

1. 下载安装包

MySQL 的官方下载网址是：https://dev.mysql.com/downloads/mysql/，如图 1.23 所示。

图 1.23　MySQL 的官方下载页

本书选用当前的最新版本 MySQL 5.7，从官网下载的安装包文件名为 mysql-installer-community-5.7.17.0.msi。

2. 安装前准备

新版 MySQL 要求操作系统必须预装 Microsoft .NET Framework 4.0 框架，去微软官网下载.NET 4 的安装包，文件名为 Microsoft.NET.exe，双击启动安装向导，在其界面上勾选“我已阅读并接受许可条款”，单击【安装】按钮即可，如图 1.24 所示。

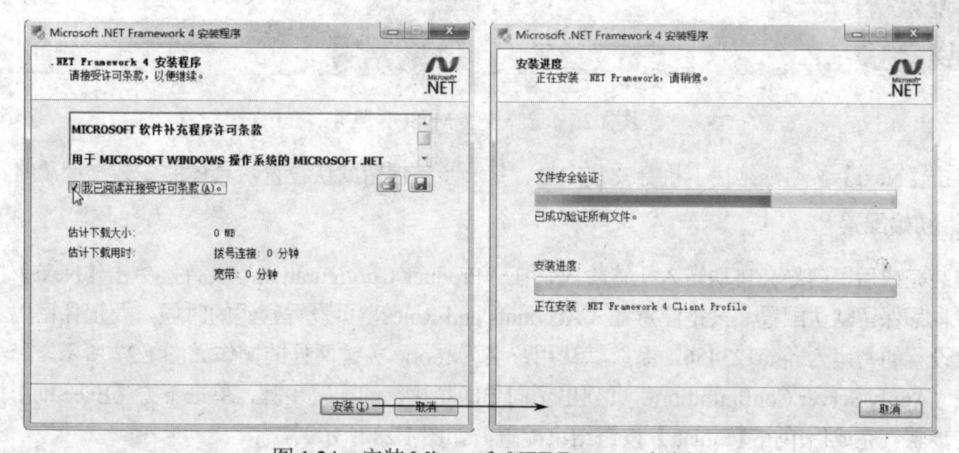

图 1.24　安装 Microsoft .NET Framework 4.0

3. 安装 MySQL

双击 MySQL 的安装包文件，启动安装向导，在向导的“License Agreement”页勾选“I accept the license terms”同意许可协议条款，单击【Next】按钮；在向导的“Choosing a Setup Type”页勾选“Custom”，单击【Next】按钮，如图 1.25 所示。

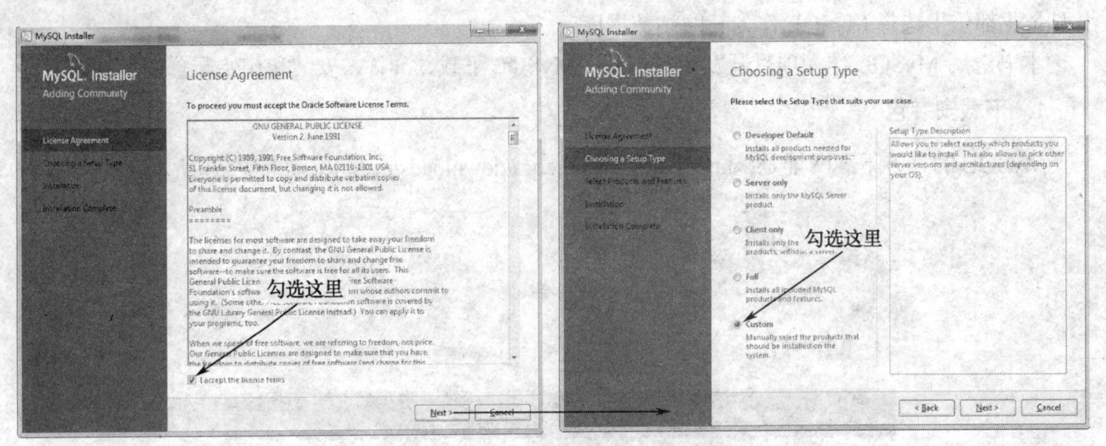

图 1.25　许可协议及安装类型

在“Select Products and Features”页，在“Available Products”树状列表中展开“MySQL Servers”→“MySQL Server”→“MySQL Server 5.7”，选中“MySQL Server 5.7.17 - X86”项，单击 ➡ 按钮将该项移至右边的“Products/Features To Be Installed”（将要安装的组件）树状列表中，如图1.26所示。

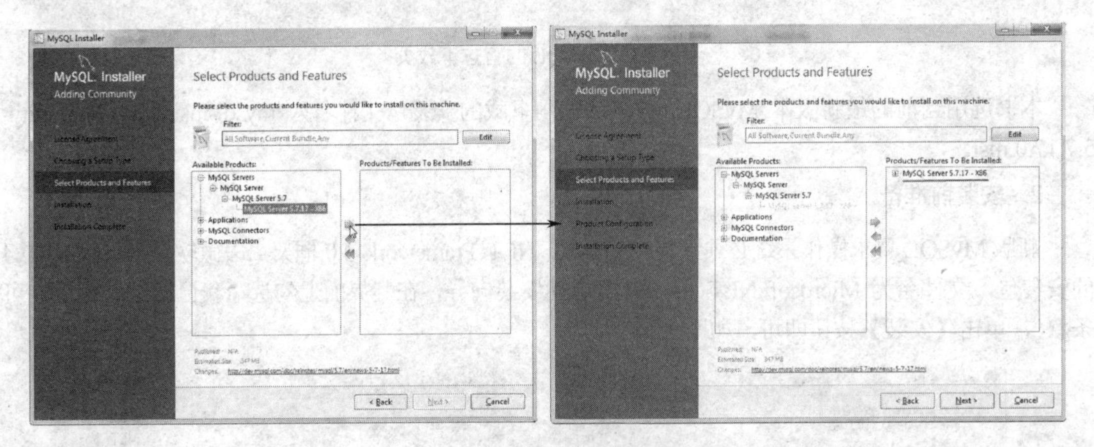

图 1.26　选择安装 MySQL 服务

单击【Next】按钮继续往下执行安装向导，每一步都保留默认设置，具体的安装过程从略。

4. 初始配置

安装完成后，向导会自动转入配置阶段，在“Product Configuration”页直接单击【Next】按钮，每一步也都保留默认配置，只是注意在“Accounts and Roles”页设置密码的时候，要记住密码。笔者安装时设置的密码为 njnu123456，系统默认用户名为 root，关键两处的操作如图 1.27 所示。

在“Apply Server Configuration”页列出了向导即将执行的配置步骤，单击下方【Execute】按钮执行这些步骤，完成后单击【Finish】按钮结束配置，如图 1.28 所示。

在“Product Configuration”页单击【Next】按钮，最后在“Installation Complete”页单击【Finish】按钮结束安装。

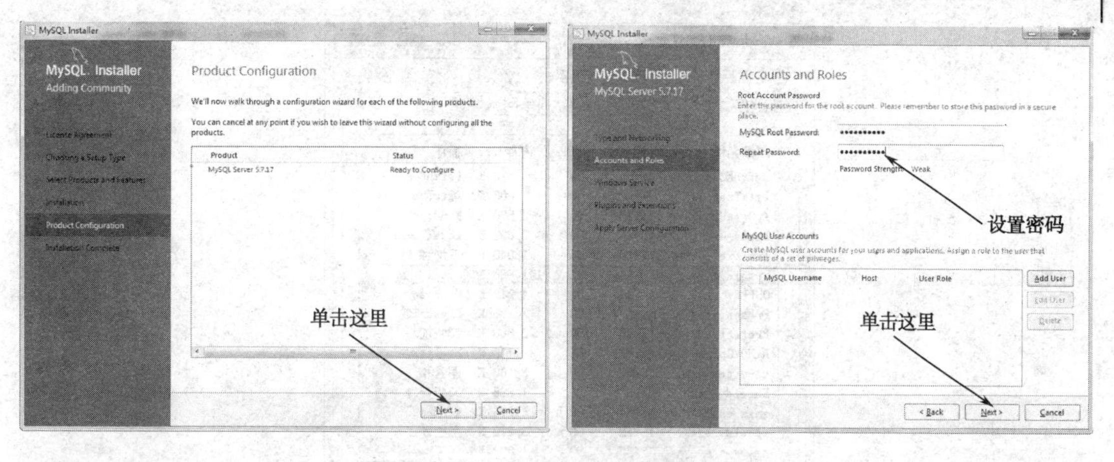

图 1.27 设置 MySQL 登录密码

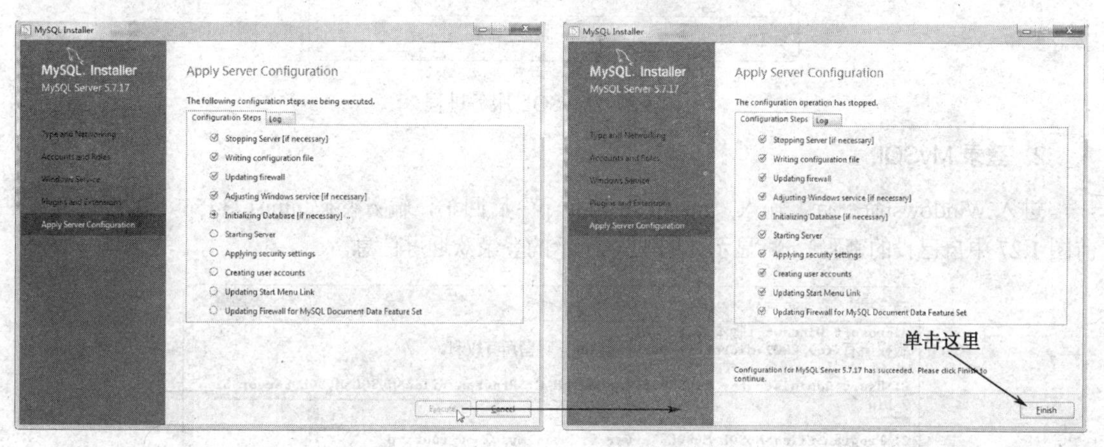

图 1.28 执行和结束配置

1.1.5 设置 MySQL 字符集

为了让 MySQL 数据库能够支持中文，必须设置系统字符集编码及相关的权限，步骤如下。

1. 启动服务

MySQL 安装和初始配置完成后，打开 Windows 任务管理器，可以看到 MySQL 服务进程 mysqld.exe 已经启动了，如图 1.29 所示。

此进程对于 MySQL 数据库的正常运行来说至关重要，使用 MySQL 之前，必须确保进程 mysqld.exe 已经启动。但用户关机后重新开机进入系统时，这个进程很有可能并不是默认启动的，这时就要靠用户手动开启，方法是：

进入 MySQL 安装目录 C:\Program Files\MySQL\MySQL Server 5.7\bin（读者请进入自己安装 MySQL 的 bin 目录），双击 mysqld.exe 即可。

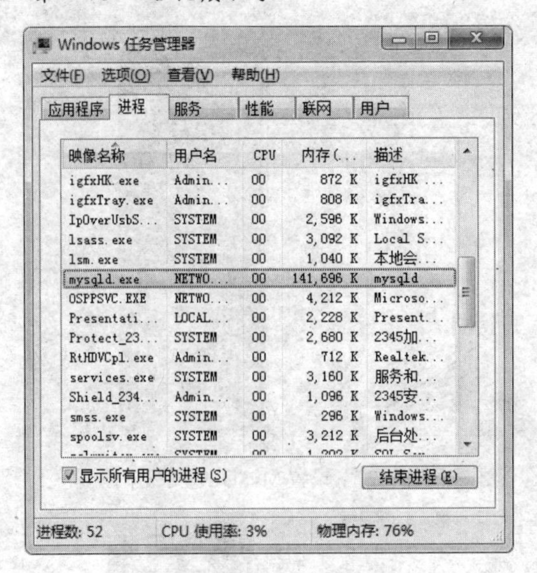

图 1.29 MySQL 服务进程

2. 登录 MySQL

进入 Windows 命令行，输入“mysql -u root -p”后回车，输入密码 njnu123456（读者应输入在前图 1.27 中自己设的密码），将显示如图 1.30 所示的登录欢迎屏信息。

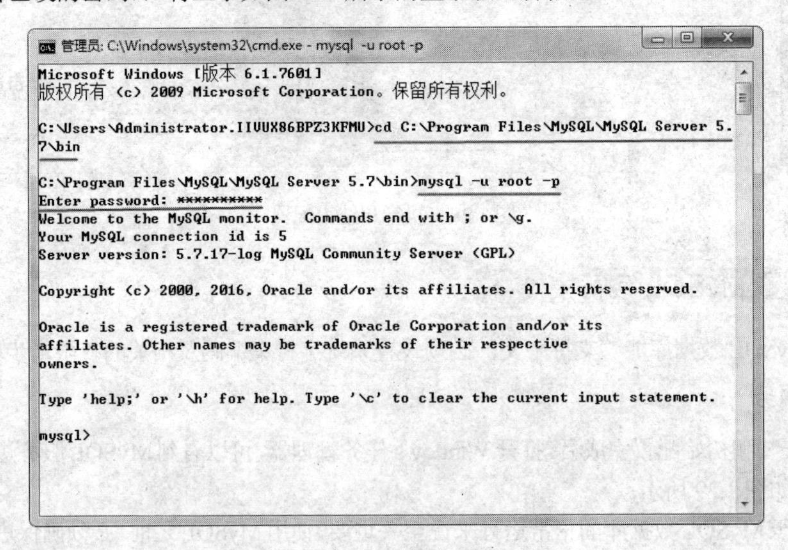

图 1.30 MySQL 登录欢迎屏

上图进入的是 MySQL 的命令行模式，在命令行提示符“mysql>”后输入 quit 并回车，可退出命令行模式。

3. 设置字符集

输入命令：

```
show variables like 'char%';
```

可查看当前连接系统的参数，如图 1.31 所示。

```
管理员: C:\windows\system32\cmd.exe - mysql -u root -p
mysql> show variables like 'char%';
+--------------------------+-------------------------------------------------------
-----+
| Variable_name            | Value
     |
+--------------------------+-------------------------------------------------------
-----+
| character_set_client     | gbk
     |
| character_set_connection | gbk
     |
| character_set_database   | utf8
     |
| character_set_filesystem | binary
     |
| character_set_results    | gbk
     |
| character_set_server     | utf8
     |
| character_set_system     | utf8
     |
| character_sets_dir       | C:\Program Files\MySQL\MySQL Server 5.7\share\chars
ets\ |
+--------------------------+-------------------------------------------------------
-----+
```

图 1.31　查看当前连接系统的参数

然后输入：

```
set character_set_database='gbk';
set character_set_server='gbk';
```

将数据库和服务器的字符集均设为 gbk（中文）。可用命令“status”查看设置的结果，如图 1.32 所示。

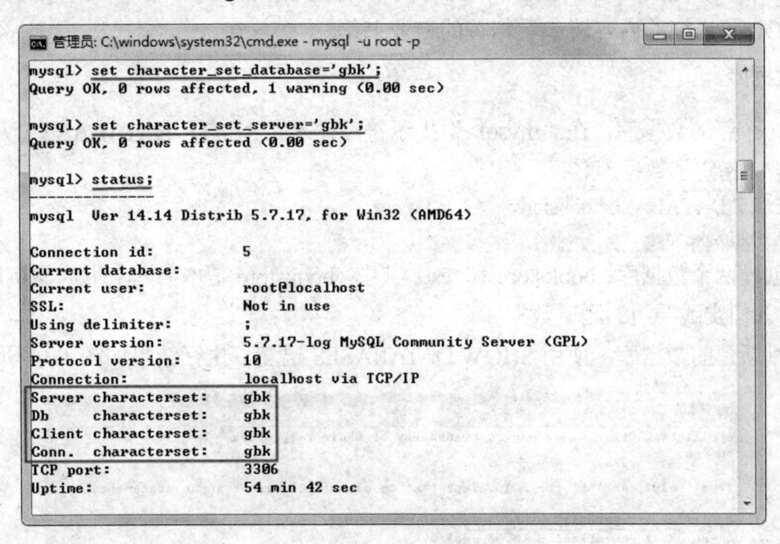

图 1.32　查看当前系统字符集

从上图中框出的部分可见，系统 Server（服务器）、Db（数据库）、Client（客户端）及 Conn.（连接）的字符集都已改为“gbk”，这样，整个 MySQL 系统就能彻底地支持汉字字符了。

4. 提升权限

最后，给 MySQL 系统的根用户（即默认名为 root 的用户）以最高权限，依次输入并执行如下命令：

```
use mysql;
grant all privileges on *.* to 'root'@'%' identified by 'njnu123456' with grant option;
flush privileges;
```

执行的结果如图 1.33 所示。

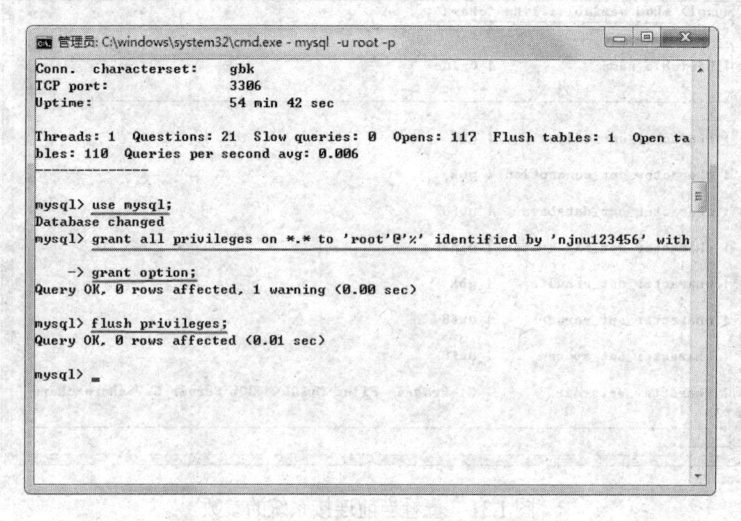

图 1.33　赋予根用户最高的权限

1.1.6　创建 MySQL 数据库

下面创建本书项目开发所用的数据库，同时简单介绍几个 MySQL 命令行的入门操作，关于 MySQL 更详细的内容请参看相关的专业书籍。

1. 新建数据库

为了创建一个新的数据库，在“mysql>”提示符后输入 CREATE DATABASE（大小写均可，余同）语句，此语句指定了数据库名：

```
mysql>CREATE DATABASE bookstore;
mysql>create database test;
```

这里首先创建两个数据库：bookstore 和 test。其中，bookstore 是本书网上书店案例所用的数据库，test 则是前 4 章入门实践要用的测试数据库。

要查看刚刚新建的数据库，使用 SHOW DATABASES 语句，执行结果如图 1.34 所示。

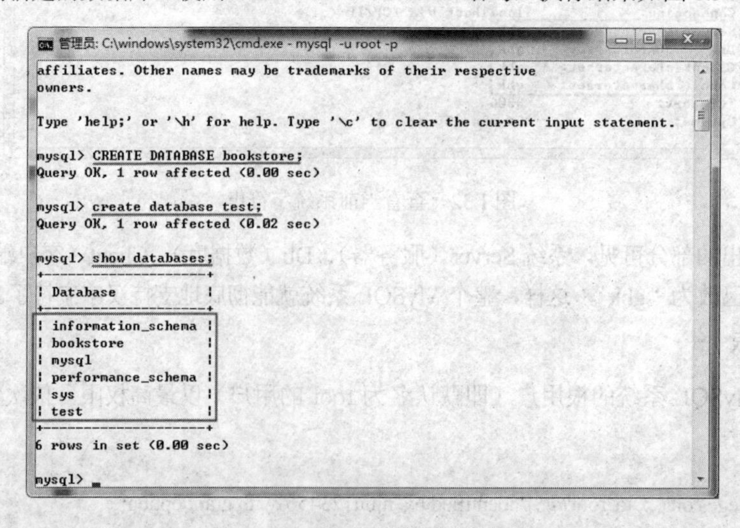

图 1.34　MySQL 管理下的数据库

图 1.34 中的 MS-DOS 命令行列出了 MySQL 管理下的全部数据库（图中框出），一共是 6 个，除了刚刚创建的两个外，其余 4 个（information_schema、mysql、performance_schema 和 sys）是 MySQL 安装时系统自动创建的，MySQL 把有关 DBMS 的管理信息都保存在这几个数据库中，如果删除或毁坏了它们，MySQL 将不能正常工作，请读者操作时务必小心，不要误删或错改了这 4 个系统库。

2. 创建表

应稍后实践的需要，要在 test 数据库中创建表，但 test 并不是当前数据库，为了使它成为当前数据库，发布 USE 语句即可：

```
mysql>USE test
```

USE 为少数几个不需要终结符的语句之一，当然，加上终结符也不会出错。

使用 CREATE TABLE 语句来完成创建表的工作，其格式如下：

```
CREATE TABLE tbl_name (column_specs)
```

其中，tbl_name 代表希望赋予表的名称，column_specs 给出表中列及索引（如果有的话）的说明。

这里创建一个名为 user 的表，留待后用：

```
create table user
(
    id              int auto_increment not null,
    username        varchar(10) not null,
    password        varchar(10) not null,
    primary key (id)
);
```

CREATE TABLE 语句中每个列的说明由列名、类型（该列将存储的值的数据类型）以及一些可能的列属性组成。

user 表中所用的类型 varchar(*n*)代表该列包含可变长度的字符（串）值，其最大长度为 *n*。可根据期望字符串能有多长来选择 *n* 的值，此处取 *n*=10。

用于 user 表的唯一列属性为 null（值可以缺少）和 not null（必须填充值），此处声明 not null，表示总要有一个它们的值。

现在来检验 MySQL 是否确实如期创建了 user 表。

在命令行输入：

```
mysql> show tables;
```

系统显示数据库中已经有了一个 user 表，如图 1.35 所示，进一步输入：

```
mysql> describe user;
```

可详细查看 user 表的结构、字段类型等信息。

3. 录入数据

通常用 INSERT 语句向表中录入数据，格式如下：

```
INSERT INTO tbl_name VALUES(value1, value2,…)
```

例如：

```
mysql> INSERT INTO user VALUES(1, 'easybooks', '123456');
mysql> INSERT INTO user VALUES(2, '周何骏', '19980925');
```

VALUES 表必须包含表中每列的值，并且按表中列的存放次序给出。在 MySQL 中，可用单引号或双引号将串和日期值括起来。

请读者自己向 user 表中录入一些数据记录，以备后用。完成后输入：

```
mysql> select * from user;
```

查看表中的记录，如图 1.36 所示。

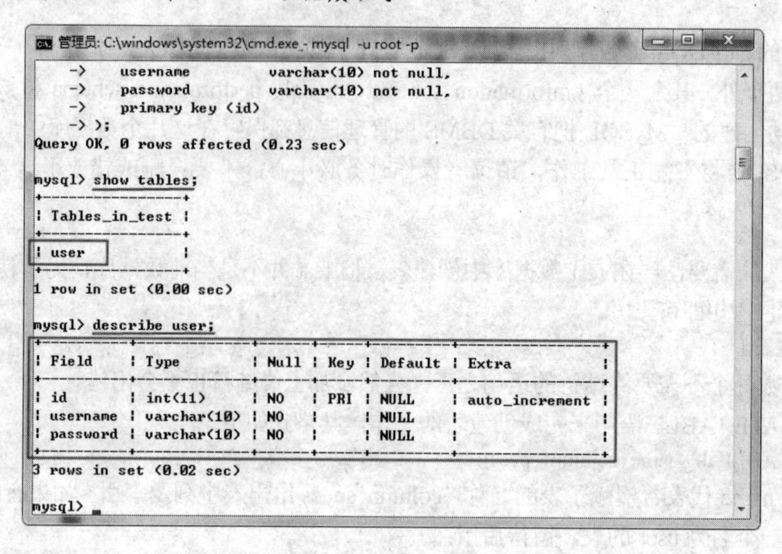

图 1.35　成功创建了 user 表

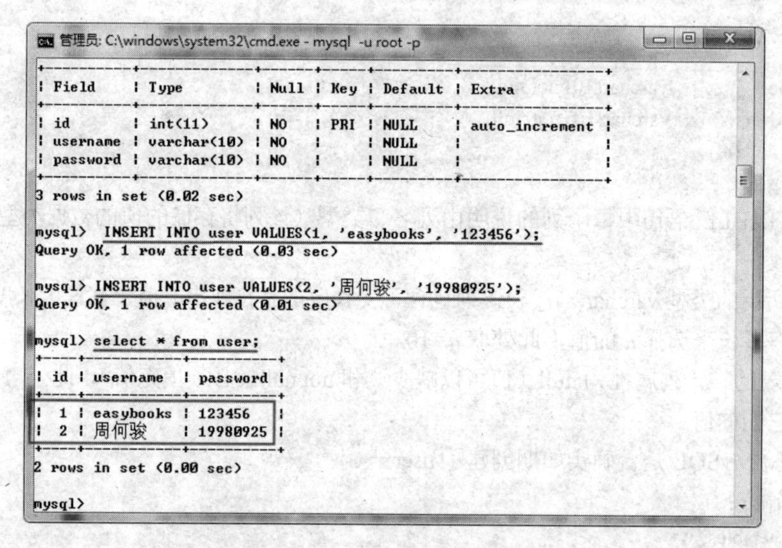

图 1.36　录入和查看 user 表的内容

请读者按照上述指导，创建 test 数据库及其中的 user 表，并录入数据，留待后面学习之用。

1.2　Java EE 环境搭建

上节已经安装完成了 Java EE 开发所需的全部软件，本节进一步将它们整合起来，搭建起一个完整可用的 Java EE 开发环境。

环境的搭建包括以下 3 步：

（1）配置 MyEclipse 2017 所用的 JRE。

（2）集成 MyEclipse 2017 与 Tomcat 9。

（3）在 MyEclipse 2017 中创建 MySQL 连接。

1.2.1 配置 MyEclipse 2017 所用的 JRE

在 MyEclipse 2017 中内嵌了 Java 编译器，但为了使用我们安装的最新 JDK，需要手动配置，具体操作步骤见图 1.37 中的①～⑩标注。

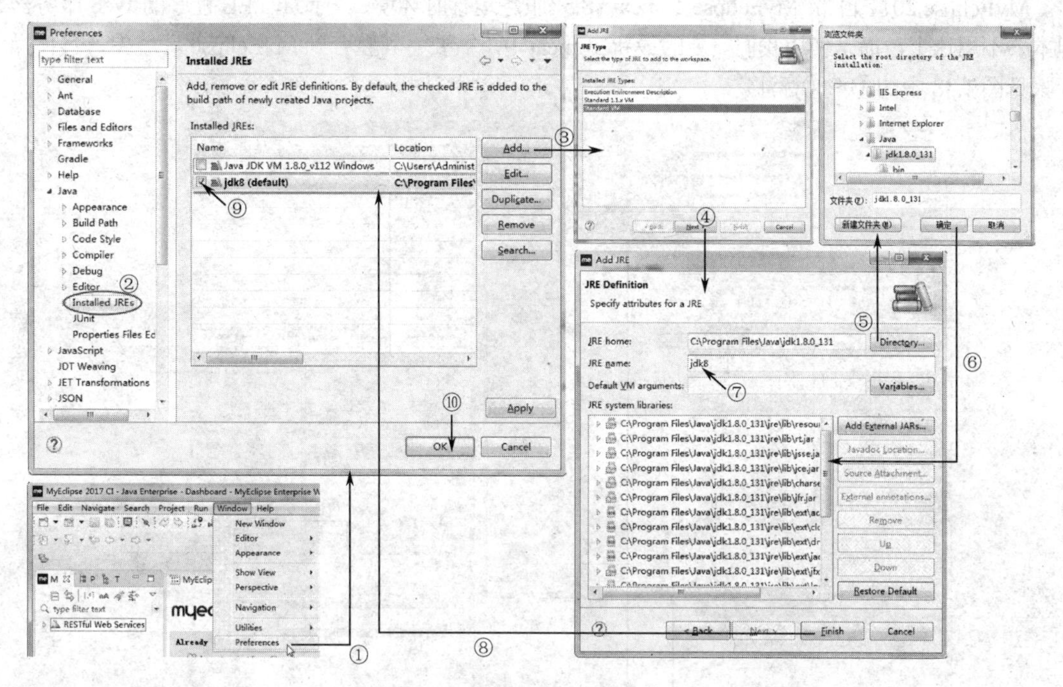

图 1.37 配置 MyEclipse 2017 的 JRE

说明如下：

① 启动 MyEclipse 2017，选择主菜单【Window】→【Preferences】，弹出【Preferences】窗口。

② 展开窗口左侧的树状视图，选中“Java”→“Installed JREs”项，右区出现“Installed JREs”配置页。

③ 单击右侧的【Add...】按钮，弹出【Add JRE】对话框。

④ 在【Add JRE】对话框的“JRE Type”页，选择要配置的 JRE 类型为“Standard VM”，单击【Next】按钮。

⑤ 在【Add JRE】对话框的“JRE Definition”页，单击“JRE home”栏右侧的【Directory...】按钮，弹出【浏览文件夹】对话框。

⑥ 在【浏览文件夹】对话框中，选择在 1.1.1 节中安装 JDK 的根目录，单击【确定】按钮，可以看到 JRE 的系统库被加载进来。

⑦ 在“JRE name”栏中，将 JRE 的名称改为“jdk8”。

⑧ 单击【Finish】按钮，回到【Preferences】窗口，可以看到在“Installed JREs”列表中多出了名为“jdk8”的一项，即为本书所安装的最新 JDK。

⑨ 勾选项目“jdk8”之前的复选框，项目名后出现“(default)”，同时整个项的条目加黑，表示已将在 1.1.1 节中安装 JDK 的 JRE 设为 MyEclipse 2017 的默认 JRE 了。

⑩ 单击【Preferences】窗口底部的【OK】按钮，确认设置。

1.2.2　集成 MyEclipse 2017 与 Tomcat 9

1. 新建服务运行时环境

MyEclipse 2017 自带“MyEclipse Tomcat v8.5”服务运行时环境（运行 Java EE 程序的 Web 服务器），但本书不用这个，而是使用我们安装的最新 Tomcat 9，需要将其整合到 MyEclipse 环境中，具体操作步骤见图 1.38 中的①～⑩标注。

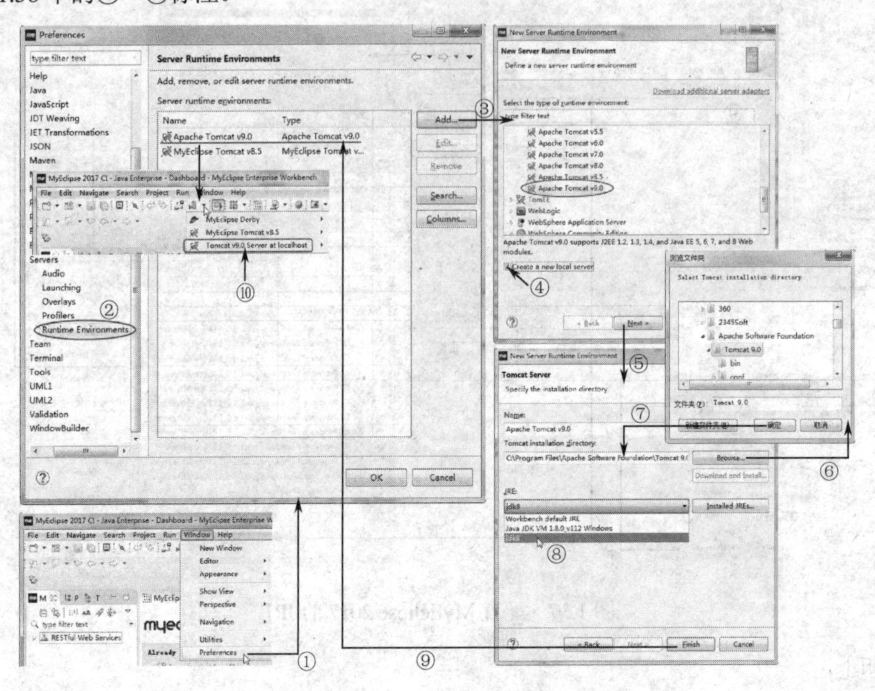

图 1.38　将 Tomcat 9 整合进 MyEclipse 2017

说明如下：

① 在 MyEclipse 2017 开发环境中，选择主菜单【Window】→【Preferences】，弹出【Preferences】窗口。

② 展开窗口左侧的树状视图，选中“Servers”→“Runtime Environments”项，右区出现“Server Runtime Environments”配置页。

③ 单击右侧的【Add...】按钮，弹出【New Server Runtime Environment】对话框，在列表中选“Tomcat”→“Apache Tomcat v9.0”项。

④ 勾选下方“Create a new local server”复选框。

⑤ 单击【Next】按钮，进入“Tomcat Server”页，配置服务器路径及 JRE。

⑥ 单击“Tomcat installation directory”栏右侧的【Browse...】按钮，弹出【浏览文件夹】对话框。

⑦ 选择本书安装 Tomcat 9 的目录（笔者装在 C:\Program Files\Apache Software Foundation\Tomcat 9.0），单击【确定】按钮。

⑧ 设置 Tomcat 9 所使用的 JRE，直接从 JRE 下拉列表中选择在 1.2.1 节中配置的“jdk8”即可。

⑨ 单击【Finish】按钮，回到【Preferences】窗口，可以看到在“Server runtime environments”列表中多出了名为“Apache Tomcat v9.0”的一项，即在 1.1.2 节中安装的 Tomcat 9。单击【Preferences】窗口底部的【OK】按钮确认。

⑩ 回到 MyEclipse 2017 开发环境，此时若单击工具栏的复合按钮 右边的下箭头，会发现在最下面多出了个【Tomcat v9.0 Server at localhost】选项，这表示 Tomcat 9 已成功地整合到 MyEclipse 环境中了。

2. MyEclipse 启动 Tomcat

整合以后就可以通过 MyEclipse 2017 环境来直接启动外部服务器 Tomcat 9，方法是：单击 MyEclipse 工具栏的复合按钮 右边的下箭头，单击【Tomcat v9.0 Server at localhost】→【Start】，稍候片刻，在主界面下方的子窗口“Servers”页看到服务已开启，切换到“Console”页可查看 Tomcat 的启动信息，如图 1.39 所示。

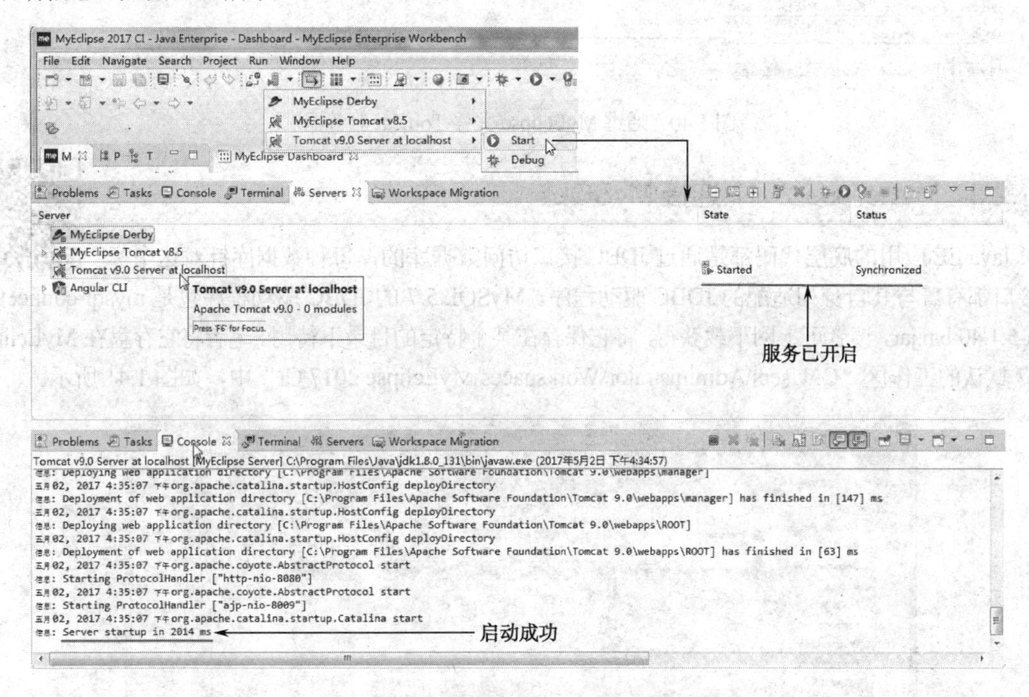

图 1.39　用 MyEclipse 2017 启动 Tomcat 9

打开浏览器，输入“http://localhost:8080”后回车，将出现与前图 1.15 一模一样的 Tomcat 9 首页，这说明 MyEclipse 2017 已经与 Tomcat 9 紧密集成了。

3. 关停服务器

启动服务器后，原先工具栏上 复合按钮的外观将会改变，呈现一个带有 Tom 猫的图标 （今后会一直维持这种状态），单击按钮右边的下箭头，单击【Tomcat v9.0 Server at localhost】→【Stop】，待下方子窗口“Console”页出现如图 1.40 所示的信息，就表示服务器已关停。

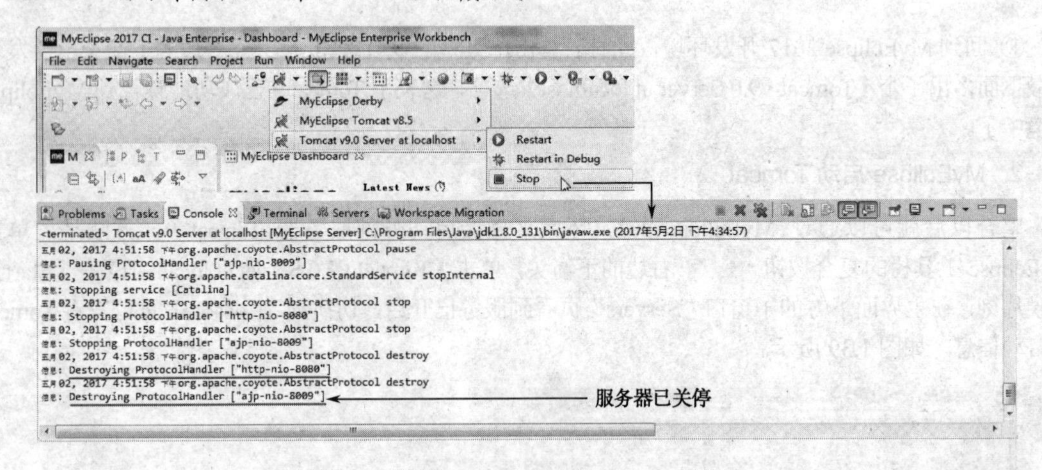

图 1.40　通过 MyEclipse 关停 Tomcat 服务器

1.2.3　MyEclipse 2017 连接 MySQL

Java EE 应用的底层代码都是通过 JDBC 接口访问数据库的，每种数据库针对这个标准接口都有着与其自身相适配的 JDBC 驱动程序。MySQL 5.7 的 JDBC 驱动程序包是 mysql-connector-java-5.1.40-bin.jar，读者可上网下载获得，将它保存在某个特定的目录下待用。笔者将它存盘在 MyEclipse 2017 默认的工作区“C:\Users\Administrator\Workspaces\MyEclipse 2017 CI”中，如图 1.41 所示。

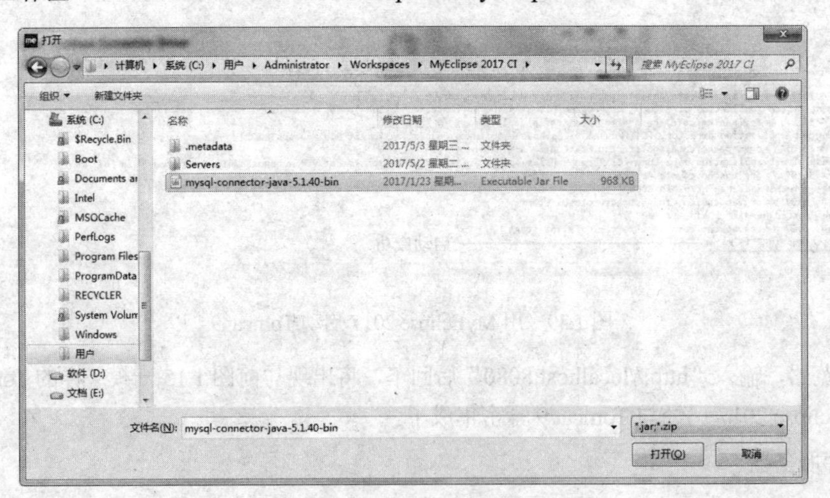

图 1.41　MySQL 5.7 的 JDBC 驱动包

在使用这个驱动之前，要先建立与数据源的连接。在 MyEclipse 2017 中创建对 MySQL 5.7 的数据源连接十分方便，步骤如下。

1. 进入 DB Browser

在 MyEclipse 2017 开发环境中，选择主菜单【Window】→【Perspective】→【Open Perspective】→【Database Explorer】，即可切换至 MyEclipse 2017 的 DB Browser（数据库浏览器）模式，在左侧的子窗口中右击鼠标，选择菜单【New…】，打开对话框配置数据库驱动，如图 1.42 所示。

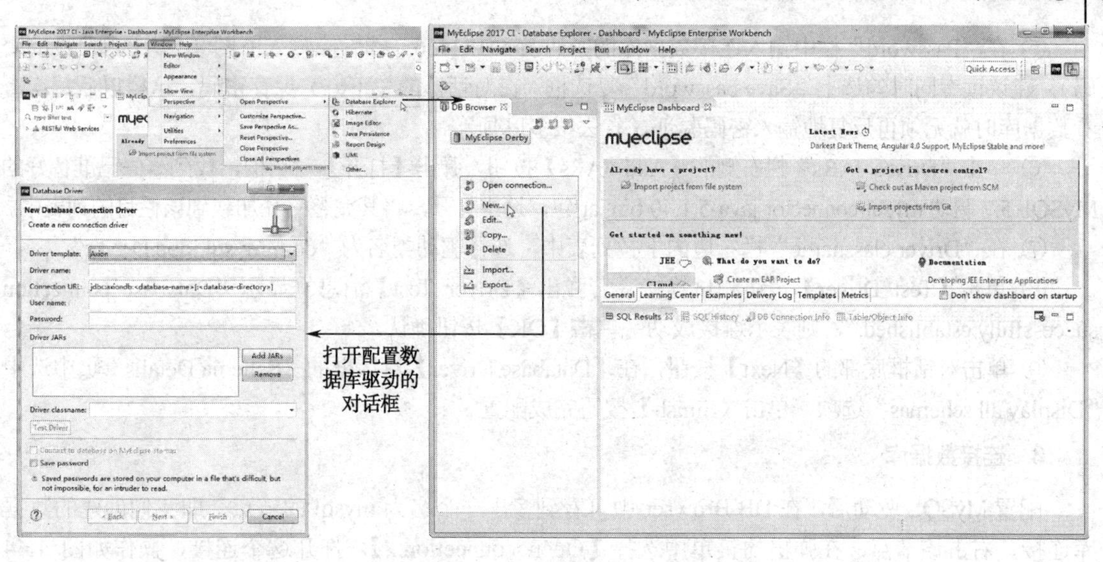

图 1.42　进入 DB Browser 模式

2. 配置 MySQL 驱动

在打开的【Database Driver】对话框的“New Database Connection Driver”页中，配置 MySQL 5.7 驱动，编辑连接驱动的各项参数，具体操作步骤见图 1.43 中的①～⑨标注。

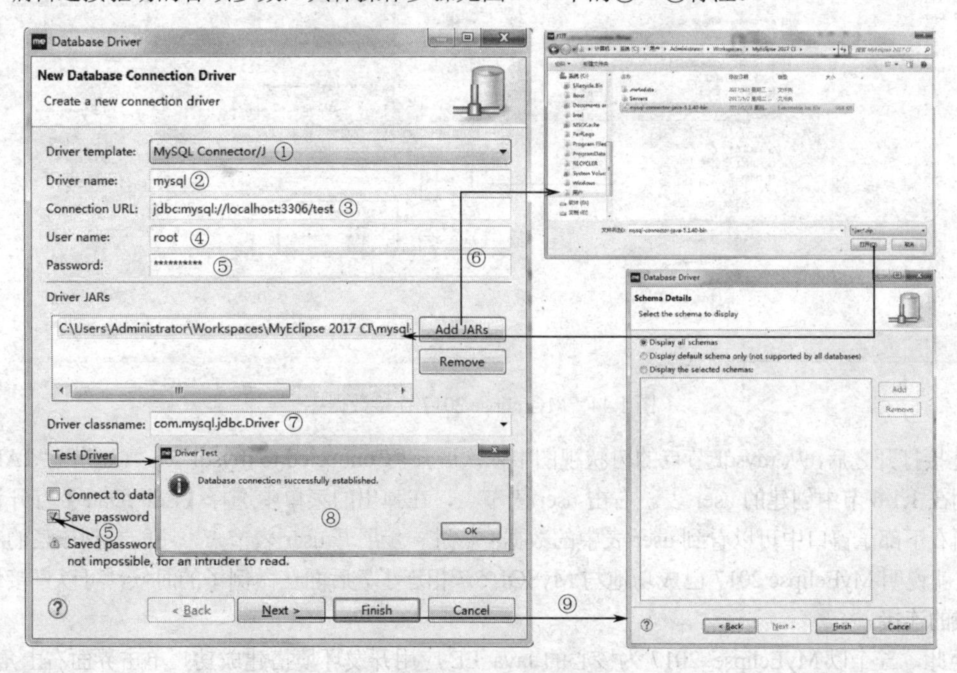

图 1.43　配置 MySQL 驱动参数

说明如下：

① 在“Driver template”栏右边的下拉列表中，选择驱动模板类型为“MySQL Connector/J”。

② 在“Driver name”栏中填写要建立连接的名称，这里命名为 mysql。

③ 在“Connection URL”栏中输入要连接数据库的 URL，这里为“jdbc:mysql://localhost:3306/test”。

④ 在“User name”栏中输入 MySQL 数据库的用户名，即在 1.1.4 节安装时默认的 root。

⑤ 在“Password”栏中输入连接数据库的密码 njnu123456（读者应输入前图 1.27 中自己设的密码）。建议读者同时勾选上“Save password”复选框（在对话框的左下方）保存密码，这样以后每次查看数据库时就无须再反复地输入密码验证，省去很多麻烦。

⑥ 单击“Driver JARs”栏右侧的【Add JARs】按钮，弹出【打开】对话框，找到事先已准备好的 MySQL 5.7 驱动 mysql-connector-java-5.1.40-bin.jar 包，选中打开，将其完整路径加载到该栏目的列表中。

⑦ 在“Driver classname”栏右边的下拉列表中，选择驱动类名为“com.mysql.jdbc.Driver”。

⑧ 单击【Test Driver】按钮测试连接，若弹出【Driver Test】消息框显示“Database connection successfully established.”，则表示连接成功，单击【OK】按钮确认。

⑨ 单击对话框底部的【Next】按钮，在【Database Driver】对话框的“Schema Details”页中选中“Display all schemas”选项，单击【Finish】按钮完成配置。

3. 连接数据库

配置 MySQL 驱动后，在 DB Browser 中可看到多出一个名为 mysql 的节点，即我们创建的数据库连接，右击该节点，在弹出的菜单中选择【Open connection...】，打开这个连接，操作如图 1.44 所示。

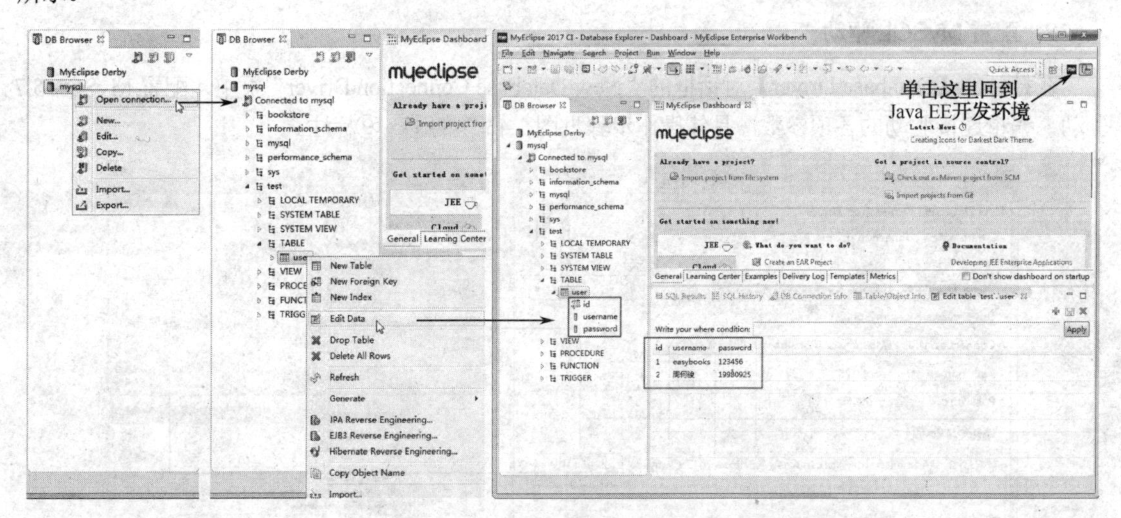

图 1.44 MyEclipse 2017 连接数据库

连接打开之后，从 mysql 节点的树状视图中依次展开“Connected to mysql”→“test”→“TABLE”，可看到在 1.1.6 节中创建的 user 表。右击 user 表节点，在弹出的菜单中选择【Edit Data】打开该表，从界面右下部子窗口中可以看到 user 表中的数据；若进一步展开 user 表节点，还能看到该表的字段构成。这就说明 MyEclipse 2017 已成功地与 MySQL 5.7 相连了。后面在做例子的时候，可以直接使用这个现成的连接。

至此，一个以 MyEclipse 2017 为核心的 Java EE 应用开发环境搭建成功！单击界面右上角的 me（Java Enterprise）按钮，可退出 DB Browser 模式，切换回通常的 Java EE 开发环境。

1.3 MyEclipse 2017 环境简介

在 Windows 下选择【开始】菜单→【所有程序】→【MyEclipse】→【MyEclipse 2017】→【MyEclipse 2017 CI】，启动 MyEclipse 2017 环境，其集成开发工作界面如图 1.45 所示。

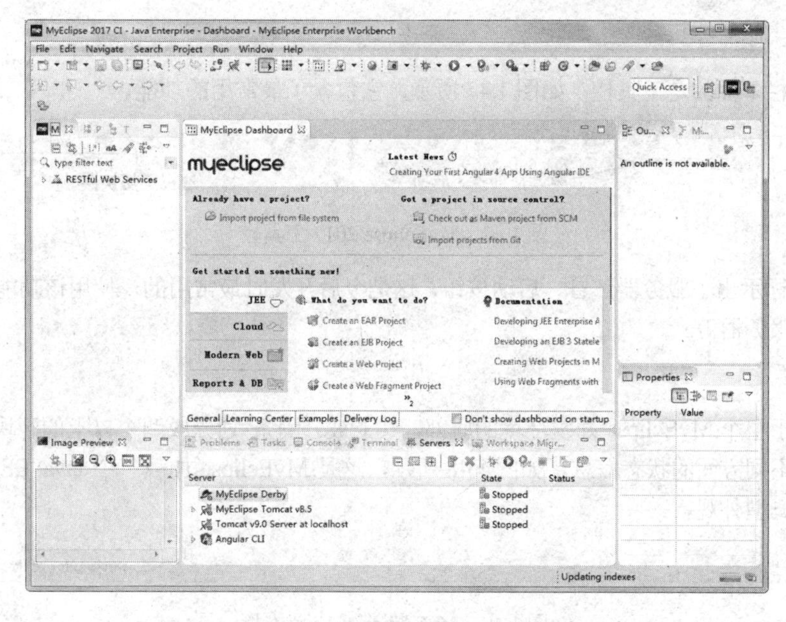

图 1.45　MyEclipse 2017 主界面

作为 Java EE 环境的核心，MyEclipse 2017 是一个功能十分强大的 IDE（Integrated Development Environment，集成开发环境）。与常见的 GUI 程序一样，MyEclipse 也支持标准的界面元素和一些自定义的概念。

1.3.1　标准界面元素

1. 菜单栏

窗体顶部是菜单栏，它包含主菜单（如 File）和其所属的菜单项（如【File】→【New】)，菜单项下面还可以显示子菜单，如图 1.46 所示。

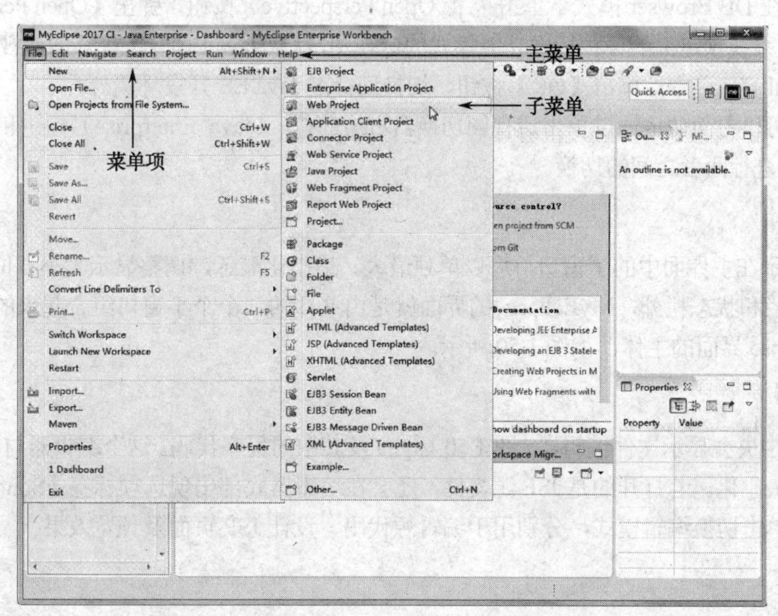

图 1.46　MyEclipse 2017 菜单栏

2. 工具栏

位于菜单栏下面的是工具栏，如图 1.47 所示，它包含了最常用的功能。

图 1.47　MyEclipse 2017 工具栏

上图特别标示出了服务器部署、启动按钮，这是今后开发时最常用的，使用该功能可将项目部署到指定的软件服务器上。

3. 状态栏

状态栏位于整个 MyEclipse 开发环境的底部，其上被分隔条 ⁝ 划分成两个以上的区块，用于显示系统运行时来自不同方面的状态信息，如图 1.48 所示，这是 MyEclipse 加载一个 Java EE 项目时状态栏所呈现出来的典型外观。

0 items selected　　Searching for workspa...ation: (0%)

图 1.48　MyEclipse 2017 状态栏

4. 透视图切换器

位于工具栏右侧的是 MyEclipse 特有的透视图切换器（见前图 1.47 标注），它可以显示多个透视图以供切换。

什么是透视图？当前的界面布局就是一个透视图，通过给不同的布局起名字，便于用户在多种常用的功能模式间切换工作。总体来说，一个透视图相当于一个自定义的界面，它保存了当前的菜单栏、工具栏按钮以及各视图（子窗口）的大小、位置、显示与否的所有状态，可以在下次切换回来时恢复原来的布局。

透视图切换器的一个最典型的应用场合，就是在 Java EE 开发模式与 DB Browser 之间切换，如图 1.49 所示，在 DB Browser 模式下单击（Open Perspective）按钮，弹出【Open Perspective】对话框，其中列出了系统预定义的各种标准功能模式的透视图，默认 Java EE 开发模式的透视图名称为"Java Enterprise(default)"，选中，单击【OK】按钮，切换回标准 Java EE 开发环境。

当然，还可以更简便地通过单击透视图切换器右边的（Java Enterprise）按钮和（Database Explorer）按钮进行两者之间的切换。

5. 视图

视图是显示在主界面中的子窗口，可以单独最大、最小化显示，调整显示大小、位置或关闭。除菜单栏、工具栏和状态栏外，MyEclipse 的界面就是由这样的一个个小窗口组合起来的，像拼图一样构成了 MyEclipse 界面的主体，如图 1.50 所示。

6. 编辑器

在界面的中央会显示文件编辑器（图 1.50 标注）及其中的程序代码。这个编辑器与视图非常相似，也能最大化和最小化。若打开的是 JSP 源文件，还会在编辑器底部出现选项标签【Source】|【Design】|【Preview】，单击切换编辑模式，分别用于编辑源代码、设计 JSP 页面及预览效果。

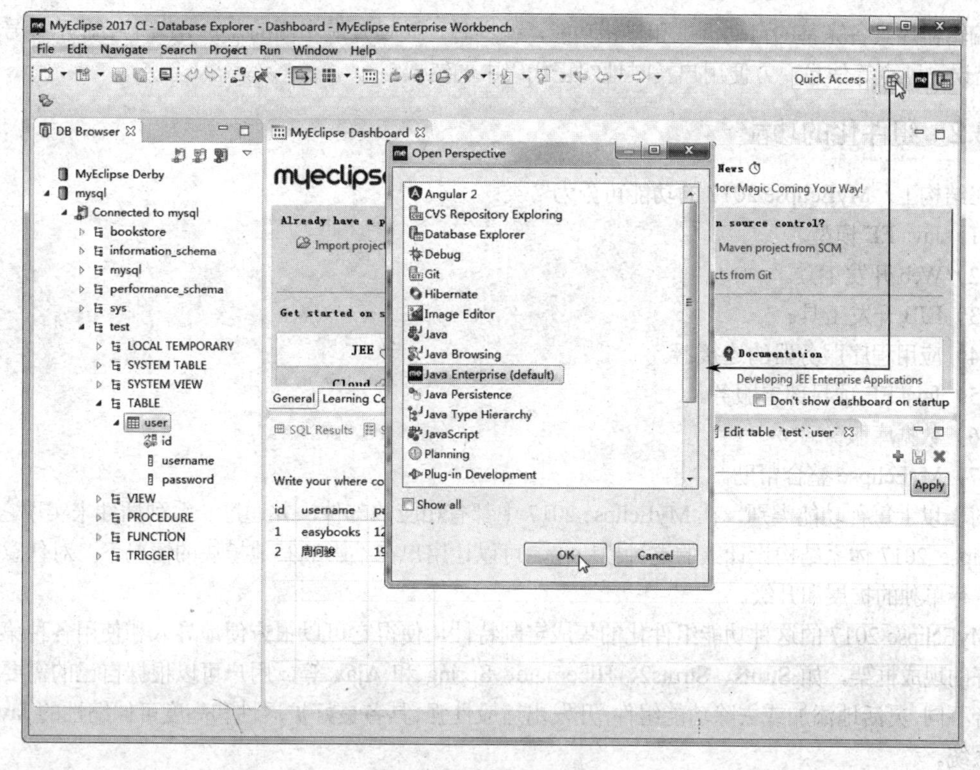

图 1.49　透视图切换器的应用

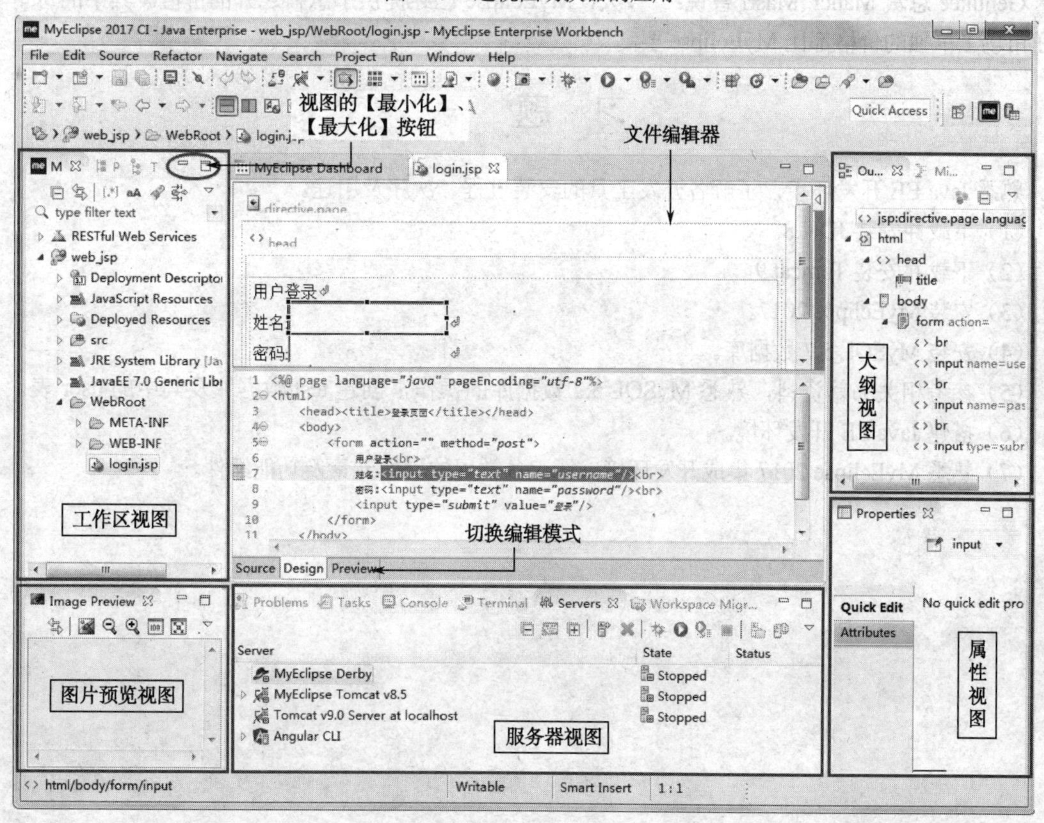

图 1.50　MyEclipse 2017 视图和编辑器

编辑器还具备完善的自动调试和排错功能，编程时，代码区最左侧的蓝色竖条上会显示行号、警告、错误、断点等信息，方便用户及时地纠正代码中的错误。

1.3.2 组件化的功能

在结构上，MyEclipse 2017 的功能可分为 7 类：

（1）Java EE 模型。

（2）Web 开发工具。

（3）EJB 开发工具。

（4）应用程序服务器的连接器。

（5）Java EE 项目部署服务。

（6）数据库服务。

（7）MyEclipse 整合帮助。

对于以上每种功能类别，在 MyEclipse 2017 中都有相应的部件，并通过一系列插件来实现它们。MyEclipse 2017 体系结构设计上的这种模块化，可以让用户在不影响其他模块的情况下，对任意一个模块进行单独的扩展和升级。

MyEclipse 2017 的这种功能**组件化**的集成定制特性，使得它可以很方便地导入和使用各种第三方开发好的现成框架，如 Struts、Struts2、Hibernate、Spring 和 Ajax 等，用户可以根据自己的需要和应用场合不同，灵活地添加或去除功能组件，开发出适应性强、具备良好扩展性和高度可伸缩性的 Java EE 应用系统。

Genuitec 总裁 Maher Masri 曾说："今天，MyEclipse 已经提供了意料之外的价值。其中的每个功能在市场上单独的价格都比 MyEclipse 要高。"

习 题 一

熟悉 Java EE 开发环境，了解各开发工具的安装过程、次序及用途。

（1）下载并安装 JDK 8。

（2）下载并安装 Tomcat 9。

（3）安装 MyEclipse 2017。

（4）安装 MySQL 5.7 数据库。

（5）参考相关书籍资料，熟悉 MySQL 5.7 数据库的操作，创建 test 数据库及其中的 user 表。

（6）搭建 Java EE 开发环境。

（7）熟悉 MyEclipse 2017 集成开发环境，认识各常用的界面元素及功能组件。

第2章 项目开发入门：Java EE 开发初步

本章主要内容：

（1）Java Web 程序开发。

（2）MyEclipse 项目的管理。

（3）Java EE 传统开发模式。

2.1 简单 Web 程序开发

最简单的 Java Web 程序仅包含一个 JSP 页面，本章首先用 MyEclipse 2017 做一个简单的 Web 登录页程序以帮助读者熟悉操作，包括：

（1）创建 Web 项目。

（2）编写 JSP 页面。

（3）部署项目。

（4）运行浏览。

2.1.1 创建 Web 项目

启动 MyEclipse 2017，选择主菜单【File】→【New】→【Web Project】，出现【New Web Project】对话框，如图 2.1 所示，填写“Project name”栏（项目名）为“web_jsp”，在“Java EE version”下拉列表中选择“JavaEE 7 - Web 3.1”，其余保持默认。这其实也就是创建一个 Java EE 项目，本书后续实践和项目开发的程序，如无特别说明，皆采用这种方式来创建项目。单击【Next】按钮。

图 2.1　创建 Java EE 项目

按照对话框向导的指引操作，在“Web Module”页中勾选“Generate web.xml deployment descriptor”（自动生成项目的 web.xml 配置文件）；在“Configure Project Libraries”页中勾选“JavaEE 7.0 Generic Library”，同时取消选择“JSTL 1.2.2 Library”，如图 2.2 所示。

配置完成后，单击【Finish】按钮，MyEclipse 会自动生成一个 Web（Java EE）项目。

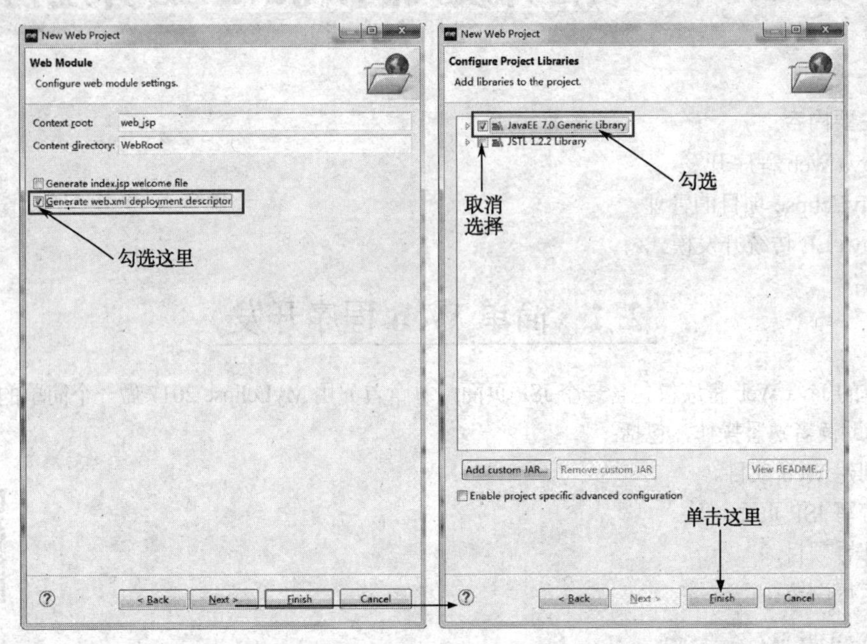

图 2.2　项目配置

2.1.2　编写 JSP 页面

展开项目的工程目录树，右击“WebRoot”项，从弹出的菜单中选择【New】→【File】，弹出【New File】对话框，在“File name”栏中输入文件名 login.jsp，如图 2.3 所示。

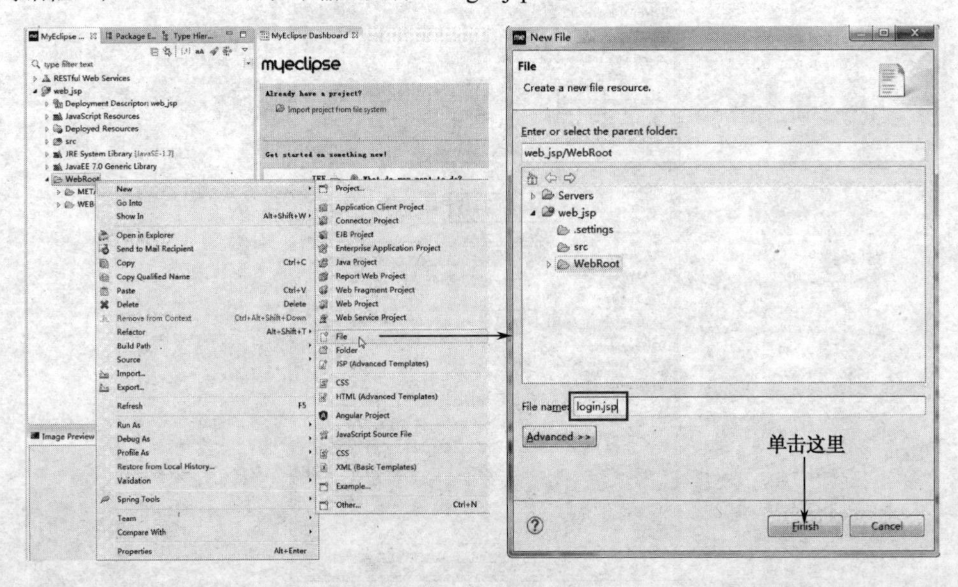

图 2.3　创建 JSP 文件

单击【Finish】按钮，MyEclipse 会自动在项目 WebRoot 目录下创建一个名为 login.jsp 的 JSP 文件，并打开对应的文件编辑器，此时的工程目录树如图 2.4 所示。

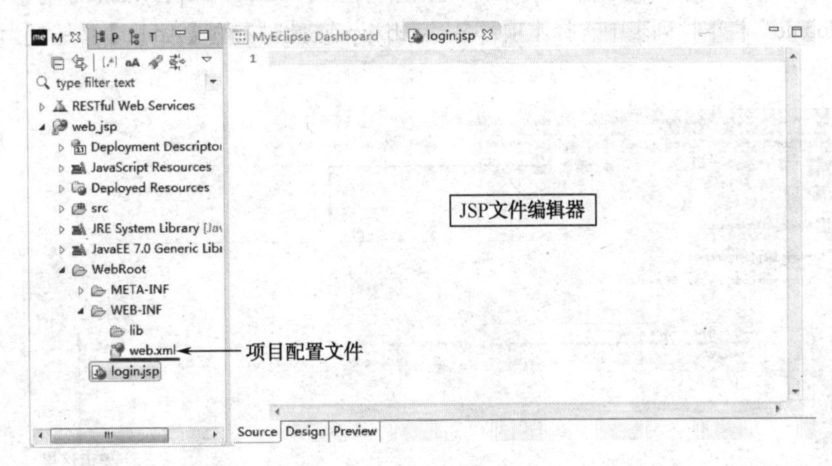

图 2.4　JSP 文件及其编辑器

图中 WEB-INF 是一个很重要的目录，Web 项目的配置文件 web.xml 就放在这个目录下。

在编辑器中编写 login.jsp 代码如下：

```
<%@ page language="java" pageEncoding="utf-8"%>
<html>
    <head><title>登录页面</title></head>
    <body>
        <form action="" method="post">
            用户登录<br>
            姓名:<input type="text" name="username"/><br>
            密码:<input type="text" name="password"/><br>
            <input type="submit" value="登录"/>
        </form>
    </body>
</html>
```

2.1.3　部署项目

1. 设置启动页

MyEclipse 默认的 Web 项目启动页是 index.jsp，而这里希望它变为 login.jsp，这需要修改 web.xml 文件：

```
<?xml version="1.0" encoding="UTF-8"?>
<web-app xmlns:xsi="http://www.w3.org/2001/XMLSchema-instance" xmlns="http://xmlns.jcp.org/xml/ns/javaee" xsi:schemaLocation="http://xmlns.jcp.org/xml/ns/javaee http://xmlns.jcp.org/xml/ns/javaee/web-app_3_1.xsd" id="WebApp_ID" version="3.1">
  <display-name>web_jsp</display-name>
  <welcome-file-list>
    <welcome-file>login.jsp</welcome-file>
  </welcome-file-list>
</web-app>
```

修改<welcome-file>元素内容为 login.jsp（原为 index.jsp）即可。

2. 选择模块

单击工具栏的 （Manage Deployments…）按钮，弹出【Manage Deployments】对话框，如图2.5所示，在“Module”栏下拉列表中选择本项目名“web_jsp”，此时右侧【Add...】按钮变为可用，单击该按钮。

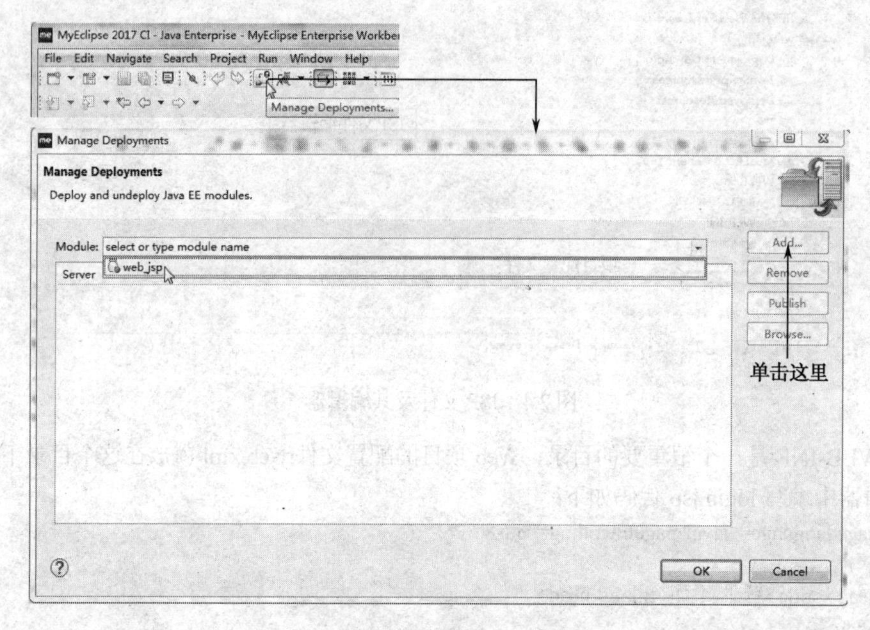

图2.5 选择要部署的项目模块

3. 选择服务器

单击【Add...】按钮后，弹出【Deploy modules.】对话框，如图2.6所示。在“Deploy modules.”页选择项目要部署到的目标服务器，选中上方的“Choose an existing server”选项，在列表里选择服务器“Tomcat v9.0 Server at localhost”（即1.1.2节中安装的Tomcat 9）；单击【Next】按钮进入“Add and Remove”页，于该页上添加/移除要配置到服务器的其他资源，由于本例仅一个单独的项目，并无额外的资源需要配置，故直接单击底部的【Finish】按钮即可。

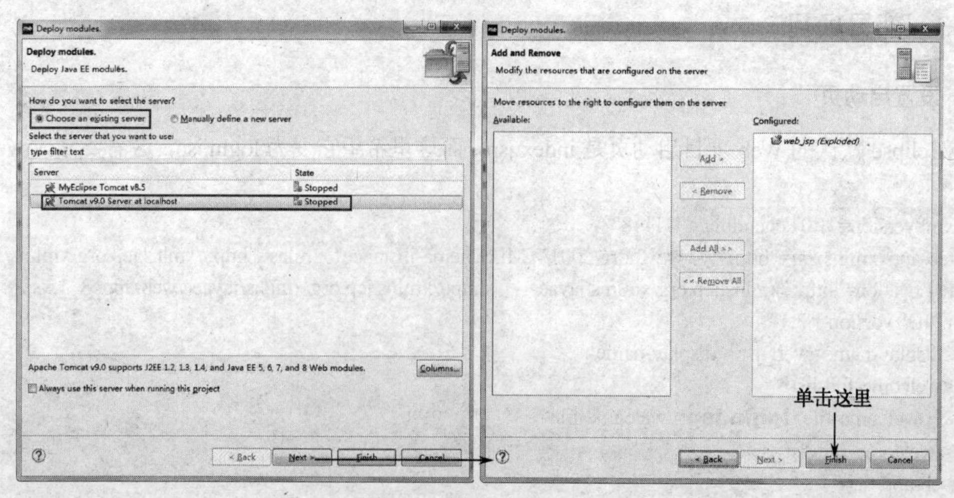

图2.6 选择目标服务器

完成后回到【Manage Deployments】对话框，可以看到列表中多了"web_jsp Exploded"一项，表明项目已成功地部署到Tomcat 9服务器上，如图2.7所示，单击【OK】按钮确认。

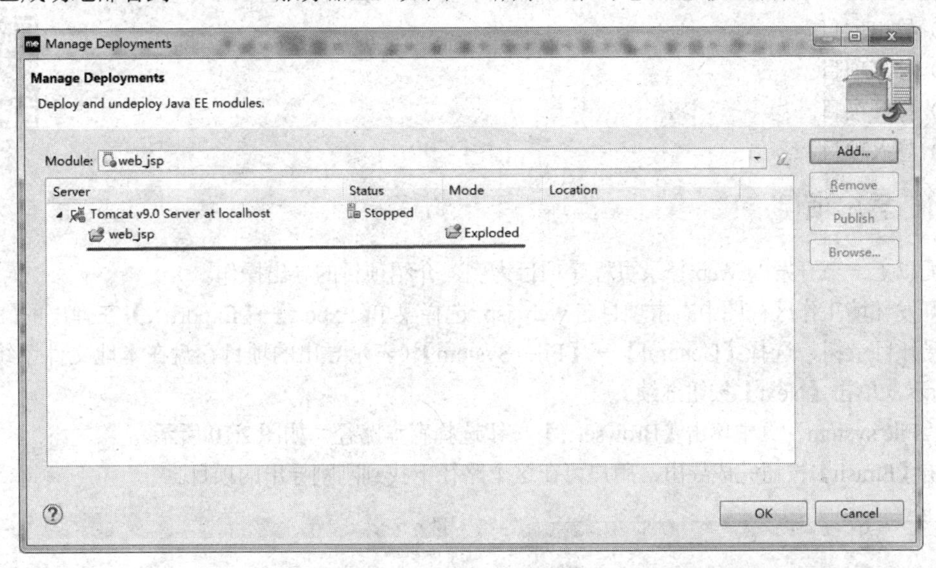

图2.7 部署成功

2.1.4 运行浏览

通过MyEclipse环境启动Tomcat 9，打开浏览器，在地址栏中输入http://localhost:8080/web_jsp/后回车，将显示如图2.8所示的登录页面。

图2.8 登录页面

2.2 MyEclipse项目管理

MyEclipse 2017以项目为单位来管理用户开发的程序，项目包含了一系列与Java EE应用相关的文件和设置，原则上所有可编译运行的资源都必须统一组织在项目中。从事Java EE开发的程序员，经常要将手头正在做的项目从 MyEclipse 工作区移走、存盘备份或部署到其他机器上，开发过程中也常常需要借鉴他人已做好的现成案例的源代码，这就需要学会项目的基本管理操作，包括：

（1）导出项目。

（2）移除项目。

（3）打开项目。

（4）导入项目。

2.2.1　导出项目

下面以上一节开发的 Web 登录页程序项目为例，介绍项目的导出操作。

在开发环境工作区视图中右击项目名 web_jsp，选择菜单【Export】→【Export…】，在弹出的【Export】窗口中展开目录树，选择【General】→【File System】（表示导出的项目存盘在本地文件系统），如图 2.9 所示，单击【Next】按钮继续。

在“File system”页中单击【Browse…】按钮选择存盘路径，如图 2.10 所示。

单击【Finish】按钮完成导出，用户可在这个路径下找到刚刚导出的项目。

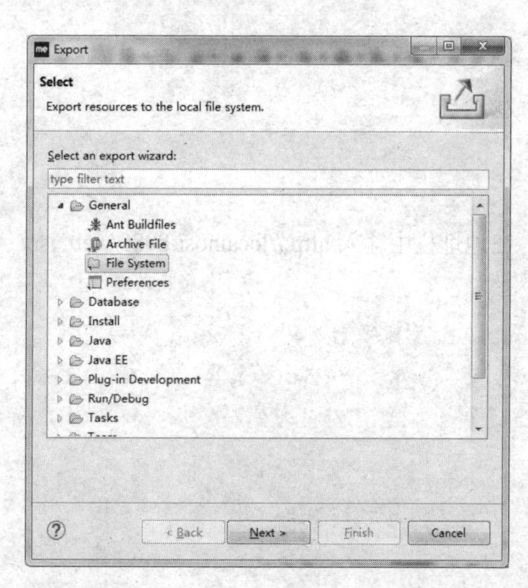

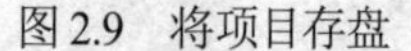
图 2.9　将项目存盘

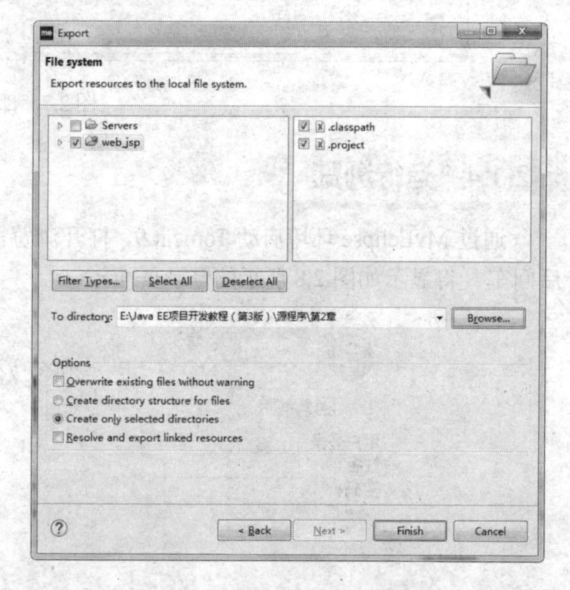

图 2.10　指定存盘路径

2.2.2　移除项目

右击项目名 web_jsp，选择菜单【Delete】，弹出【Delete Resources】窗口，如图 2.11 所示，单击【OK】按钮，操作之后会发现工作区视图中对应项目 web_jsp 的整个目录树都不见了，说明已被移除。

移除之后的项目，其全部的资源文件仍然存在于工作区中，若想彻底删除，只需在图 2.11 中勾选“Delete project contents on disk (cannot be undone)”复选项，再单击【OK】按钮，MyEclipse 就会将工作区中该项目目录及其下的所有源文件和资源一并删除，不过在这样做之前，应先确认项目已另外存盘，否则删除后将无法恢复！

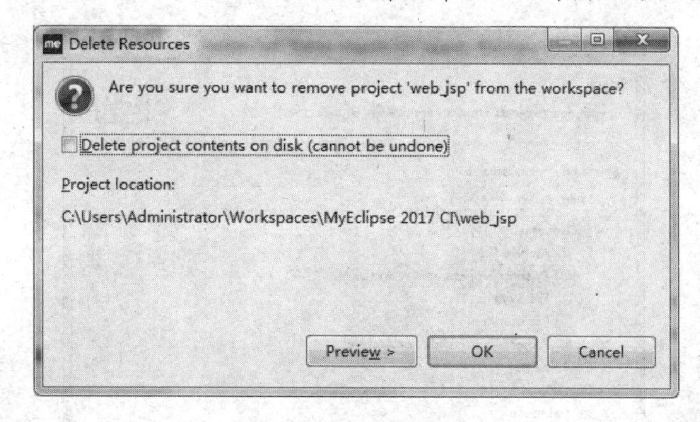

图 2.11　确认移除项目

2.2.3　打开项目

在 MyEclipse 2017 环境下，选择主菜单【File】→【Open Projects from File System...】，出现【Import Projects from File System or Archive】对话框，如图 2.12 所示。

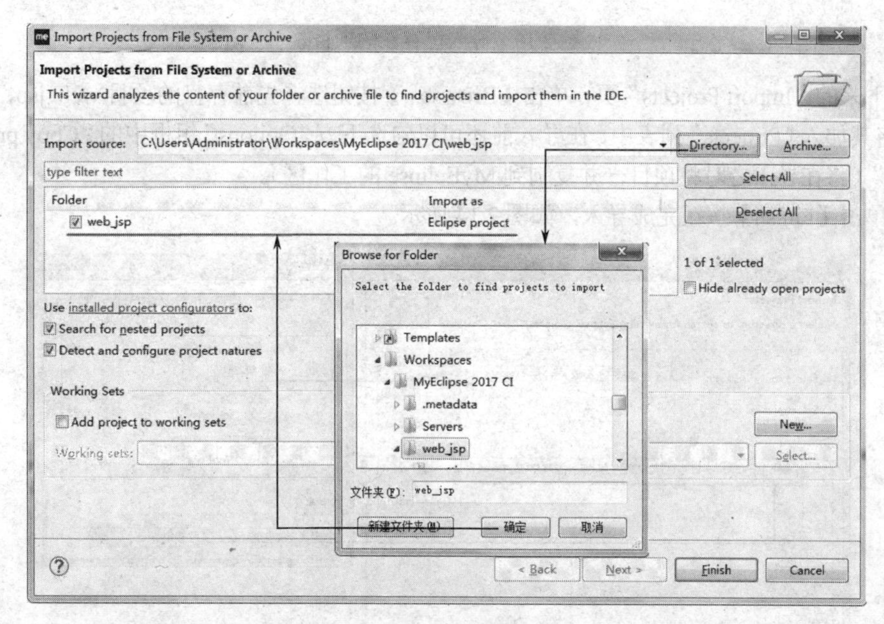

图 2.12　打开项目

单击【Directory...】按钮选择要打开的项目（这里选择在 2.1 节中开发好的 web_jsp），单击【确定】按钮，项目名出现在列表中，单击【Finish】按钮打开项目，用户可在工作区视图中看到打开的项目。

2.2.4　导入项目

先用 2.2.2 节介绍的方法移除项目（彻底删除），由于 2.2.1 节已经对该项目进行了导出存盘，下面再将刚刚移除的项目 web_jsp 重新导入工作区。

在 MyEclipse 主菜单中选择【File】→【Import…】，在弹出的【Import】窗口中展开目录树，选择【General】→【Existing Projects into Workspace】，如图 2.13 所示，单击【Next】按钮。

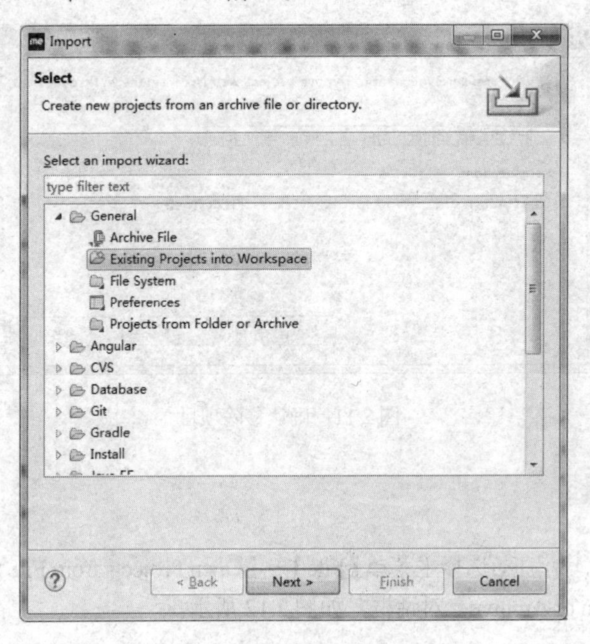

图 2.13 导入已存在的项目

在接下来的“Import Projects”页，单击【Browse...】按钮选择先前存盘的项目 web_jsp，单击【确定】按钮将其加入“Projects”列表中，在导入前还可以勾选下方“Options”组框中的“Copy projects into workspace”（将在导入之时将项目一并复制到 MyEclipse 的工作区）。

最后单击【Finish】按钮完成导入，如图 2.14 所示。

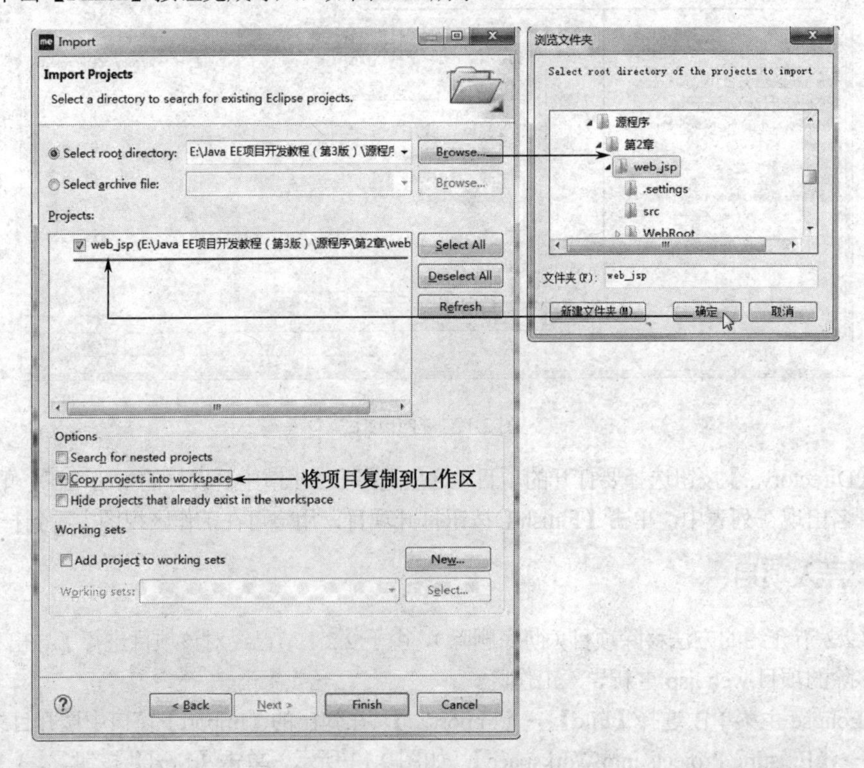

图 2.14 导入项目 web_jsp

导入完成后，可从开发环境左边的工作区视图中再次看到项目 web_jsp，并且它依旧是可以编辑代码和运行的，只不过在重新运行之前要用前面介绍的方法将它再次部署到 Tomcat 9 服务器上。

注意：

在本书后面的学习中，建议读者及时移除（不是删除！）暂时不运行的项目。由于 Tomcat 在每次启动时都会默认加载工作区中所有已部署项目的库，这可能导致某些大项目的类库与其他项目库相冲突，发生内存溢出等棘手的异常，使程序无法正常运行，故初学 Java EE 就应当养成对于所做的项目“导入一个，就运行这一个，运行完及时移除，需要时再次导入”的良好习惯。

项目的导出、移除、打开和导入是一项最基本的技能，请读者务必熟练掌握。

2.3 Java EE 传统开发

2.3.1 Model1 模式

Java EE 传统开发采用的是 Model1 模式，这是在 Web 发展早期普遍使用的开发方式。

那么，什么是 Model1 模式呢？

最原始的 Web 程序是基于 Java Servlet 编写的，后来，JSP 技术的出现使得把 Web 程序中的 HTML/XHTML 文档与 Java 业务逻辑代码有效地分离成为可能。通常，JSP 负责动态生成 Web 网页，而业务逻辑则由其他可重用的组件（如 JavaBean）来实现。JSP 可通过 Java 程序片段来访问这些组件，于是就有了 JSP＋JavaBean 这样一种通行的程序结构，也就是 Model1 模式。

如图 2.15 所示为 Model1 模式开发的 Web 应用程序的结构及工作原理。

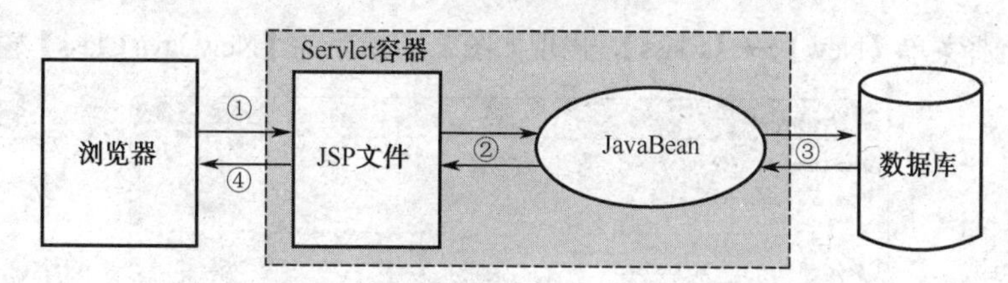

图 2.15　Model1 模式开发的 Web 应用程序的结构及工作原理

如图 2.15 所示，基于 Model1 架构的程序，其工作流程都是按如下 4 步进行的：

① 浏览器发出请求，该请求由 JSP 页面接收。

② JavaBean 用于实现业务逻辑，JSP 根据请求的需要与不同的 JavaBean 进行交互。

③ JavaBean 执行业务处理，操作数据库。

④ JSP 将程序运行的结果信息生成动态 Web 网页发回浏览器。

可见，Model1 架构模式的实现过程比较简单，在这种模式下，**JSP 集控制和显示于一体**，这种以 **JSP 为中心**的开发模式能够快速地开发出很多小型的 Web 项目，曾经应用得十分广泛。

2.3.2 入门实践一：JSP+JDBC 实现登录

在了解 Java EE 传统开发的 Model1 模式后，本节就开始指导读者进行 Java EE 开发的第一次入门实践。

● 实践任务：

用 Model1 模式开发一个 Web 登录页程序，页面效果与 2.1.4 节的小程序一样，但要求编写独立的 JavaBean，通过 JDBC 访问 test 数据库中的 user 表来验证用户名和密码。

建立一个 Web 项目，命名为 jsp_jdbc。

1. 创建 JavaBean

创建之前先要建一个包用于存放 JavaBean 类。

右击项目 src 文件夹，选择菜单【New】→【Package】，如图 2.16 所示，在【New Java Package】窗口中输入包名“org.easybooks.bookstore.jdbc”，单击【Finish】按钮。

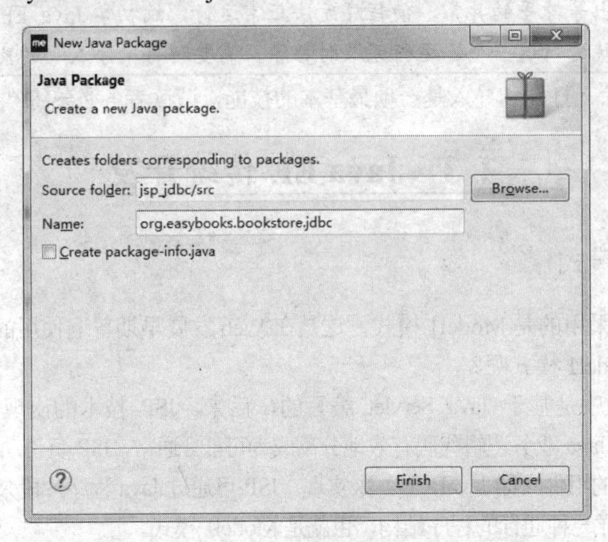

图 2.16 创建 Java 包

右击 src，选择菜单【New】→【Class】，出现如图 2.17 所示的【New Java Class】窗口。

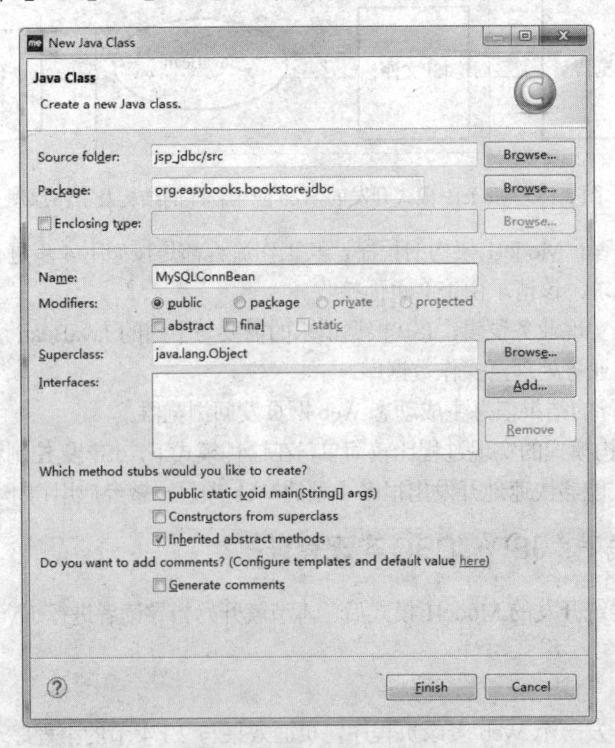

图 2.17 创建 JavaBean 类

单击“Package”栏右侧的【Browse…】按钮，指定类存放的包为“org.easybooks.bookstore.jdbc”，在“Name”栏中输入类名“MySQLConnBean”，单击【Finish】按钮。

MySQLConnBean.java 代码如下：

```
package org.easybooks.bookstore.jdbc;
import java.sql.*;
public class MySQLConnBean {
    private Statement stmt = null;
    private Connection conn = null;
    ResultSet rs = null;
    //构造函数
    public MySQLConnBean(){}
    public void OpenConn()throws Exception
    {
        try
        {
            Class.forName("com.mysql.jdbc.Driver").newInstance();
            String url = "jdbc:mysql://localhost:3306/test";
            String user = "root";
            String password = "njnu123456";
            conn = DriverManager.getConnection(url,user,password);
        }
        catch(SQLException e)
        {
            System.err.println("Data.executeQuery: " + e.getMessage());
        }
    }
    //执行查询类的 SQL 语句，有返回集
    public ResultSet executeQuery(String sql)
    {
        rs = null;
        try
        {
            stmt = conn.createStatement(
                    ResultSet.TYPE_SCROLL_SENSITIVE,ResultSet.CONCUR_UPDATABLE);
            rs = stmt.executeQuery(sql);
        }
        catch(SQLException e)
        {
            System.err.println("Data.executeQuery: " + e.getMessage());
        }
        return rs;
    }
    //关闭对象
    public void closeStmt()
    {
        try
        {
            stmt.close();
        }
        catch(SQLException e)
```

```
            {
                System.err.println("Date.executeQuery: " + e.getMessage());
            }
        }
        public void closeConn()
        {
            try
            {
                conn.close();
            }
            catch(SQLException e)
            {
                System.err.println("Data.executeQuery: " + e.getMessage());
            }
        }
}
```

在程序中利用 Class.forName()方法加载指定的驱动程序，这样将显式地加载驱动程序。"jdbc:mysql://localhost:3306/test"是 MySQL 数据库的连接字符串，对于不同的 DBMS，连接字符串是不一样的。

2. 创建 JSP 文件

本例要在项目 WebRoot 目录下一共创建 4 个 JSP 文件，它们分别承担不同的职能。

（1）login.jsp 代码：

```
<%@ page language="java" pageEncoding="utf-8"%>
<html>
    <head><title>登录页面</title></head>
    <body>
        <form action="validate.jsp" method="post">
            用户登录<br>
            姓名:<input type="text" name="username"/><br>
            密码:<input type="text" name="password"/><br>
            <input type="submit" value="登录"/>
        </form>
    </body>
</html>
```

此页面用于显示登录首页，与 2.1.2 节程序的页面源码相比，增加了 action= "validate.jsp"，表示用户单击【登录】按钮提交后，页面跳转到一个名为 validate.jsp 的页（验证页）做进一步处理。

（2）validate.jsp 代码：

```
<%@ page language="java" pageEncoding="gb2312" import="java.sql.*"%>
<jsp:useBean id="MySqlBean" scope="page"
            class="org.easybooks.bookstore.jdbc.MySQLConnBean" />
<html>
    <head>
        <meta http-equiv="Content-Type" content="text/html;charset=gb2312">
    </head>
    <body>
        <%
            String usr=request.getParameter("username");        //获取提交的姓名
            String pwd=request.getParameter("password");        //获取提交的密码
```

```
            boolean validated=false;                                    //验证成功标识
            //查询 user 表中的记录
            String sql="select * from user";
            MySqlBean.OpenConn();           //调用 MySqlBean 中加载 JDBC 驱动的方法
            ResultSet rs=MySqlBean.executeQuery(sql);   //取得结果集
            while(rs.next())
            {
                if((rs.getString("username").compareTo(usr)==0)
                                    &&(rs.getString("password").compareTo(pwd)==0))
                {
                    validated=true;                             //标识为 true 表示验证成功通过
                }
            }
            rs.close();
            MySqlBean.closeStmt();
            MySqlBean.closeConn();
            if(validated)
            {
                //验证成功跳转到 welcome.jsp
        %>
                <jsp:forward page="welcome.jsp"/>
        <%
            }
            else
            {
                //验证失败跳转到 error.jsp
        %>
                <jsp:forward page="error.jsp"/>
        <%
            }
        %>
    </body>
</html>
```

本页实际上是一个 JSP 程序，执行用户验证功能。其中，<jsp:useBean>、<jsp:forward>都是 JSP 动作元素。

<jsp:useBean>的功能是初始化一个 class 属性所指定的 Bean 类的实体，并将该实体命名为 id 属性所指定的值。简而言之，也就是给已创建好的 JavaBean（位于项目 org.easybooks.bookstore.jdbc 包下的 MySQLConnBean 类）指定一个别名 MySqlBean，之后就可以在 JSP 页的源码中直接引用这个别名来调用该 JavaBean 的方法，如 OpenConn()、executeQuery()、closeStmt()和 closeConn()等方法。

<jsp:forward>动作把用户的请求转到另外的页面进行处理，在本例中用于实现页面间跳转，根据验证处理的结果不同：若验证成功，转到成功页面（welcome.jsp）；若失败，转到失败页面（error.jsp）。

（3）welcome.jsp 代码：

```
<%@ page language="java" pageEncoding="gb2312"%>
<html>
    <head><title>成功页面</title></head>
    <body>
        <%out.print(request.getParameter("username"));%>，您好！欢迎光临叮当书店。
```

```
    </body>
</html>
```

成功页面上使用 JSP 内嵌的 Java 代码“out.print(request.getParameter("username"));”从请求中获取用户名以回显。

（4）error.jsp 代码：

```
<%@ page language="java" pageEncoding="gb2312"%>
<html>
    <head><title>失败页面</title></head>
    <body>
        登录失败！
    </body>
</html>
```

从以上编写的 4 个 JSP 源文件代码可以看出，整个程序的页面跳转控制功能全都是由 JSP 承担的。

3. 添加 JDBC 驱动

编码完成后，还需要将 JDBC 驱动包 mysql-connector-java-5.1.40-bin.jar 复制到项目的“\WebRoot\WEB-INF\lib”目录下。

在项目的工作区视图中刷新（快捷菜单→【Refresh】），最后的目录树如图 2.18 所示。

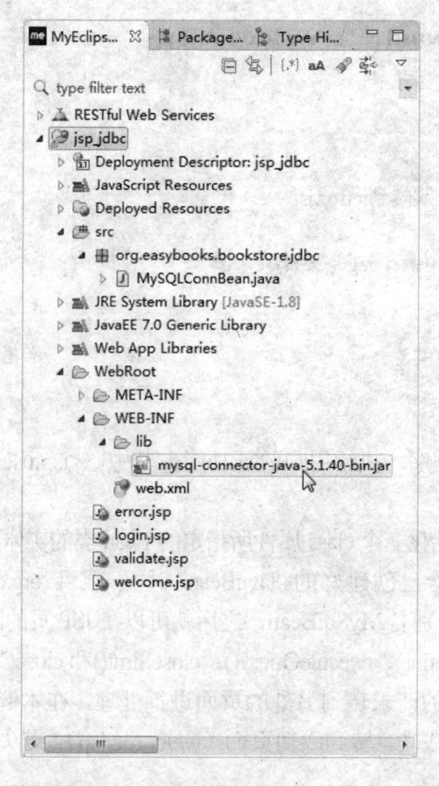

图 2.18　项目 jsp_jdbc 工程目录树

4. 部署运行

修改 web.xml 文件，改变项目启动页为 login.jsp，部署、启动 Tomcat 服务器。

在浏览器中输入 http://localhost:8080/jsp_jdbc/并回车，出现如图 2.19 所示的登录首页，输入姓名、密码（必须是数据库 user 表中已有的）。

图 2.19　登录首页

单击【登录】按钮提交表单，跳转到如图 2.20 所示的成功页面。

图 2.20　成功页面

当然，也可以尝试在图 2.19 的页面上输入错误的密码，或者输入一个数据库 user 表中不存在的用户名和密码，提交后就会跳转到如图 2.21 所示的失败页面。

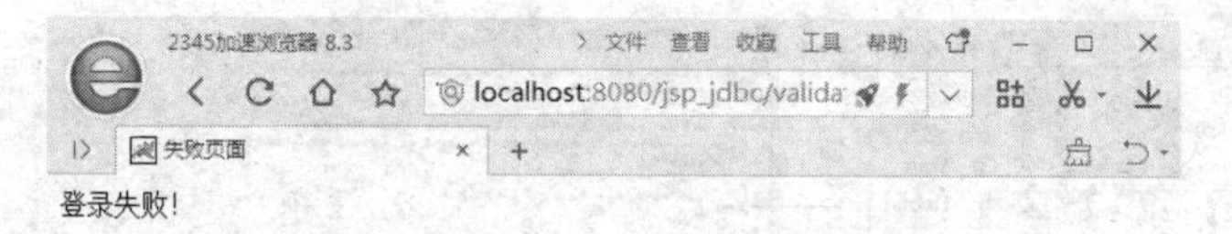

图 2.21　失败页面

2.3.3　Java EE 程序的调试

编写完成的 Java EE 程序难免会隐含错误。程序员必须学会调试程序，才能有效地查出并排除代码中的错误。

这里以在 2.3.2 节中写好的程序为例，简单介绍如何利用 MyEclipse 集成调试器的强大功能调试 Java EE 程序。

1. 设置断点

在源代码语句左侧的隔条上双击鼠标，可以在当前行设置断点。这里将断点设置在 validate.jsp 源文件中，如图 2.22 所示。

2. 进入调试透视图

部署项目，单击 MyEclipse 工具栏复合按钮右边的下箭头，选择【Tomcat v9.0 Server at localhost】→【Debug】，单击启动调试。

打开浏览器，输入 http://localhost:8080/jsp_jdbc/后回车运行程序，如前图 2.19 所示那样在登录首页输入姓名、密码后单击【登录】按钮提交表单。此时，系统会自动切换到如图 2.23 所示的调试透视图界面。如果是第一次使用调试功能，系统在切换之前会先弹出【Confirm Perspective Switch】对话框询问用户是否想要切换，单击【Yes】按钮执行切换；若是不想再被这个对话框打扰，可勾选“Remember my decision”复选框。

validate.jsp

```
1  <%@ page language="java" pageEncoding="gb2312" import="java.sql.*"%>
2  <jsp:useBean id="MySqlBean" scope="page" class="org.easybooks.bookstore.jdbc.MySQLConnBean" />
3  <html>
4      <head>
5          <meta http-equiv="Content-Type" content="text/html;charset=gb2312">
6      </head>
7      <body>
8          <%
9              String usr=request.getParameter("username");//获取提交的姓名
10             String pwd=request.getParameter("password");//获取提交的密码
11             boolean validated=false;//验证成功标识
12             //查询user表中的记录
13             String sql="select * from user";
14             MySqlBean.OpenConn();//调用MySqlBean中加载JDBC驱动的方法
15             ResultSet rs=MySqlBean.executeQuery(sql);//取得结果集
16             while(rs.next())
17             {
18                 if((rs.getString("username").compareTo(usr)==0)&&(rs.getString("password").compareTo(pwd)==0))
19                 {
20                     validated=true;//标识为true表示验证成功通过
21                 }
22             }
23             rs.close();
24             MySqlBean.closeStmt();
25             MySqlBean.closeConn();
26             if(validated)
27             {
28                 //验证成功跳转到welcome.jsp
29         %>
30                 <jsp:forward page="welcome.jsp"/>
31         <%
32             }
33             else
34             {
35                 //验证失败跳转到error.jsp
36         %>
37                 <jsp:forward page="error.jsp"/>
```

在此行设置断点

Source Design Preview

图 2.22 设置断点

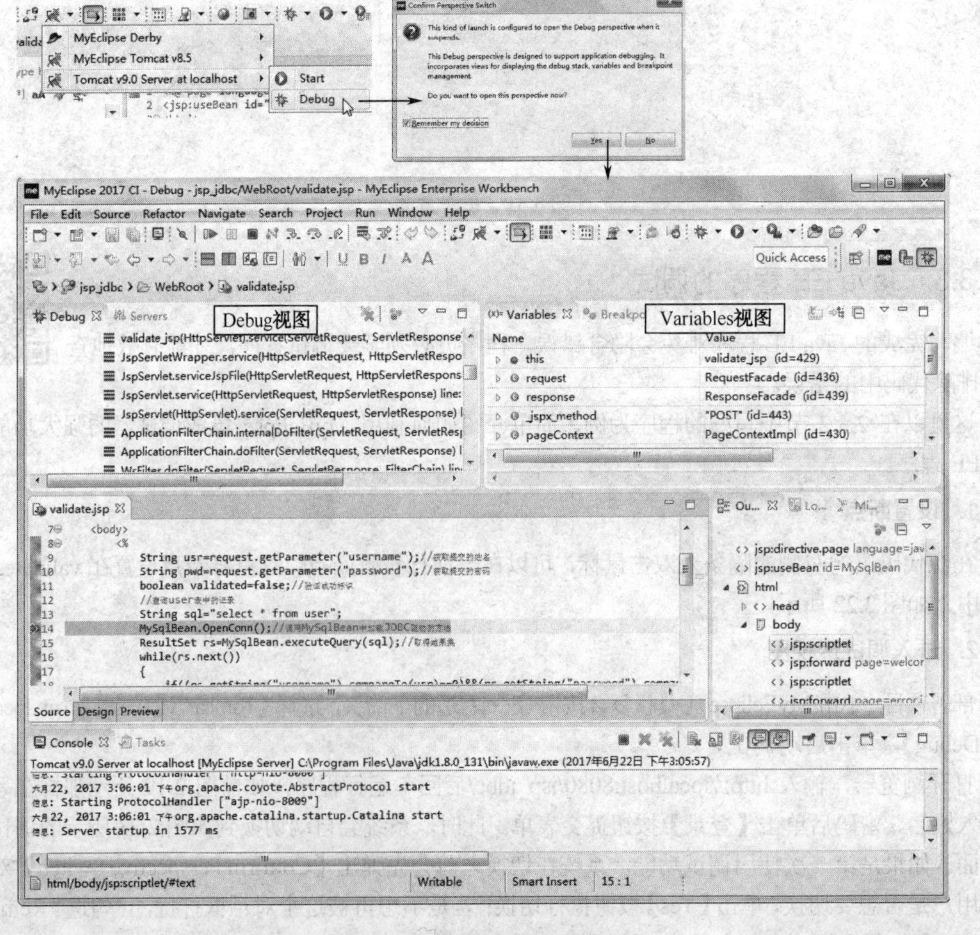

图 2.23 切换至调试透视图界面

调试透视图由 Debug 视图、Variables 视图等众多子视图组成，在界面中间左部编辑器中将会以绿色高亮背景显示执行代码（设置断点处）的位置。

3. 变量查看

右上部的 Variables 视图显示了此刻程序中各个变量的取值，如图 2.24 所示。

(x)= Variables ☒　Breakpoints

Name	Value
response	ResponseFacade (id=435)
_jspx_method	"POST" (id=439)
pageContext	PageContextImpl (id=442)
out	JspWriterImpl (id=444)
_jspx_out	JspWriterImpl (id=444)
_jspx_page_context	PageContextImpl (id=442)
MySqlBean	MySQLConnBean (id=448)
conn	null
rs	null
stmt	null
usr	"easybooks" (id=452)
pwd	"123456" (id=466)
validated	false
sql	"select * from user" (id=472)

图 2.24　各变量的取值

从图 2.24 可见 usr、pwd、validated 和 sql 已经有了值，这是因为刚刚执行了如下语句：

```
String usr=request.getParameter("username");          //获取提交的姓名
String pwd=request.getParameter("password");          //获取提交的密码
boolean validated=false;                              //验证成功标识
//查询 user 表中的记录
String sql="select * from user";
```

其中，usr 和 pwd 的值来自刚刚由页面提交的表单，由 request.getParameter("username")和 request.getParameter("password")方法分别从表单文本控件获取。此时，usr 值为“easybooks”，pwd 值为“123456”与之前在页面输入的内容完全一样！这说明表单数据已经成功传给了 JSP 验证页。

但由于此时连接尚未建立，MySqlBean 的各属性（conn、rs 和 stmt）都为空（null）。

4. 变量跟踪

接下来，从断点处往下一步一步（单步）地执行程序，同时跟踪各变量的动态变化，如图 2.25 所示，单击工具栏的【Step Over】按钮，每单击一次，程序就会往下执行一步。

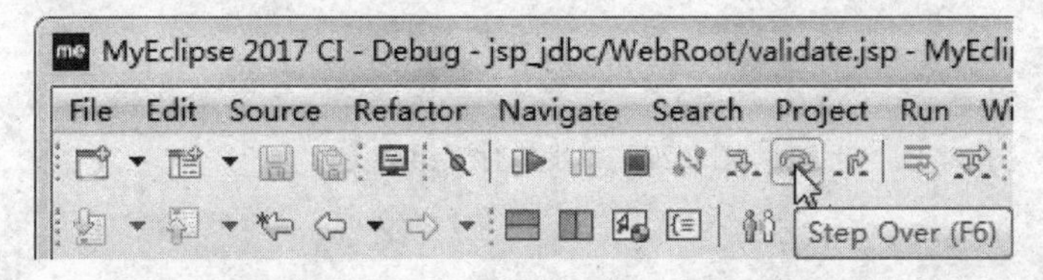

图 2.25　单步执行

单步执行（第 1 步）：第 1 次单击【Step Over】按钮，执行语句：

```
MySqlBean.OpenConn();                       //调用 MySqlBean 中加载 JDBC 驱动的方法
```

数据库连接建立，conn 首先取得值，如图 2.26 所示。

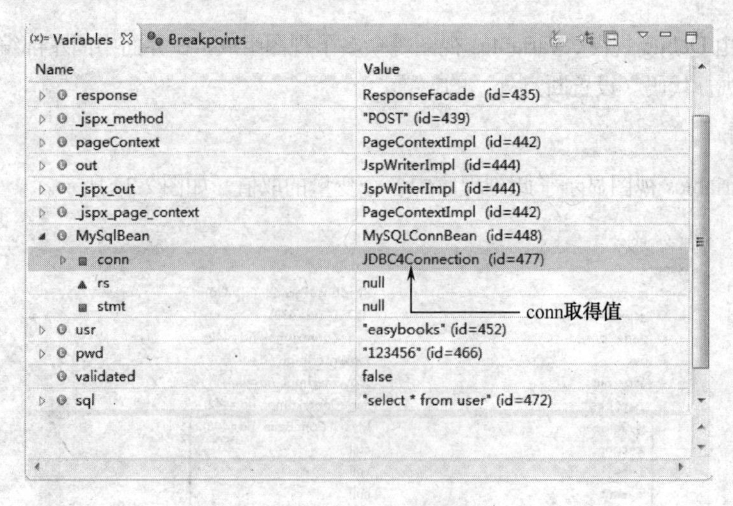

图 2.26 单步执行（第 1 步）

单步执行（第 2 步）：第 2 次单击【Step Over】按钮，执行语句：

```
ResultSet rs=MySqlBean.executeQuery(sql);                //取得结果集
```

rs 和 stmt 也都取得了值，如图 2.27 所示。

……

读者还可以依此继续执行下去，看看程序执行的每一步，其变量都有哪些改变，是否按照期望的那样去改变。若在某一步，变量并没有像预料的那样获得期望的值，则说明在这一步程序代码出错了，如此就很方便地定位到了错误之处。

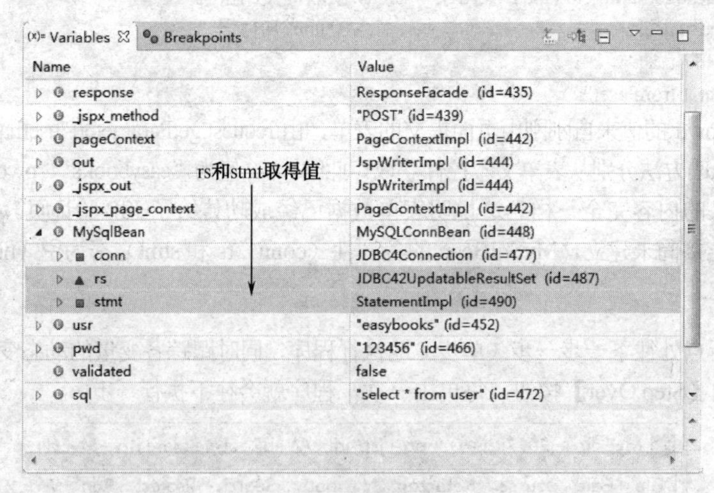

图 2.27 单步执行（第 2 步）

5. 结束调试

要想从调试模式返回正常的开发环境很简单，只须单击工具栏的 (Terminate）按钮，然后单击透视图切换器右边的 (Java Enterprise）按钮即可。

2.3.4 知识点——包、目录、Jar 文件、Servlet、JSP、JDBC

1. 包

包（package）是 Java 中一个独特而非常重要的概念。它是一种 Java 文件的组织方式，一组特定的文件组织在一个包中完成一个或者一组特定的功能。包不仅仅是一种文件组织方式，同时也和 Java 的语言规范关联。比如，protected 限定的方法在同一个包内是可见的，但是别的包就无法访问到。

每一个 Java 程序都要声明自己属于哪个包，即在程序文件的开头加上 package 包名。包可以组织起来，形成一个树状结构的体系，只要以“.”分割每个名字即可。例如：java.lang、java.util。包名可以任意定义，但通常以小写字母表示。

一般在 Java EE 企业开发中，包的命名有个默认的做法：类型.公司.项目.功能模块。例如：org.easybooks.bookstore.jdbc，其中，org 代表包的类型是开源，easybooks 是组织或团体的名称（易睿得），bookstore 是项目名称（网上书店），jdbc 是某个功能模块（用 jdbc 访问数据库的 JavaBean 组件）。同理，如果 easybooks 今后还要开发新的项目，如 xscjManage（学生成绩管理系统），那么此项目就命名为 org.easybooks.xscjManage，这样打开 org.easybooks 包，easybooks 做过的项目就一目了然了。

2. 目录

既然 Java 定义了包的概念，那么 Java 的源程序文件和编译产生的 class 文件就都必须按照包名来组织目录结构。当在程序中声明了所属的包时，程序源文件本身必须存放在包对应的目录中。例如，2.3.2 节程序中的 JavaBean 类属于 org.easybooks.bookstore.jdbc 包，所以 MySQLConnBean.java 文件必须存放在目录\src\org\easybooks\bookstore\jdbc 下，编译生成的 MySQLConnBean.class 在目录\WebRoot\WEB-INF\classes\org\easybooks\bookstore\jdbc 下，两者的相对路径的子目录结构都是\org\easybooks\bookstore\jdbc。

3. Jar 文件

开发一个 Java 应用程序需要编写大量的源文件，这些文件虽然按照“包”的要求有序地组织在一起，但是一旦文件很多，在部署应用时依然显得很杂乱。因此，一种将一个或者一组包的 class 文件包装到一个文件中的方法就产生了，这就是 Jar。Jar 其实是将一组文件压缩打包成一个文件，文件的后缀名为.jar。

本章程序中用到的 mysql 数据库驱动包 mysql-connector-java-5.1.40-bin.jar 其实就是经这样打包后生成并发布的。

4. Servlet

Java Web 应用中最重要的概念就是 Servlet。

Servlet 是用 Java 编写的服务器端程序，是由服务器端调用和执行的 Java 类。Servlet 运行在 Servlet 引擎管理的 Java 虚拟机中，被来自客户机的请求唤醒，能简单地处理客户端的请求。

为了运行 Servlet，首先需用一个 JVM 来提供对 Java 的基本支持，一般需要安装 JRE（Java Runtime Environment）或 JDK（Java Development Kit，JRE 是其中的一个子集）。其次，需要 Servlet API 的支持。一般的 Servlet 引擎都自带 Servlet API。

当容器通过 web.xml 文件得知配置了 Servlet 后，即可通过配置所指定的 classes 路径构造 Servlet 实例。

Servlet 的周期：初始化→服务→消亡。初始化在构造实例时由容器调用 init 方法完成，初始化在 Servlet 的整个生命周期中只进行一次。服务在发生请求时执行，发生一次请求就执行一次服务。消亡通常发生在容器关闭的时候，消亡的时候，容器会调用 destroy 方法，destroy 方法在 Servlet 的整个生命周期中也只调用一次。

当容器启动时会构造一个用来处理 http 请求的线程池，并在适当的时候构造出每一个 Servlet 实例。当有请求发生的时候，容器就从线程池中取出一个线程来处理这个请求，如果这个请求需要一个 Servlet 来处理，容器就会将请求传递给对应的 Servlet，并将处理的结果返回给处理线程，处理线程将结果返回给请求者，然后线程返回到线程池中等待别的请求。

5. JSP

JSP（Java Server Pages）是由原 Sun 公司倡导、许多公司参与一起建立的一种动态网页技术标准。它是在网页文件（*.htm，*.html）中插入 Java 程序段和 JSP 标记，从而形成 JSP 文件（*.jsp）。JSP 代码的构成可用一个简单易懂的等式表示：

html/xhtml＋Java＋JSP 标记＝JSP

一个 JSP 页面可被多个客户访问，下面是第一个客户访问 JSP 页面时，页面的执行过程：

① 客户通过浏览器向服务器端的 JSP 页面发送请求。

② JSP 引擎检查 JSP 文件对应的 Servlet 是否存在，若不存在则转向第④步，否则执行下一步。

③ JSP 引擎检查 JSP 页面是否修改，若未修改则转向第⑤步，否则执行下一步。

④ JSP 引擎将 JSP 页面文件转译为 Servlet 代码（相应的.java 文件）。

⑤ JSP 引擎将 Servlet 代码编译为相应的字节码（.class 文件）。

⑥ JSP 引擎加载字节码到内存。

⑦ 字节码（应用 Servlet）处理客户请求，并将结果返回给客户。

JSP 页面的执行流程如图 2.28 所示。

在不修改 JSP 页面的情况下，除第一个客户访问 JSP 页面时需要经过以上几个步骤外，以后访问该 JSP 页面的客户请求，会被直接发送给对应的字节码程序处理，并将处理结果返给客户端。在这种情况下，JSP 页面既不需转译也不需编译，执行效率非常高。

用 JSP 开发的 Web 应用是跨平台的，既能在 Windows 上运行，也能在其他操作系统（Linux/UNIX 等）上运行。

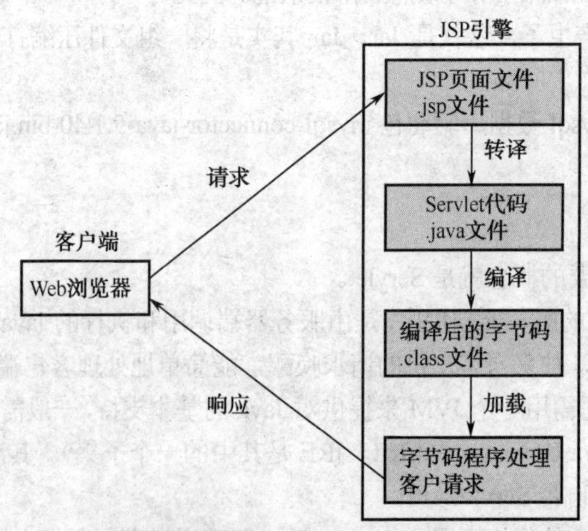

图 2.28 JSP 页面的执行流程

6. JDBC

与数据库的交互是动态网站的一个重要组成部分，JSP 中使用 JDBC 技术来实现与数据库的连接。

JDBC 是一种可用于执行 SQL 语句的 Java API（应用程序设计接口），它由一些 Java 语言编写的类和界面组成。JDBC 为数据库应用开发人员、数据库前台工具开发人员提供了一种标准的应用程序设计接口，使开发人员可以用纯 Java 语言编写完整的数据库应用程序。

很多数据库系统都具有 JDBC 驱动程序，JSP 可以直接利用它来访问数据库。也有一些数据库系统仅提供 ODBC 驱动而没有 JDBC 驱动，JSP 必须通过 JDBC-ODBC 桥来实现对它们的访问。

简单地说，JDBC 能实现以下 3 大功能：

① 与一个数据库建立连接。

② 向数据库发送 SQL 语句。

③ 处理数据库返回的结果。

JSP 程序借助 JDBC 访问数据库的工作原理如图 2.29 所示。

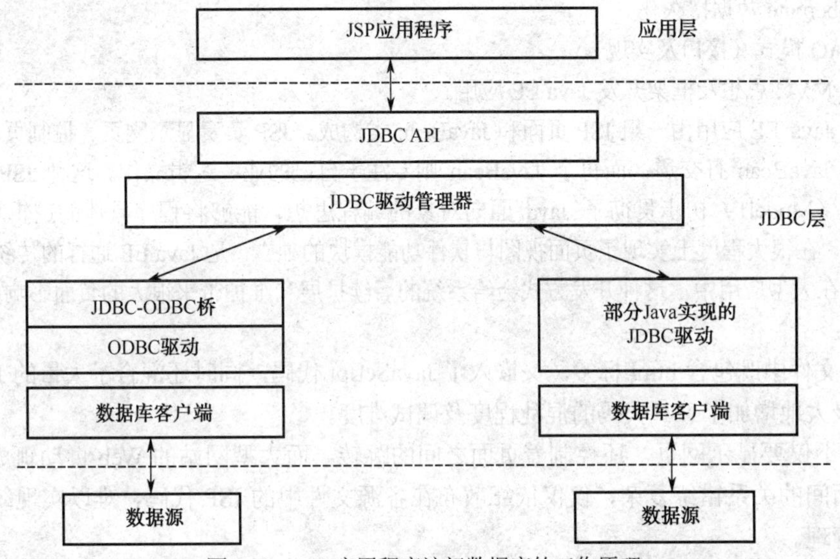

图 2.29　JSP 应用程序访问数据库的工作原理

这种数据访问方式有很大的局限性，即针对不同的 DBMS 必须使用不同的 JDBC 驱动，故传统的 Java EE 开发无法适应数据源的异构性。这一缺陷将在 Java EE 框架开发中通过引入持久层来解决，后续章节对此会有详细介绍。

习　题　二

（1）开发一个 Web 应用，通过浏览器显示程序的运行时间，如“今天是 2017 年 6 月 22 日”。

（2）掌握 MyEclipse 2017 基本的项目管理操作，要求：能熟练地创建、导出、移除、打开和导入 Web 项目。

（3）按照书中指导，完成“入门实践一”的 Web 登录页程序，并对照 2.3.1 节和 2.3.4 节的知识点理解 Java EE 传统开发的 Model1 模式。

（4）从“入门实践一”的程序入手，学会调试简单的 Java EE 程序。

第3章 项目开发入门：Java EE框架与MVC模式

本章主要内容：

（1）Struts 2 原理与程序开发。

（2）Hibernate 数据持久化。

（3）DAO 模式（接口及实现）。

（4）用 MVC 思想及框架开发 Java EE 应用。

早期的 Java EE 应用由一组 JSP 页面和 JavaBean 类构成。JSP 负责显示网页、控制页面间的跳转并与诸多的 JavaBean 打交道，而每个 JavaBean 则专注于自己的业务逻辑操作。这种 JSP＋JavaBean 的开发模式（Model1）初步贯彻了 Java 面向对象的编程思想，能够将程序具体的逻辑功能封装于 JavaBean 中，在很大程度上实现了页面视图与软件功能模块的独立，是 Java EE 通行的传统开发方式。

但是，在大型应用中，这种开发方式会给系统的后续扩展和维护带来很大的负面影响，主要表现在以下几点：

- JSP 文件中既包含 html 标签，又嵌入了 JavaScript 代码，同时还混合了大量的 Java 代码，这极大地增加了 JSP 代码的混乱程度及调试难度。
- JSP 不仅要显示网页，还控制着页面之间的跳转，而大型网站的 Web 页动辄成千上万，页面间的关系错综复杂，仅仅依靠散布在各源文件中的 JSP 代码，难以实现统一的组织和管理。
- 业务逻辑的调用入口广泛分布于各个 JSP 页面中，要想理解某一个服务的完整执行流程，就必须明白几乎所有 JSP 页的结构，整个系统的可理解性很低。
- 各个组件（JSP 与 JavaBean 间）耦合紧密，修改某一业务逻辑或数据，需要同时修改多个相关的 JSP 页，系统维护困难。
- JDBC 访问数据库的代码与 DBMS 相关，当更换后台数据库（如从 MySQL 升级为大型数据库 SQL Server）时，必须重写访问数据的 JavaBean。而且数据访问代码是按照建立、断开连接的流程编写的，是面向过程编程，这与整个 Java EE 应用面向对象的设计风格格格不入！

于是，在长期的开发实践中，针对上述传统方式的种种弊端，各类框架应运而生，在很大程度上改善了 Java EE 应用的架构。

3.1 Struts 2 让网页与控制分离

3.1.1 Struts 2 框架

Struts 是 Apache 软件基金会赞助的一个开源项目。它最初是 Jakarta 项目中的一个子项目，旨在帮助程序员更方便地运用新的 Model2 模式来开发 Java EE 应用。Struts 2 是 Struts 的升级产品，目前最新版本是 Struts 2.5 系列。

1. Model2 模式

为了从根本上克服传统 Java EE 开发 Model1（JSP＋JavaBean）模式的缺陷，对其进行改造，发展出 Model2 模式。

Model2 模式的工作原理如图 3.1 所示，其工作流程是按如下 5 个步骤进行的：

① Servlet 接收浏览器发出的请求。

② Servlet 根据不同的请求调用相应的 JavaBean。

③ JavaBean 按自己的业务逻辑操作数据库。

④ Servlet 将结果传递给 JSP 视图。

⑤ JSP 将后台处理的结果呈现给浏览器。

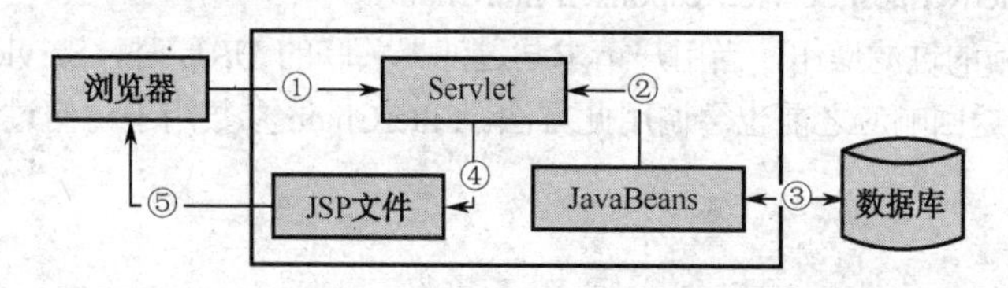

图 3.1 Model2 模式的工作原理

把图 3.1 与图 2.15 的 Model1 架构模式相比较，可以发现，Model2 引入了 Servlet 组件，并将控制功能交由 Servlet 实现，而 JSP 只负责显示功能。通过引入 Servlet，能够实现控制逻辑与显示逻辑的分离，从而提高程序的可维护性。

JSP＋Servlet＋JavaBean 的 Model2 模式虽然成功地克服了 Model1 的缺陷，但它是以重新引入原始 Servlet 编程为代价的。暴露 Servlet API 大大增加了编程的难度，为了屏蔽 Servlet API 的复杂性，减少用 Model2 模式开发程序的工作量，发明了 Struts 2。下面先简要介绍 Servlet Filter，以便更好地理解 Struts 2 的内部机制。

2. Servlet Filter 技术

Servlet Filter（过滤器）技术是 Servlet 2.3 新增加的功能，由原 Sun 公司于 2000 年 10 月发布。

Filter 过滤器是 Java 中常用的一项技术，过滤器是用户请求和 Web 服务器之间的一层处理程序。这层程序可以对用户请求和处理程序响应的内容进行处理。过滤器可以用于权限控制、编码转换等场合。

Servlet 过滤器是在 Java Servlet 规范中定义的，它能够对过滤器关联的 URL 请求和响应进行检查和修改。过滤器能够在 Servlet 被调用之前检查 Request 对象，修改 Request Header 和 Request 内容；在 Servlet 被调用之后检查 Response 对象，修改 Response Header 和 Response 内容。过滤器过滤的 URL 资源可以是 Servlet、JSP、HTML 文件，或者是整个路径下的任何资源。多个过滤器可以构成一个过滤器链，当请求过滤器关联的 URL 的时候，过滤器链上的过滤器会挨个发生作用。如图 3.2 所示为过滤器处理请求的过程。

图 3.2 中显示了正常请求、加过滤器请求和加过滤器链请求的处理过程。过滤器可以对 Request 对象和 Response 对象进行处理。

所有的过滤器类都必须实现 java.Servlet.Filter 接口，它含有 3 个过滤器类必须实现的方法：

（1）init(FilterConfig)。

这是过滤器的初始化方法，Servlet 容器创建过滤器实例后将调用这个方法。在这个方法中可以通过 FilterConfig 参数读取 web.xml 文件中过滤器的初始化参数。

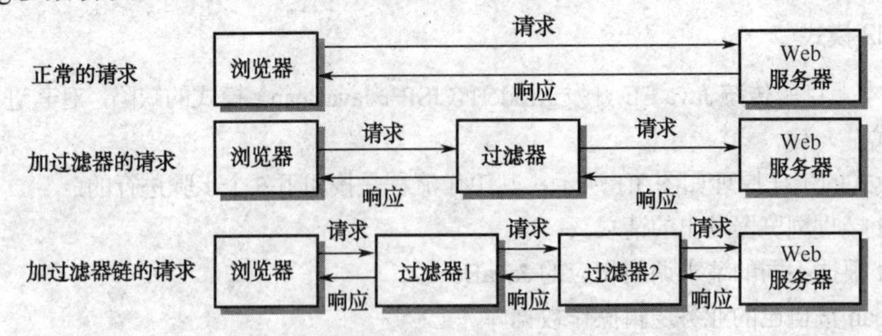

图 3.2　过滤器处理请求的过程

（2）doFilter(ServletRequest,ServletResponse,FilterChain)。

这个方法完成实际的过滤操作，当用户请求与过滤器关联的 URL 时，Servlet 容器将先调用过滤器的 doFilter 方法，在返回响应之前也会调用此方法。FilterChain 参数用于访问过滤器链上的下一个过滤器。

（3）destroy()。

Servlet 容器在销毁过滤器实例前调用该方法，这个方法可以释放过滤器占用的资源。

过滤器编写完成后，要在 web.xml 进行配置，格式如下：

```
<filter>
    <filter-name>过滤器名称</filter-name>
    <filter-class>过滤器对应的类</filter-class>
    <!--初始化参数-->
    <init-param>
        <param-name>参数名称</param-name>
        <param-value>参数值</param-value>
    </init-param>
</filter>
```

过滤器必须和特定 URL 关联才能发挥作用。关联的方式有 3 种：与一个 URL 关联、与一个 URL 目录下的所有资源关联、与一个 Servlet 关联。

下面举例说明在 web.xml 中配置过滤器与 URL 关联的方法。

（1）与一个 URL 资源关联：

```
<filter-mapping>
    <filter-name>过滤器名</filter>
    <url-pattern>xxx.jsp</url.pattern>
</filter-mapping>
```

（2）与一个 URL 目录下的所有资源关联：

```
<filter-mapping>
    <filter-name>过滤器名</filter-name>
    <url-pattern>/*</url-pattern>
</filter-mapping>
```

（3）与一个 Servlet 关联：

```
<filter-mapping>
    <filter-name>过滤器名</filter-name>
    <Servlet-name>Servlet 名称</Servlet-name>
</filter-mapping>
```

前面讲述了过滤器的基本概念，那么过滤器有什么用处呢？常常利用过滤器完成以下功能：

（1）权限控制。通过过滤器实现访问的控制，当用户访问某个链接或者某个目录的时候，可利用过滤器判断用户是否有访问权限。

（2）字符集处理。可以在过滤器中处理 request 和 response 的字符集，而不用在每个 Servlet 或者 JSP 中单独处理。

（3）其他一些场合。过滤器非常有用，可以利用它完成很多适合的工作，如计数器、数据加密、访问触发器、日志、用户使用分析等。

3. Struts 2 工作机制

Struts 2 的设计思想：用 Servlet Filter 技术将 Servlet API 隐藏于框架之内，一个请求在 Struts 2 框架内被处理，大致分为以下几个步骤，如图 3.3 所示。

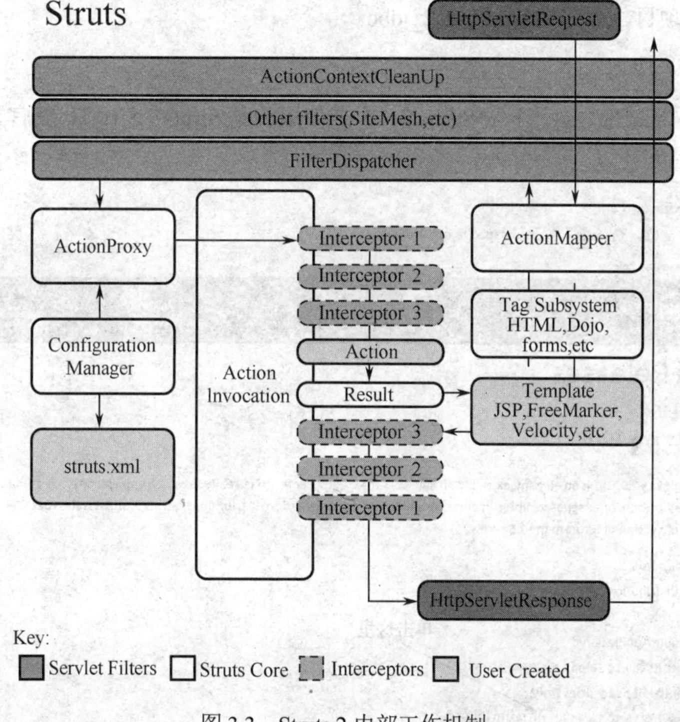

图 3.3　Struts 2 内部工作机制

（1）客户端初始化一个指向 Servlet 容器（如 Tomcat）的请求。

（2）这个请求经过一系列的过滤器（Filter）(这些过滤器中有一个称为 ActionContextCleanUp，它对于 Struts 2 和其他框架的集成很有帮助，如 SiteMesh Plugin)。

（3）FilterDispatcher 被调用，FilterDispatcher 询问 ActionMapper 来决定这个请求是否需要调用某个 Action。

（4）若 ActionMapper 决定需调用某个 Action，则 FilterDispatcher 把请求的处理交给 ActionProxy。

（5）ActionProxy 通过 Configuration Manager 询问框架的配置文件，找到需要调用的 Action 类。

（6）ActionProxy 创建一个 ActionInvocation 的实例。

（7）ActionInvocation 实例使用命名模式来调用，在调用 Action 的过程前后，涉及相关拦截器（Interceptor）的调用。

（8）一旦 Action 执行完毕，ActionInvocation 负责根据 struts.xml 中的配置找到对应的返回结果。返回结果通常是（但不总是，也可能是另外的一个 Action 链）一个需要被表示的 JSP 或 FreeMarker

的模板。在表示的过程中可以使用 Struts 2 框架中继承的标签，在这个过程中还要涉及 ActionMapper。

从 Struts 2 的内部机制可见，它实质上就是一个功能经过定制扩展的 Servlet 过滤器，只不过这个过滤器是专门设计用于简化 Java EE 开发的。

3.1.2 入门实践二：JSP+Struts 2+JDBC 实现登录

有了 Struts 2 框架，在 Java Web 开发中，就可以将控制网页跳转的功能从 JSP 中分离出去，交由 Struts 2 实现。

● 实践任务：

用 Model2 模式开发一个 Web 登录页程序，页面效果与“入门实践一”的程序一样，但要求改用 Struts 2 控制页面的跳转，数据库访问方式不变（仍然通过 JDBC）。

建立一个 Web 项目，命名为 jsp_struts2_jdbc。

1. 加载 Struts 2 包

登录 http://struts.apache.org/，下载 Struts 2，本书使用的是 Struts 2.5.10.1，其官方下载页面如图 3.4 所示。

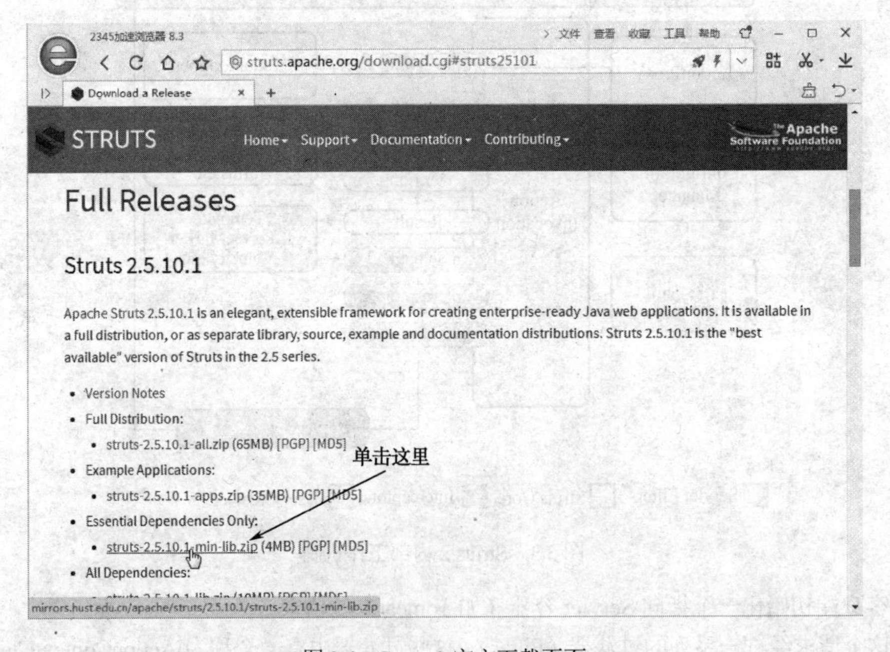

图 3.4 Struts 2 官方下载页面

在大多数情况下，使用 Struts 2 的 Web 应用并非需要用到 Struts 2 的全部特性，故这里只下载其最小核心依赖库（大小仅为 4.16 MB），单击页面中“Essential Dependencies Only”项下的“struts-2.5.10.1-min-lib.zip”链接即可。将下载获得的文件 struts-2.5.10.1-min-lib.zip 解压缩，在其目录 struts-2.5.10.1-min-lib\struts-2.5.10.1\lib 下看到有 8 个 jar 包，包括：

（1）Struts 2 的 4 个基本类库。

```
struts2-core-2.5.10.1.jar
ognl-3.1.12.jar
log4j-api-2.7.jar
freemarker-2.3.23.jar
```

（2）附加的 4 个库。

```
commons-io-2.4.jar
commons-lang3-3.4.jar
javassist-3.20.0-GA.jar
commons-fileupload-1.3.2.jar
```

（3）数据库驱动。

```
mysql-connector-java-5.1.40-bin.jar
```

加上数据库驱动一共是 9 个 jar 包，将它们一起复制到项目的\WebRoot\WEB-INF\lib 路径下。在工作区视图中，右击项目名，从弹出菜单中选择【Refresh】刷新。打开项目树，看到其中多了一个“Web App Libraries”项，展开可看到这 9 个 jar 包，如图 3.5 所示，表明 Struts 2 加载成功了。

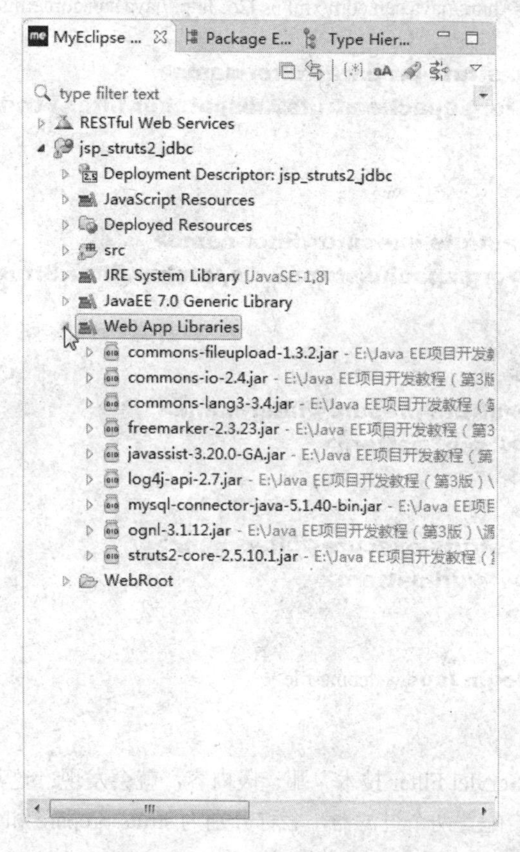

图 3.5　Struts 2 加载成功

其中，主要类描述如下。

struts2-core-2.5.10.1.jar：Struts 2.5 的主框架类库。

ognl-3.1.12.jar：OGNL 表达式语言。

log4j-api-2.7.jar：管理程序运行日志的 API 接口。

freemarker-2.3.23.jar：所有的 UI 标记模板。

Struts 2 从 2.3 升级到 2.5 版，有比较大的变化，主要体现在：

① 将原 xwork-core 库整合进核心 struts2-core 库，早期的 Struts 2 是基于 WebWork 框架发展起来的，后者对应于 xwork-core 库，但自 2.5 版起，Struts 2 不再提供独立的 xwork-core 库，相关的功能全部改由主框架核心库实现，这也标志着 Struts 与 WebWork 两大框架的真正融合。

② 以 log4j-api 取代原 commons-logging 库，log4j 提供了用户创建日志需要实现的适配器组件，比之原先 commons-logging 的通用日志处理功能更为强大，支持灵活的日志定制，并且版本越高，可选的显示信息的种类就越全。

2. 配置 Struts 2

修改 web.xml 文件：

```
<?xml version="1.0" encoding="UTF-8"?>
<web-app id="WebApp_9" version="2.4"
      xmlns="http://java.sun.com/xml/ns/j2ee"
      xmlns:xsi="http://www.w3.org/2001/XMLSchema-instance"
      xsi:schemaLocation="http://java.sun.com/xml/ns/j2ee http://java.sun.com/xml/ns/j2ee/web-app_2_4.xsd">
    <filter>
        <filter-name>struts-prepare</filter-name>
        <filter-class>org.apache.struts2.dispatcher.filter.StrutsPrepareFilter
</filter-class>
    </filter>
    <filter>
        <filter-name>struts-execute</filter-name>
        <filter-class>org.apache.struts2.dispatcher.filter.StrutsExecuteFilter
</filter-class>
    </filter>
    <filter-mapping>
        <filter-name>struts-prepare</filter-name>
        <url-pattern>/*</url-pattern>
    </filter-mapping>
    <filter-mapping>
        <filter-name>struts-execute</filter-name>
        <url-pattern>/*</url-pattern>
    </filter-mapping>
    <welcome-file-list>
        <welcome-file>login.jsp</welcome-file>
    </welcome-file-list>
</web-app>
```

对照参看 3.1.1 节的“Servlet Filter 技术”那一段内容，就会发现：这其实就是在配置过滤器，新版 Struts 2.5 的使用要求用户配置两个过滤器，名称分别为 struts-prepare 和 struts-execute。

3. 创建 JavaBean

在项目 src 文件夹下建立包 org.easybooks.bookstore.jdbc，在包里创建 MySQLConnBean 类，其代码与“入门实践一”的程序完全一样。

4. 创建 login.jsp

在项目 WebRoot 下创建登录首页的 JSP 文件 login.jsp，代码如下：

```
<%@ page language="java" pageEncoding="utf-8"%>
<html>
    <head><title>登录页面</title></head>
    <body>
        <form action="login.action" method="post">
            用户登录<br>
```

```
        姓名:<input type="text" name="username"/><br>
        密码:<input type="text" name="password"/><br>
        <input type="submit" value="登录"/>
    </form>
  </body>
</html>
```

与“入门实践一”的首页源码相比较，会发现：此表单不再是由另一个 JSP 页面处理，而是提交给 login.action（一个控制器）处理。

5. 实现控制器 Action

在项目 src 文件夹下建立包 org.easybooks.bookstore.action，在包里创建 LoginAction 类，代码如下：

```
package org.easybooks.bookstore.action;
import java.sql.*;
import org.easybooks.bookstore.jdbc.MySQLConnBean;
import com.opensymphony.xwork2.ActionSupport;
public class LoginAction extends ActionSupport{
    private String username;
    private String password;
    //处理用户请求的 execute 方法
    public String execute() throws Exception{
        String usr=getUsername();                               //获取提交的姓名
        String pwd=getPassword();                               //获取提交的密码
        boolean validated=false;                                //验证成功标识
        MySQLConnBean MySqlBean=new MySQLConnBean();            //创建连接对象
        //查询 user 表中的记录
        String sql="select * from user";
        MySqlBean.OpenConn();                           //调用 MySqlBean 中加载 JDBC 驱动的方法
        ResultSet rs=MySqlBean.executeQuery(sql);       //取得结果集
        while(rs.next())
        {
            if((rs.getString("username").compareTo(usr)==0)
                        &&(rs.getString("password").compareTo(pwd)==0))
            {
                validated=true;                         //标识为 true 表示验证成功通过
            }
        }
        rs.close();
        MySqlBean.closeStmt();
        MySqlBean.closeConn();
        if(validated)
        {
            //验证成功返回字符串“success”
            return "success";
        }
        else
        {
            //验证失败返回字符串“error”
            return "error";
        }
    }
```

```
        public String getUsername(){
            return username;
        }
        public void setUsername(String username){
            this.username = username;
        }
        public String getPassword(){
            return password;
        }
        public void setPassword(String password){
            this.password = password;
        }
}
```

上面的 LoginAction 是一个普通的 Java 类，它有两个属性：username 和 password。类变量的命名必须与在 login.jsp 中使用的文本输入框的命名**严格匹配**。在 Struts 2 中，类变量总是在调用 execute()方法之前被设置（通过 setUsername()/setPassword()方法），这意味着在 execute()方法中可以使用这些类变量，因为在 execute()方法执行之前，它们已经被赋予了正确的值。

6. 配置 Action

在编写好 Action（控制器）的代码之后，还需要进行配置才能让 Struts 2 识别这个 Action，在 src 下创建文件 struts.xml（注意文件位置和大小写），输入如下的配置代码：

```
<?xml version="1.0" encoding="UTF-8" ?>
<!DOCTYPE struts PUBLIC
    "-//Apache Software Foundation//DTD Struts Configuration 2.5//EN"
    "http://struts.apache.org/dtds/struts-2.5.dtd">
<!-- START SNIPPET: xworkSample -->
<struts>
    <package name="default" extends="struts-default">
        <action name="login" class="org.easybooks.bookstore.action.LoginAction">
                <result name="success">welcome.jsp</result>
                <result name="error">error.jsp</result>
            </action>
    </package>
</struts>
<!-- END SNIPPET: xworkSample -->
```

映射文件定义了 name 为 login 的 Action，即当 Action 负责处理 login.actionURI 的客户端请求时，该 Action 将调用自身的 execute()方法处理用户请求，如果 execute()方法返回 success 字符串，请求被转发到 welcome.jsp 页面；如果 execute()方法返回 error 字符串，请求则被转到 error.jsp 页面。

7. 创建其余的 JSP 文件

在项目 WebRoot 下创建两个 JSP 文件。

（1）welcome.jsp 的代码如下：

```
<%@ page language="java" pageEncoding="gb2312"%>
<%@taglib prefix="s" uri="/struts-tags"%>
<html>
    <head><title>成功页面</title></head>
    <body>
        <s:property value="username"/>，您好！欢迎光临叮当书店。
```

```
    </body>
</html>
```

代码中第二行标签库定义在前缀 s 和 uri 之间建立映射关系。前缀 s 指明了所有 Struts 2 标签在使用的时候以“s:”开头。

<s:property value="username"/>是一个使用自定义 property 标签的 JSP 页面。这个 property 标签包含一个 value 属性值，通过设置 value 的值，标签可以从 action 中获得相应表达式的内容，这是通过在 action 中创建一个名为 getUsername()的方法得来的。

（2）error.jsp 的代码与“入门实践一”的相同，在此省略。

8. 部署运行

部署项目、启动 Tomcat 服务器，在浏览器中输入 http://localhost:8080/jsp_struts2_jdbc/后回车，运行效果与之前的程序完全相同。

从这个程序的开发中可见，使用 Struts 2 后，用 Action 控制器的 Java 代码块（LoginAction 类）取代了原 JSP 文件 validate.jsp 的功能，这样不仅实现了将控制从网页中独立出来，而且还将页面中的其他 Java 代码（如 MySqlBean 连接和访问数据库的代码）分离出来，大大降低了系统中各组件间的耦合性。

3.1.3　知识点——Struts 2：配置、Action

1. Struts 2：配置

Struts 2 的配置可以分成单个单独的文件，如图 3.6 所示。

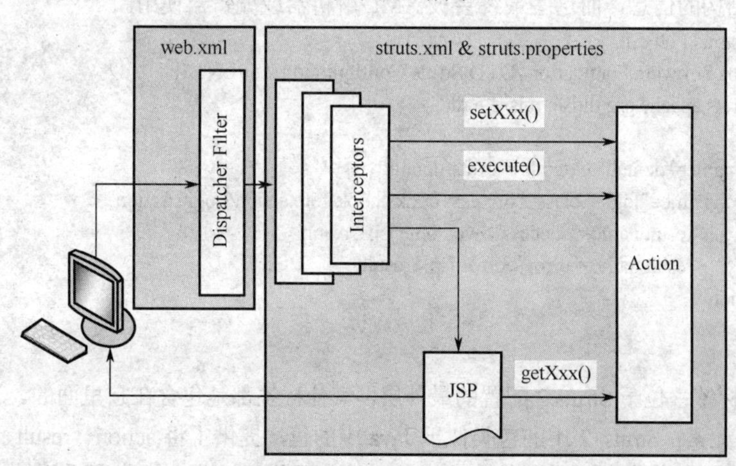

图 3.6　框架元素的配置文件

其中，web.xml 是 Web 部署描述符，包括所有必需的框架组件。struts.xml 是 Struts 2 的主要配置文件。struts.properties 是 Struts 2 框架的属性配置文件。

● web.xml

web.xml 并不是 Struts 2 框架特有的文件，它作为部署描述文件，是所有 Java Web 应用程序都需要的核心配置文件。

Struts 2 框架需要在 web.xml 文件中配置一个前端控制器 Dispatcher Filter，用于对 Struts 2 框架进行初始化并处理所有的请求。Dispatcher Filter 是一个 Servlet 过滤器，它是整个 Web 应用的配置项。

● struts.properties 文件

Struts 2 提供了很多可配置的属性，通过这些属性的设置，可以改变框架的行为，从而满足不同

Web 应用的需求。这些属性可以在 struts.properties 文件中进行设置，struts.properties 是标准的 Java 属性文件格式，“#”号作为注释符号，文件内容由键（key）-值（value）对组成。

struts.properties 文件必须位于 classpath 下，通常放在 Web 应用程序的 src 目录下。

Struts 2 在 default.properties 文件（位于 struts2-core-2.5.10.1.jar\org\apache\struts2 下）中给出了所有属性的列表，并对其中一些属性预置了默认值。如果开发人员创建了 struts.properties 文件，那么在该文件中的属性设置会覆盖 default.properties 文件中的属性设置。

在开发环境中，以下几个属性是可能需要修改的。

（1）struts.i18n.reload = true：激活重新载入国际化文件的功能。

（2）struts.devMode = true：激活开发模式，提供更全面的调试功能。

（3）struts.configuration.xml.reload = true：激活重新载入 XML 配置文件的功能，当文件被修改后，就不需要载入 Servlet 容器中的整个 Web 应用了。

（4）struts2.url.http.port = 8080：配置服务器运行的端口。

（5）struts.objectFactory = spring：把 Struts 2 的类的生成交给 Spring 完成（用于集成 Struts 2 与 Spring 框架）。

● struts.xml 文件

struts.xml 是 Struts 2 框架的核心配置文件，主要用于配置和管理开发人员编写的 action。struts.xml 文件通常也放在 Web 应用程序的 src 目录下，该目录下的 struts.xml 将被 Struts 2 框架自动加载。

struts.xml 文件是一个 XML 文件，开头是 XML 的文档类型定义（DTD）。DTD 提供了 XML 文件中各元素应使用结构的信息，而这些最终会被 XML 解析器或编辑器使用。

```
<!DOCTYPE struts PUBLIC
        "-//Apache Software Foundation//DTD Struts Configuration 2.5//EN"
        "http://struts.apache.org/dtds/struts-2.5.dtd">
<struts>
    <package name="default" extends="struts-default">
        <action name="login" class="org.easybooks.bookstore.action.LoginAction">
                <result name="success">welcome.jsp</result>
                <result name="error">error.jsp</result>
        </action>
    </package>
</struts>
```

（1）<struts>标签：位于 Struts 2 配置的最外层，其他标签都是包含在它里面的。

（2）package 元素：Struts 2 中的包类似于 Java 中的包，提供了将 action、result、result 类型、拦截器和拦截器栈组织为一个逻辑单元的方式，从而简化了维护工作，提供了重用性。

与 Java 中的包不同的是，Struts 2 中的包可以扩展另外的包，从而“继承”原有包的所有定义，并可以添加自己包特有的配置，以及修改原有包的部分配置，从这一点上看，Struts 2 中的包更像 Java 中的类。

package 元素有一个必需的属性 name——指定包的名字，这个名字将作为引用该包的键。需要注意的是，包的名字必须是唯一的，在一个 struts.xml 文件中不能出现两个同名的包。package 元素的 extends 属性是可选的，允许一个包继承一个或多个先前定义的包中的配置。package 元素的 abstract 属性是可选的，将其设置为 true，可以把一个包定义为抽象的。抽象包不能有 action 定义，只能作为“父”包，被其他的包继承。

下面是一个包定义的例子：

```
<!--定义了一个名为 default 的包，继承自 struts-default.xml 文件中定义的 struts-default 抽象包-->
<package name="default" extends="struts-default">
    <action name="viewSource" class="org.apache.struts2.showcase.source.ViewSourceAction">
        <result>viewSource.jsp</result>
    </action>
</package>
<!--定义了一个名为 skill 的包，继承自先前定义的 default 包-->
<package name="skill" extends="default" namespace="/skill">
    <action name="list" class="org.apache.struts2.showcase.action.SkillAction" method="list">
        <result>/empmanager/listSkills.jsp</result>
    </action>
</package>
```

（3）action 元素：Struts 2 的核心功能是 action，对于开发人员来说，使用 Struts 2 框架，主要的编码工作就是编写 action 类。action 类通常都要实现 com.opensymphony.xwork2. Action 接口，并实现该接口中的 execute()方法。

当然，Struts 2 并不要求所编写的 action 类一定要实现 Action 接口，也可以使用一个普通的 Java 类作为一个 action，只要该类提供一个返回类型为 String 的无参的 public 方法。

在实际开发中，action 类很少直接实现 Action 接口，通常都是从 com.opensymphony.xwork2. ActionSupport 类继承的。ActionSupport 实现了 Action 接口和其他一些可选的接口，提供了输入验证、错误信息存取以及国际化的支持，选择从 ActionSupport 继承，可以简化 action 的开发。

开发好 action 后，就需要配置 action 映射，以告诉 Struts 2 框架，针对某个 URL 的请求应该交由哪一个 action 进行处理。

当一个请求匹配某个 action 的名字时，框架就使用这个映射来确定如何处理请求，例如，在“入门实践二”中 action 的配置：

```
<action name="login" class="org.easybooks.bookstore.action.LoginAction">
    <result name="success">welcome.jsp</result>
    <result name="error">error.jsp</result>
</action>
```

class 属性是 action 实现类的完整类名。在执行 action 时，默认调用的是 execute()方法。如上面例子中请求 login.action 时，将调用 org.easybooks.bookstore.action.LoginAction 实例的 execute()方法。

（4）result 元素：一个 result 代表了一个可能的输出。当 Action 类的方法执行完成时，它返回一个字符串类型的结果代码，框架根据这个结果代码选择对应的 result，向用户输出。

2. Struts 2：Action

Struts 2 控制器的最重要组成部分是 Action，它是 Web 框架的控制中心，是连接后台业务处理的 JavaBean 和前端 JSP 页面的桥梁和纽带。

（1）Action 的定义。

Struts 2 中的 Action 只需要在一个普通的类中定义一个方法，例如：

```
public class XXXAction{
    public String method(){
        return "return Value";
    }
}
```

XXXAction：Action 的类名，习惯上以 Action 结尾，更容易阅读和理解。

method：用于接收请求的方法，名称可以自定义，默认情况下，会调用 execute()方法。该方法不能带任何参数，且必须返回字符串类型。

return：返回值，类型必须是字符串，Struts 2会根据返回值控制程序流程。

例如，定义一个HelloAction，访问该Action的时候在控制台打印“你好”：

```
public class HelloAction{
    public String hello(){
        System.out.println("你好");
        return null;
    }
}
```

在struts.xml配置文件中，将刚才创建的Action注册到这里：

```
<action name="helloAction" class="HelloAction" method="hello">
</action>
```

name：自定义名称，访问Action时用到，如helloAction.action。

class：Action的类名。

method：访问该Action时，调用hello()方法。

因为hello()方法的返回值是null，表示不跳转到任何地方。如果返回一个字符串，则必须配置<action>的子标签<result>，通过该标签映射一个跳转路径，例如：

```
<result name="success">welcome.jsp</result>
```

表示如果方法的返回值为success，则跳转到welcome.jsp文件。

<method>是可选的，在定义Action的响应方法时，如果将方法名称定义为execute，则<method>可省略，例如：

```
public class HelloAction{
    public String execute(){
        System.out.println("你好");
        return null;
    }
}
```

配置修改如下：

```
<action name="helloAction" class="HelloAction">
</action>
```

（2）通过Action获取请求参数。

通过HttpServletRequest的getParameter()或getParameterValues()方法，固然可以得到从客户端传送过来的请求参数，但是这样做很麻烦，而且增加了应用程序的耦合度，增强了对容器的依赖。Struts 2在Action中改进了获取请求参数的方式，自动获取请求参数。

Struts 2获取请求参数的名称，拼成该参数的set方法和get方法，调用方法实现属性的存取操作。比如，从客户端传送一个名叫name的参数，则会拼成setName和getName方法名，通过反射调用setName()方法进行赋值，程序员通过getName()方法就能取到值了。存取值的代码写在Action中即可。

以下是一个Action获取请求参数的例子，用于演示用户登录的过程。用户输入用户名和密码，如果正确，则显示登录成功的信息，否则显示登录失败的信息。

login.jsp的代码如下：

```
…
<form action="login.action" method="post">
    用户名：<input name="username"><br>
    密码：<input name="password" type="password"><br>
```

```
    <input type="submit" value="登录">
</form>
```

在表单中，表单域的 name 属性值必须和 Action 中定义的属性名称一致，才能被 Action 正确接收。如果读者懂得反射原理，就更容易理解。

LoginAction.java 作为控制器，负责接收页面发送过来的用户名和密码，并通过 execute()方法调用业务方法，根据执行结果控制程序流程：如果登录成功，则跳转到 success.jsp，否则跳转到 failure.jsp。

```
public class LoginAction {
    private String username;
    private String password;
    public void setPassword(String password) {
        this.password = password;
    }
    public String getPassword() {
        return password;
    }
    public void setUsername(String username) {
        this.username = username;
    }
    public String getUsername() {
        return username;
    }
    public String execute() {
        //调用业务组件，如果成功，返回“success”；否则，返回“error”
        if(…) {
            return "success";
        }
        else {
            return "error";
        }
    }
}
```

提交表单后，请求提交给 login.action。login.action 是在 struts.xml 文件中预先配置好的，可以自定义，但最好用一个比较有意义的名字，增强程序的易读性。

LoginAction 的配置：

```
<action name="login" class="LoginAction">
    <result name="success">success.jsp</result>
    <result name="error">failure.jsp</result>
</action>
```

（3）ActionSupport。

在 Struts 2 中，Action 与容器已经做到完全解耦，不再继承某个类或实现某个接口。但是，在特殊情况下，为了降低编程的难度，充分利用 Struts 2 提供的功能，定义 Action 时会继承类 ActionSupport，该类位于 Xwork2 提供的包 com.opensymphony.xwork2 中。

ActionSupport 类为 Action 提供了一些默认实现，主要包括：

① 预定义常量。

② 从资源文件中读取文本资源。

③ 接收验证错误信息。

④ 验证的默认实现。

下面是 ActionSupport 类所实现的接口：

```
public class ActionSupport implements
                    Action, Validateable, ValidationAware, TextProvider, LocaleProvider, Serializable {}
```

Action 接口同样位于 com.opensymphony.xwork2 包，定义了一组标准的常量和 execute()方法，可提供给开发人员使用，如下所示：

```
public interface Action {
    public static final String SUCCESS = "success";
    public static final String NONE = "none";
    public static final String ERROR = "error";
    public static final String INPUT = "input";
    public static final String LOGIN = "login";
    public String execute() throws Exception;
}
```

Action 接口中一共定义了 5 个常量，每个常量都有特定的意义，这些常量被 execute()方法返回，并最终被 result 处理，<action>的子标签<result>的 name 属性可以是这些常量中的任何一个。SUCCESS 是 name 属性的默认值，表示请求处理成功。

另外，ERROR 表示请求处理失败，NONE 表示请求处理完成后不跳转到任何页面，INPUT 表示输入时如果验证失败应该跳转到什么地方，LOGIN 表示登录失败后跳转的目标。除了这些预定义的结果代码外，开发人员也可以定义其他的结果代码来满足自身应用程序的需要。

3.2 Hibernate 把数据持久化

3.2.1 Hibernate 概述

传统 Java EE 对后台数据库的访问是通过 JDBC 实现的。然而，在数据库领域占主流的还是关系数据库（非面向对象），这造成了 Java EE 程序中访问数据库的代码仍遵循“建立连接→操作数据→关闭连接”这种面向过程的方式（在前面的实践中已提及），不利于对系统整体进行面向对象化的统一分析和设计。于是，Hibernate 应运而生，它在面向对象的 Java 语言与关系数据库之间架起了一座沟通的桥梁。

1. Hibernate 与 ORM

ORM（Object-Relation Mapping，对象-关系映射）是用于将对象与对象之间的关系对应到数据库表与表之间的关系的一种模式。简单地说，ORM 是通过使用描述对象和数据库之间映射的元数据，将 Java 程序中的对象自动持久化到关系数据库中。在程序中，对象和关系数据是业务实现的两种表现形式，业务实体在内存中表现为对象，在数据库中则表现为关系数据。

ORM 系统一般以中间件的形式存在，主要实现程序对象到关系数据库表的映射。Hibernate 是一个开放源代码的对象-关系映射框架，它对 JDBC 进行了非常轻量级的封装，使得 Java EE 程序员可以随心所欲地使用对象编程思维来操纵关系数据库。

用 Hibernate 将本书 test 数据库的 user 表映射为 User 对象，如图 3.7 所示，这样在编程时就可直接操作 User 对象来访问数据库了。

Hibernate 可以应用在任何使用 JDBC 的场合，既可以在 Java 客户端程序中使用，也可以在 Servlet/JSP 的 Web 应用中使用。最具革命意义的是，Hibernate 还可以在应用 EJB 的 Java EE 架构中取代 CMP，完成数据持久化的重任。

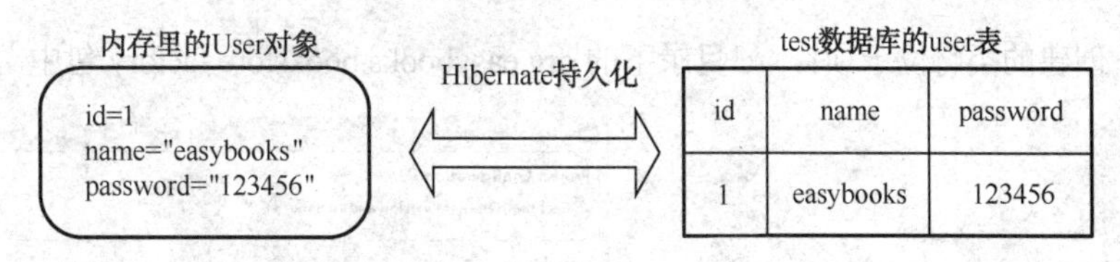

图 3.7 Hibernate 持久化

2. Hibernate 体系结构

Hibernate 作为 ORM 的中间件，通过配置文件（hibernate.cfg.xml 或 hibernate.properties）和映射文件（*.hbm.xml）把 Java 对象或持久化对象（Persistent Object，PO）映射到数据库中的表，程序员编程通过操作 PO 对表进行各种操作。

Hibernate 体系结构如图 3.8 所示。

从图 3.8 中可见，Hibernate 与数据库的连接配置信息均封装到 hibernate.cfg.xml 或 hibernate.properties 文件中，持久化对象的工作仅依靠 ORM 映射文件进行，最终完成对象-关系间的映射，整个过程对程序员是透明的。

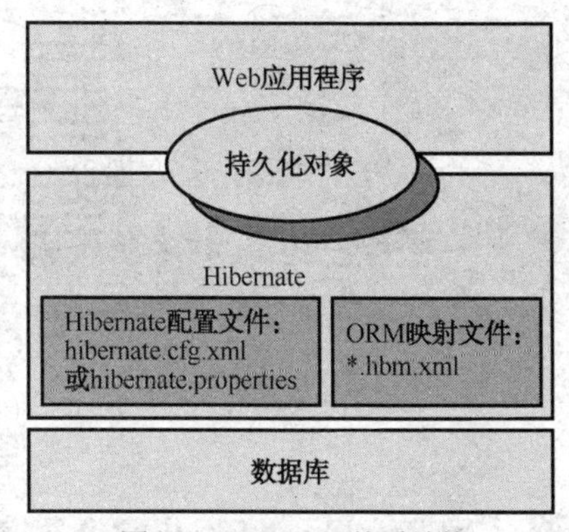

图 3.8 Hibernate 体系结构

3.2.2 入门实践三：JSP+Hibernate 实现登录

MyEclipse 2017 中集成了 Hibernate 功能，因此，当要用到 Hibernate 时，只要在 MyEclipse 中添加 Hibernate 开发能力即可。

● 实践任务：

用 Hibernate 改写第 2 章传统 Java EE 程序的数据访问模块，以面向对象的方式访问 test 数据库的 user 表。

建立一个 Java EE 项目，命名为 jsp_hibernate，在项目 src 下创建两个包：org.easybooks.bookstore.factory 和 org.easybooks.bookstore.vo。

1. 添加 Hibernate 能力

在 Java EE 项目中添加 Hibernate 开发能力，步骤如下。

（1）右击项目 jsp_hibernate，选择菜单【Configure Facets...】→【Install Hibernate Facet】，启动【Install Hibernate Facet】向导对话框，在“Project Configuration”页的“Hibernate specification version”栏右侧的下拉列表中选择要添加到项目中的 Hibernate 版本，为了最大限度地使用 MyEclipse 2017 集成的 Hibernate 工具，这里选择版本号为最新的 Hibernate 5.1，如图 3.9 所示，单击【Next】按钮。

（2）在第一个“Hibernate Support for MyEclipse”页，创建 Hibernate 配置文件和 SessionFactory 类，如图 3.10 所示。

在“Hibernate config file”栏中选中“New”单选按钮（表示新建一个 Hibernate 配置文件），下面“Configuration Folder”栏内容为“src”（表示配置文件位于项目 src 目录下），“Configuration File Name”栏内容为“hibernate.cfg.xml”（这是配置文件名），皆保持默认状态。

接着，勾选“Create SessionFactory class?”复选框（表示需要创建一个 SessionFactory 类），在“Java source folder”栏右侧的下拉列表选中“src”，单击【Browse...】按钮，弹出【Select Package】对话框，选中之前创建好的“org.easybooks.bookstore.factory”包，单击【OK】按钮将其完整包名填入“Java package”栏中，在“Class name”栏中填写所要创建的类名，这里取默认的“HibernateSessionFactory”。

经如上设置后，创建的类将位于项目 src 目录下的 org.easybooks.bookstore.factory 包中。

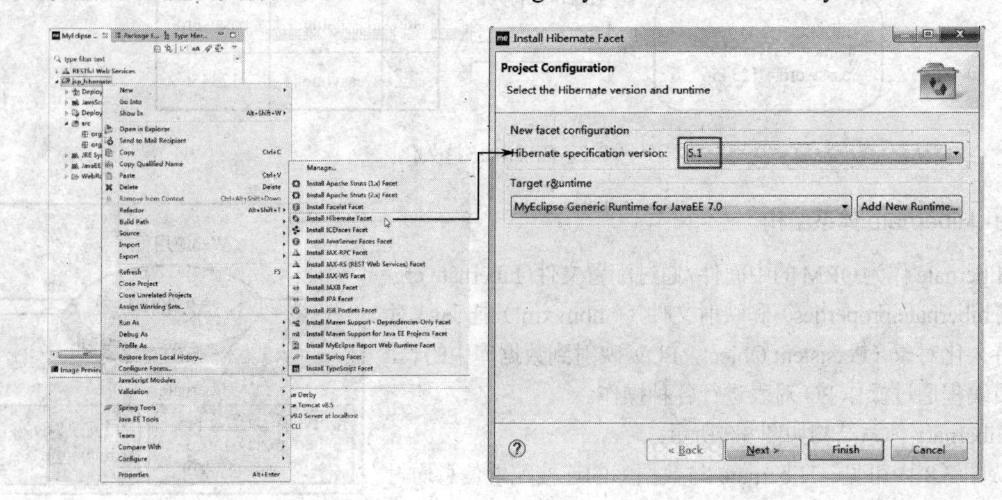

图 3.9　选择 Hibernate 版本

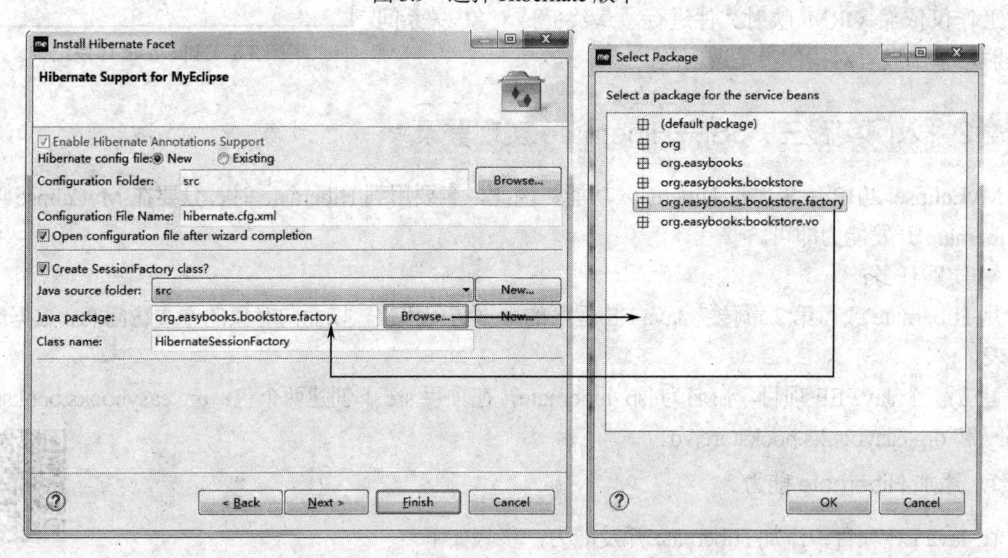

图 3.10　创建 Hibernate 配置文件和 SessionFactory 类

（3）单击【Next】按钮，进入第二个“Hibernate Support for MyEclipse”页，如图 3.11 所示。在该页上配置 Hibernate 所用数据库连接的细节。由于在前面（1.2.3 节）已经创建了一个名为 mysql 的连接，所以这里只需要选择“DB Driver”栏为“mysql”即可，系统会自动载入其他各栏的内容。

（4）单击【Next】按钮，在“Configure Project Libraries”页选择要添加到项目中的 Hibernate 框架类库，对于一般的应用来说，并不需要使用 Hibernate 的全部类库，故只需选择必要的库添加即可，这里仅勾选最基本的核心库“Hibernate 5.1 Libraries”→“Core”，如图 3.12 所示。

单击【Finish】按钮，系统会弹出【Open Associated Perspective?】对话框询问用户是否需要打开与 Hibernate 相关的透视图，勾选“Remember my decision”复选框，单击【Yes】按钮打开透视图，在开发环境主界面的中央出现 Hibernate 配置文件“hibernate.cfg.xml”的编辑器，在其“Configuration”选项标签页可看到本例 Hibernate 的各项配置信息。

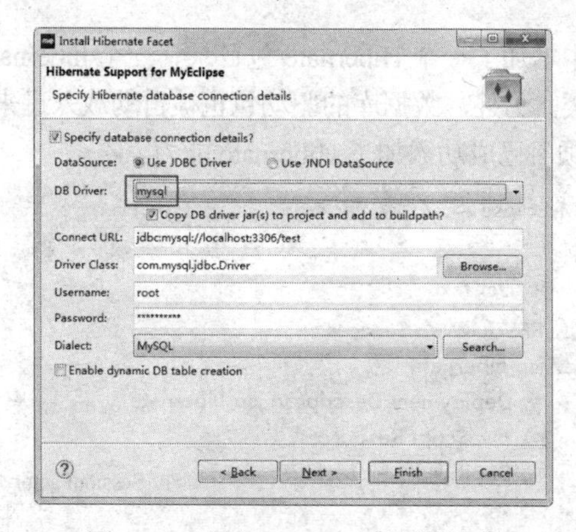

图 3.11　选择 Hibernate 所用的连接

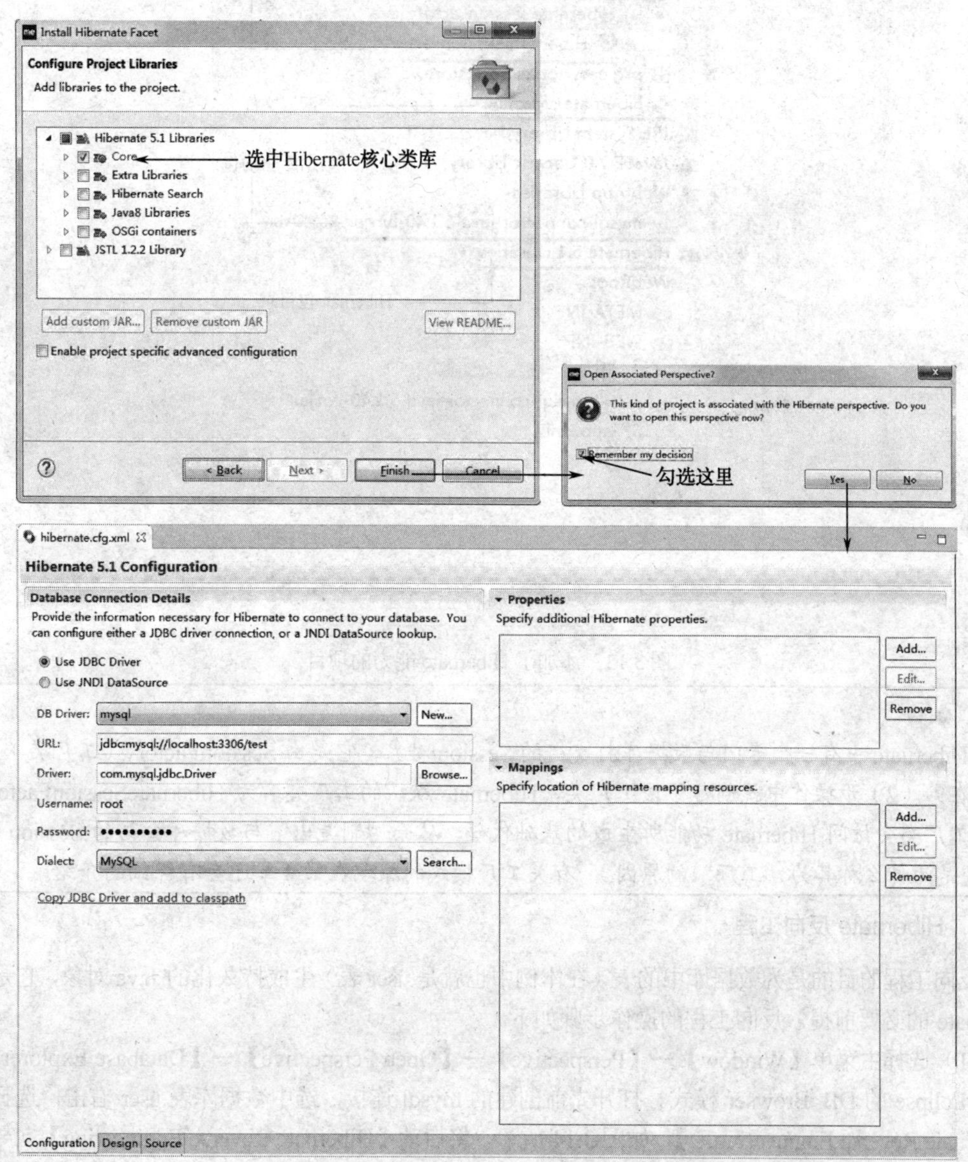

图 3.12　添加 Hibernate 类库及查看配置信息

完成以上步骤后，项目中增加了一个 Hibernate 包目录、一个 hibernate.cfg.xml 配置文件以及一个 HibernateSessionFactory.java 类。另外，数据库的驱动包也被自动载入进来，此时项目的目录树呈现如图 3.13 所示的状态，表明该项目已成功添加了 Hibernate 能力。

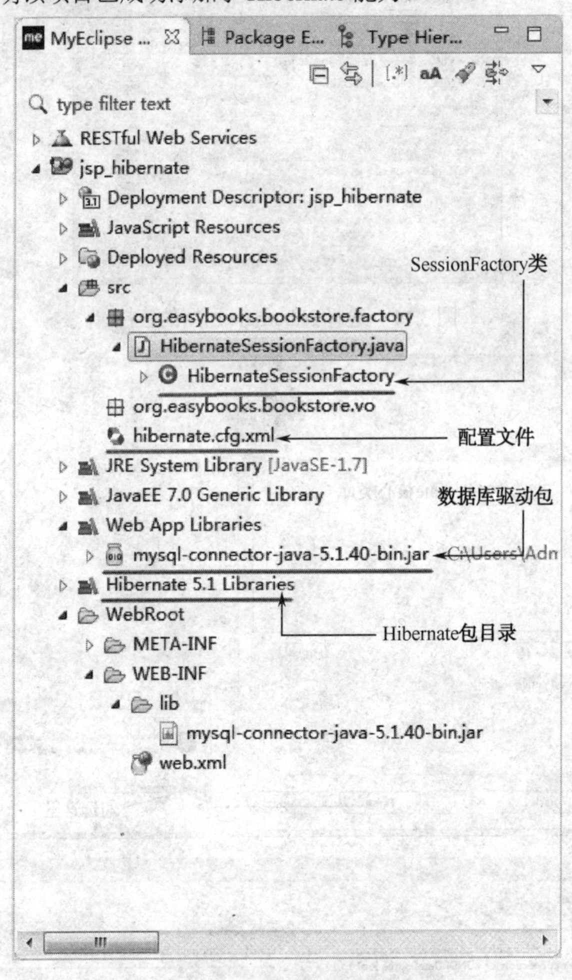

图 3.13　添加了 Hibernate 能力的项目

Hibernate 中有一个专门与数据库打交道的 Session 对象，它是由 SessionFactory（工厂类）创建的。在第（2）步操作中就创建了该工厂类，Hibernate 默认的工厂类名为 HibernateSessionFactory，这个工厂类会访问 Hibernate 功能所生成的基础代码，从而“制造出”与数据库会话的 Session 对象（这就是为什么称其为“工厂”的原因）。有关工厂模式的原理在第 4 章还会有详细的介绍。

2. Hibernate 反向工程

反向工程的目的是为数据库中的表（在本例中也就是 user 表）生成持久化的 Java 对象，它是使用 Hibernate 的必要前提。反向工程的操作步骤如下。

（1）选择主菜单【Window】→【Perspective】→【Open Perspective】→【Database Explorer】，进入 MyEclipse 的 DB Browser 模式。打开先前创建的 mysql 连接，选中数据库表 user 右击，选择菜单【Hibernate Reverse Engineering...】，如图 3.14 所示，将启动【Hibernate Reverse Engineering】向导对话框，用于完成从已有的数据库表生成对应的 POJO 类和相关映射文件的配置工作。

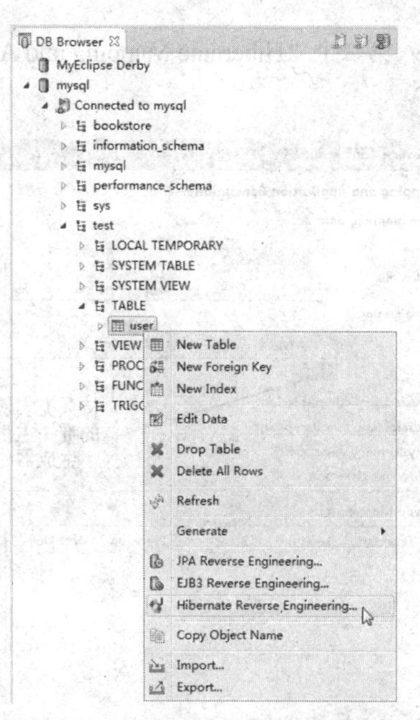

图 3.14　Hibernate 反向工程菜单

> POJO（Plain Old Java Object，简单的 Java 对象），通常也称为 VO（Value Object，值对象），使用 POJO 这个名称是为了避免和 EJB 混淆。POJO 是一种特殊的 Java 类，其中有一些属性及其对应的 getter/setter 方法。当然，若有一个简单的运算属性也是可以的，但不允许有业务方法。

（2）在向导的第一个“Hibernate Mapping and Application Generation”页中，选择生成的类及映射文件所在的位置，如图 3.15 所示。

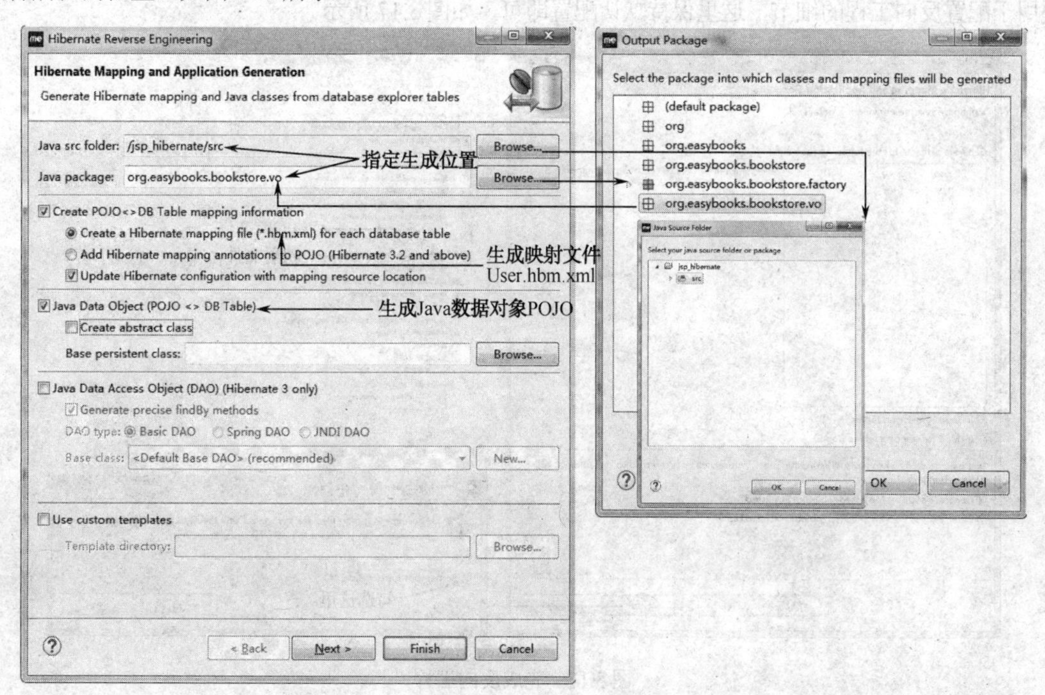

图 3.15　生成 Hibernate 映射文件和 POJO 类

（3）单击【Next】按钮，进入第二个“Hibernate Mapping and Application Generation”页，配置映射文件的细节，如图 3.16 所示。

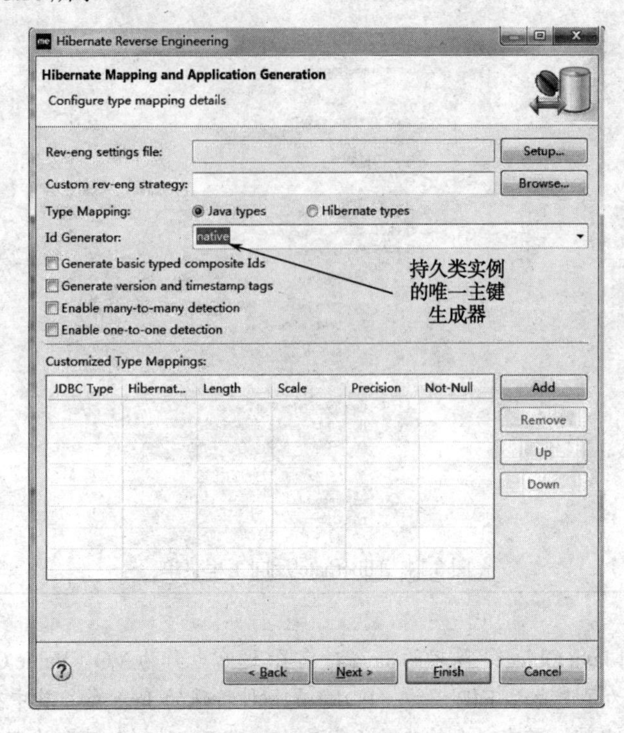

图 3.16　配置映射文件的细节

（4）单击【Next】按钮，进入第三个“Hibernate Mapping and Application Generation”页，该页主要用于配置反向工程的细节，这里保持默认配置即可，如图 3.17 所示。

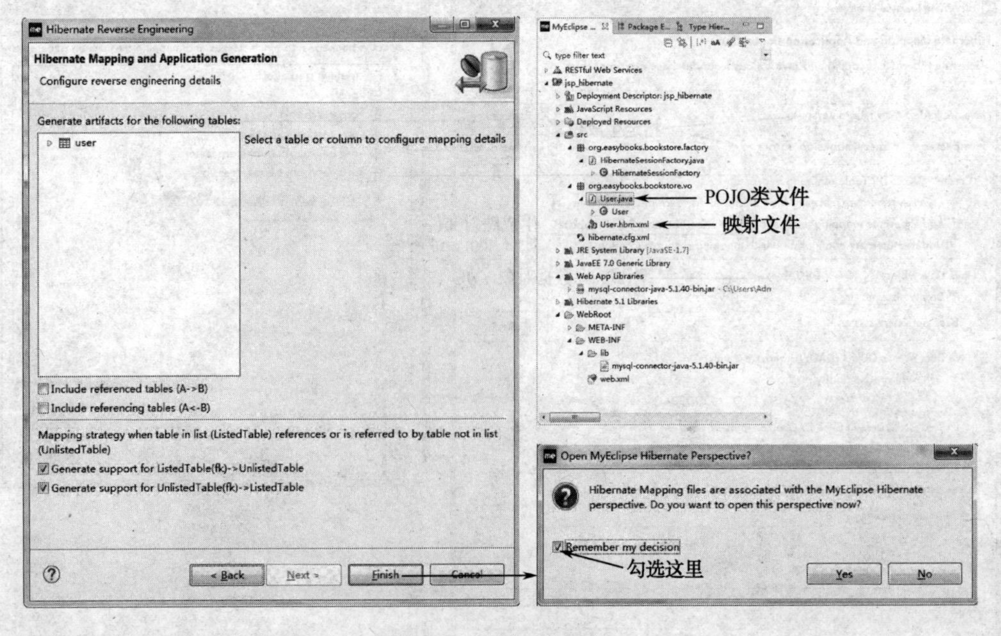

图 3.17　完成反向工程

单击【Finish】按钮，系统会弹出【Open MyEclipse Hibernate Perspective?】对话框询问用户是否需要打开与 Hibernate 映射文件有关的透视图，勾选“Remember my decision”复选框并单击【Yes】按钮，此时在项目的 org.easybooks.bookstore.vo 包下可看到生成的 POJO 类文件 User.java 及映射文件 User.hbm.xml。

3. 创建 JSP 文件

与第 2 章“入门实践一”的传统 Java EE 程序一样，本例有 4 个 JSP 文件，其中 login.jsp、welcome.jsp 和 error.jsp 这 3 个文件的源码完全相同，不同的仅仅是 validate.jsp 文件的代码，改为直接用 User 对象访问数据库。

validate.jsp 的代码如下：

```
<%@page import="java.util.List"%>
<%@ page language="java" pageEncoding="gb2312" import="org.easybooks.bookstore.factory.*,org. hibernate.*" %>
<html>
    <head>
        <meta http-equiv="Content-Type" content="text/html;charset=gb2312">
    </head>
    <body>
        <%
            String usr=request.getParameter("username");        //获取提交的姓名
            String pwd=request.getParameter("password");        //获取提交的密码
            boolean validated=false;                            //验证成功标识
            //查询 user 表中的记录
            String sql="from User u where u.username=? and u.password=?";
            Query query=HibernateSessionFactory.getSession().createQuery(sql);
            query.setParameter(0,usr);
            query.setParameter(1,pwd);
            List users=query.list();
            if(users.size()!=0)
            {
                validated=true;                  //标识为 true 表示验证成功通过
            }
            HibernateSessionFactory.closeSession();
            if(validated)
            {
                //验证成功跳转到 welcome.jsp
        %>
                <jsp:forward page="welcome.jsp"/>
        <%
            }
            else
            {
                //验证失败跳转到 error.jsp
        %>
                <jsp:forward page="error.jsp"/>
        <%
            }
        %>
    </body>
</html>
```

其中，加黑的代码是以面向对象方式访问数据库的。

4. 部署运行

修改 web.xml 文件，改变项目启动页为 login.jsp，部署、启动 Tomcat 服务器。在浏览器中输入 http://localhost:8080/jsp_hibernate/并回车，运行效果与之前的程序完全相同。

3.2.3 知识点——Hibernate：配置、接口及 ORM 基础

1. Hibernate：配置

现在再看刚刚做的项目，在 src 目录下，生成了 hibernate.cfg.xml 文件，主要内容如下：

```
<?xml version='1.0' encoding='UTF-8'?>
<!DOCTYPE hibernate-configuration PUBLIC
          "-//Hibernate/Hibernate Configuration DTD 3.0//EN"
          "http://www.hibernate.org/dtd/hibernate-configuration-3.0.dtd">
<!--Generated by MyEclipse Hibernate Tools.                    -->
<hibernate-configuration>
    <session-factory>
        <!--数据库使用者-->
        <property name="myeclipse.connection.profile">mysql</property>
        <!--SQL 方言，这边设定的是 MYSQL-->
        <property name="dialect">
            org.hibernate.dialect.MySQLDialect
        </property>
        <!--数据库密码-->
        <property name="connection.password">njnu123456</property>
        <!--数据库用户名-->
        <property name="connection.username">root</property>
        <!--数据库 URL-->
        <property name="connection.url">
            jdbc:mysql://localhost:3306/test
        </property>
        <!--数据库 JDBC 驱动程序-->
        <property name="connection.driver_class">
            com.mysql.jdbc.Driver
        </property>
        <!--映射文件-->
        <mapping resource="org/easybooks/bookstore/vo/User.hbm.xml" />
    </session-factory>
</hibernate-configuration>
```

这个是 Hibernate 的配置文件，主要用于配置数据库连接和 Hibernate 运行时所需的各种属性。Hibernate 在初始化期间会自动在 CLASSPATH 中寻找这个文件，并读取其中的配置信息，为后期数据库操作做准备。

2. Hibernate：接口

在 Hibernate 中，Session 负责完成对象持久化操作。Session 实例的创建大致需要以下 3 个步骤。

（1）初始化 Hibernate 配置管理类 Configuration。

根据传入或者默认的配置文件（hibernate.cfg.xml）来创建并初始化一个 Configuration 类的实例：

```
Configuration config=new Configuration().configure();
```

（2）通过 Configuration 类实例创建 Session 的工厂类 SessionFactory：

```
SessionFactory sessionFactory=config.buildSessionFactory();
```

（3）通过 SessionFactory 得到 Session 实例：

```
session=sessionFactory.openSession();
```

得到 Session 实例后，就可以在测试方法中加以使用。

● Configuration

Configuration 类负责管理 Hibernate 的配置信息。Hibernate 运行时需要一些底层实现的基本信息，包括：

（1）数据库 URL。

（2）数据库用户名。

（3）数据库密码。

（4）数据库 JDBC 驱动类。

（5）数据库 dialect，用于对特定数据库提供支持，其中包含了针对特定数据库特性的实现，如 Hibernate 数据库类型到特定数据库数据类型的映射等。

使用 Hibernate 必须首先提供这些基础信息以完成初始化工作，为后续操作做好准备。这些属性在 hibernate 配置文件 hibernate.cfg.xml 中加以设定，当调用

```
Configuration config=new Configuration().configure();
```

时，Hibernate 会自动在目录下搜索 hibernate.cfg.xml 文件，并将其读取到内存中作为后续操作的基础配置。

● SessionFactory

SessionFactory 负责创建 Session 实例，可以通过 Configuration 实例构建 SessionFactory。

```
Configuration config=new Configuration().configure();
SessionFactory sessionFactory=config.buildSessionFactory();
```

Configuration 实例 config 会根据当前的数据库配置信息，构造 SessionFactory 实例并返回。SessionFactory 一旦构造完毕，即被赋予特定的配置信息。也就是说，之后 config 的任何变更将不会影响到已经创建的 SessionFactory 实例 sessionFactory。如果需要使用基于变更后的 config 实例的 SessionFactory，则需要从 config 重新构建一个 SessionFactory 实例。同样，如果应用中需要访问多个数据库，针对每个数据库，应分别对其创建对应的 SessionFactory 实例。

SessionFactory 中保存了对应当前数据库配置的所有映射关系，同时也负责维护当前的二级数据缓存和 Statement Pool。由此可见，SessionFactory 的创建过程非常复杂、代价高昂，而这也意味着在系统设计中必须充分考虑 SessionFactory 的重用策略。由于 SessionFactory 采用了线程安全的设计，所以可由多个线程并发调用。大多数情况下，一个应用中针对一个数据库共享一个 SessionFactory 实例即可。

● Session

Session 是 Hibernate 持久化操作的基础，提供了众多持久化方法，如 save、update、delete 等。通过这些方法，透明地完成对象的增、删、改、查等操作。

不过，值得注意的是，Hibernate Session 的设计是非线程安全的，即一个 Session 实例同时只可由一个线程使用，同一个 Session 实例的多线程并发调用将导致难以预知的错误。

Session 实例由 SessionFactory 构建：

```
Configuration config=new Configuration().configure();
SessionFactory sessionFactory=config.buildSessionFactory();
Session session=sessionFactory.openSession();
```

之后，就可以调用 Session 提供的 save、get、delete 等方法完成持久化操作：

（1）Save。

```
//新增名为“zhouhejun”的用户记录
User user=new User();
User.setName("zhouhejun");
session.save(user);
```

（2）Get。

```
//假设表 user 中存在 id=1 的记录
User user=(User)session.get(User.class, new Integer(1));
```

（3）Delete。

```
//假设表 user 中存在 id=1 的记录
User user=(User)session.get(User.class, new Integer(1));
Session.delete(user);
//也可以通过 Query 接口进行基于 HQL 的删除操作
String hql="delete User where id=1";
Query query=session.createQuery(hql);
Query.executeUpdate();
```

Hibernate 3 之后的 Session 接口取消了 find 方法，通过 Query 或 Criteria 接口进行数据查询。

通过 Query 接口进行数据查询：

```
String hql="from User user where user.name like ? ";
Query query=session.createQuery(hql);
query.setParamter(0, "cartier");
List list=query.list();
Iterator it=list.iterator();
while(it.hasNext()){
    User user=(User)it.next();
    System.out.println(user.getUsername());
}
```

3. Hibernate：ORM 基础

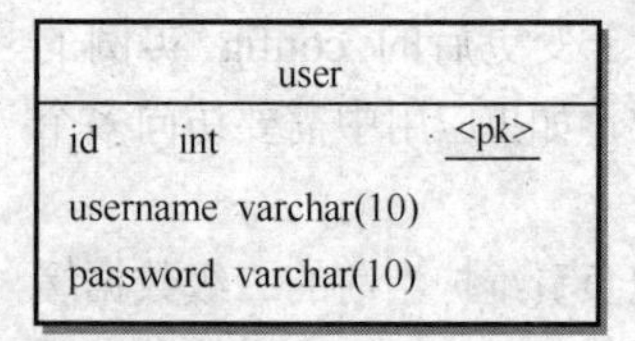

图 3.18 user 表结构

Hibernate 中的 ORM 主要包括 3 部分内容：

（1）表名-类名映射。

（2）主键映射。

（3）字段映射。

本例用的数据库表（user 表）结构如图 3.18 所示。

对应 user 表，映射之后自动生成的 User 类代码如下：

```
package org.easybooks.bookstore.vo;
/**
 * User entity. @author MyEclipse Persistence Tools
 */
public class User implements java.io.Serializable {
    // Fields
    private Integer id;                              //属性 id
    private String username;                         //属性 username，用户名
    private String password;                         //属性 password，密码
    // Constructors
    /** default constructor */
    public User() {                                  //默认构造函数
    }
```

```
    /** full constructor */
    public User(String username, String password) {          //完全构造函数
        this.username = username;
        this.password = password;
    }

    // Property accessors
    //属性 id 的 get/set 方法
    public Integer getId() {
        return this.id;
    }
    public void setId(Integer id) {
        this.id = id;
    }
    //属性 username 的 get/set 方法
    public String getUsername() {
        return this.username;
    }
    public void setUsername(String username) {
        this.username = username;
    }
    //属性 password 的 get/set 方法
    public String getPassword() {
        return this.password;
    }
    public void setPassword(String password) {
        this.password = password;
    }
}
```

如何在 User 类与 user 表之间建立映射关系？显然，需要通过某种媒介对类与表、类属性与表字段之间的关系加以定义。Hibernate 采用 XML 作为类-表映射配置的媒介，来描述类与表之间的映射关系，自动生成的 XML 映射文件名为“类名.hbm.xml”。

User.hbm.xml 的配置信息如下：

```
<?xml version="1.0" encoding="utf-8"?>
<!DOCTYPE hibernate-mapping PUBLIC "-//Hibernate/Hibernate Mapping DTD 3.0//EN"
"http://www.hibernate.org/dtd/hibernate-mapping-3.0.dtd">
<!--
    Mapping file autogenerated by MyEclipse Persistence Tools
-->
<hibernate-mapping>                                                         //配置文件根节点
    <class name="org.easybooks.bookstore.vo.User" table="user" catalog="test">  //类/表名映射
        <id name="id" type="java.lang.Integer">                             //id 映射
            <column name="id" />
            <generator class="native" />
        </id>
        <property name="username" type="java.lang.String">                  //username 属性/字段映射
            <column name="username" length="10" not-null="true" />
        </property>
        <property name="password" type="java.lang.String">                  //password 属性/字段映射
            <column name="password" length="10" not-null="true" />
```

```
        </property>
    </class>
</hibernate-mapping>
```

● 类/表映射配置

```
<class name="org.easybooks.bookstore.vo.User" table="user" catalog="test">
```

name 属性指定映射类名为 org.easybooks.bookstore.vo.User，table 属性指定当前类对应表 user。通过这样的配置，Hibernate 即可获知类与表的映射关系，每个 User 对象对应 user 表中的一条记录。

● id 映射配置

```
<id name="id" type="java.lang.Integer">
    <column name="id" />
    <generator class="native" />
</id>
```

id 节点定义了实体类的标志（identity），在这里也就是对应表主键的类属性，本例中，“name="id"”指定当前映射类中的属性 id 对应了 user 表中的主键字段。

“column name="id"”指定了当前映射表 user 的唯一标志（主键）为 id 字段。在本例中，id 字段是 user 表的一个自增型字段，同时也是 user 表的主键，通过 id 字段可唯一定位一条记录。

这样，在 User 类和 user 表之间就建立了基于 id 进行识别的唯一性映射关系。Hibernate 将根据 User 对象的 id 属性确定与之对应的表记录。

“type="java.lang.Integer"”指定了当前字段的数据类型。

“<generator class="native"/>”指定了主键生成方式。对于不同的数据库和应用程序，主键生成方式往往不同。在有的情况下，依赖数据库的自增型字段（如本例）生成主键；而在有的情况下，主键由应用逻辑生成。

Hibernate 的主键生成策略有很多种。

① assign：应用程序自己对 id 赋值。当设置“<generator class="assigned"/>”时，应用程序需要自己负责主键 id 的赋值。

代码如下：

```
User user=new User();
user.setId(new Integer(2));
user.setUsername("easybooks");
user.setPassword("123456");
session.save(user);
```

② native：由数据库对 id 赋值。当设置“<generator class="native"/>”时，数据库负责主键 id 的赋值，最常见的是 int 型的自增型主键。假如在 MySQL 中建立表的 id 为 auto_increment，则应用程序可以如下编码：

```
User user=new User();
user.setUsername("easybooks");
user.setPassword("123456");
session.save(user);
```

③ hilo：通过 hi/lo 算法实现的主键生成机制，需要额外的数据库表保存主键生成历史状态。

④ seqhilo：与 hilo 类似，通过 hi/lo 算法实现的主键生成机制，只是主键历史状态保存在 sequence 中，适用于支持 Sequence 的数据库，如 Oracle。

⑤ increment：主键按数值顺序递增。此方式的实现机制为在当前应用实例中维持一个变量，以保存当前的最大值，之后在每次需要生成主键时将此值加 1 作为主键。这种方式可能产生的问题是，如果当前有多个实例访问同一个数据库，由于每个实例各自维护主键状态，不同实例可能生成同样的

主键，从而造成主键重复异常。因此，如果同一个数据库有多个实例访问，则应避免使用这种方式。

⑥ identity：采用数据库提供的主键生成机制，如 SQL Server、MySQL 中的自增主键生成机制。

⑦ sequence：采用数据库提供的 sequence 机制生成主键，如 Oracle Sequence。

⑧ uuid.hex：由 Hibernate 基于 128 位唯一值产生算法，根据当前设备 IP、时间、JVM 启动时间、内部自增量 4 个参数生成十六进制数值（编码后长度为 32 位的字符串表示）作为主键。这种算法最大限度地保证了产生 ID 的唯一性，即使是在多实例并发运行的情况下。当然，重复的概率在理论上依然存在，只是概率比较小。一般而言，利用 uuid.hex 方式生成主键将提供最好的数据插入性能和数据平台适应性。

⑨ uuid.string：与 uuid.hex 类似，只是生成的主键进行编码（长度为 16 位）。在某些数据库中可能出现问题。

⑩ foreign：使用外部表的字段作为主键。

⑪ select：Hibernate 3 开始引入的主键获取机制，主要针对遗留系统的改造工程。

由于常用的数据库，如 SQL Server、MySQL 等，都提供了易用的主键生成机制（如 auto-increase 字段）。可以在数据库提供的主键生成机制上，采用“generator-class=native”的主键生成方式。

- 属性/字段映射配置

属性/字段映射配置将类属性与表字段相关联，例如：

```
<property name="username" type="java.lang.String">
    <column name="username" length="10" not-null="true" />
</property>
```

“name="username"”指定了类中的属性名为“username”，此属性将被映射到指定的表字段。

“type="java.lang.String"”指定了映射字段的数据类型。

“column name="username"”指定表中对应映射类属性的字段名，如字段名和属性名均为“username”。

这样，就将 User 类的 username 属性和 user 表的 username 字段相关联。Hibernate 将把从 user 表中 username 字段读取的数据作为 User 类的 username 属性值，反之在进行数据保存操作时，又将 User 类的 username 属性写入 user 表的 username 字段中。

3.2.4　入门实践四：JSP+DAO+Hibernate 实现登录

在 JSP+Hibernate 的实践中，利用 ORM 实现了对数据库表的对象化操作，然而，validate.jsp 的代码中仍然存留有操作数据库的动作，例如：

```
//查询 user 表中的记录
String sql="from User u where u.username=? and u.password=?";
Query query=HibernateSessionFactory.getSession().createQuery(sql);
query.setParameter(0,usr);
query.setParameter(1,pwd);
List users=query.list();
```

那么，怎样才能做到对程序员彻底屏蔽掉操作数据库的痕迹呢？这就需要在前端 JSP 与后台数据库之间引入一个持久层接口（DAO），具体的编程方法将在下面的指导中进行实践。

- 实践任务：

在 JSP 页面中引入 DAO（一种 Java 接口）操作 Hibernate 生成的 User 对象。

建立一个 Java EE 项目，命名为 jsp_dao_hibernate，在项目 src 下创建两个包：org.easybooks.bookstore.factory 和 org.easybooks.bookstore.vo。

1. 添加 Hibernate 及反向工程

操作方法与“入门实践三”的第 1、2 步完全相同，不再赘述。

2. 定义并实现 DAO

在项目 src 下创建包 org.easybooks.bookstore.dao，右击选择菜单【New】→【Interface】，在如图 3.19 所示的【New Java Interface】窗口的“Name”栏中输入 IUserDAO，单击【Finish】按钮，创建一个 DAO 接口。

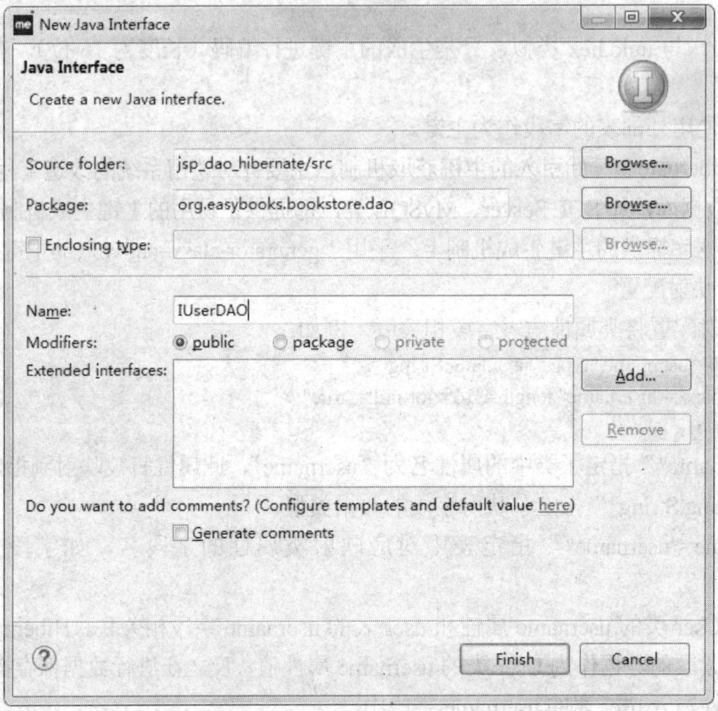

图 3.19 创建 DAO 接口

在 IUserDAO.java 中定义 DAO 接口如下：

```
package org.easybooks.bookstore.dao;
import org.easybooks.bookstore.vo.User;
public interface IUserDAO {
    public User validateUser(String username,String password);
}
```

接口中定义了一个 validateUser()方法，用于验证用户，这个方法的具体实现在 org.easybooks.bookstore.dao.impl 包下的 UserDAO 类中。

在 src 下创建 org.easybooks.bookstore.dao.impl 包，在包中创建类 UserDAO，此类实现了接口中的 validateUser()方法：

```
package org.easybooks.bookstore.dao.impl;
import java.util.List;
import org.easybooks.bookstore.dao.*;
import org.easybooks.bookstore.factory.*;
import org.easybooks.bookstore.vo.User;
import org.hibernate.*;
```

```
public class UserDAO implements IUserDAO{
    public User validateUser(String username,String password) {
        String sql="from User u where u.username=? and u.password=?";
        Query query=HibernateSessionFactory.getSession().createQuery(sql);
        query.setParameter(0,username);
        query.setParameter(1,password);
        List users=query.list();
        if(users.size()!=0)
        {
            User user=(User)users.get(0);
            return user;
        }
        HibernateSessionFactory.closeSession();
        return null;
    }
}
```

3. 创建 JSP

本例也有 4 个 JSP 文件，其中 login.jsp、welcome.jsp 和 error.jsp 这 3 个文件的源码与上例程序的完全相同，但 validate.jsp 文件的代码有了很大的改变。

validate.jsp 文件的代码如下：

```
<%@ page language="java" pageEncoding="gb2312" import="org.easybooks.bookstore.dao.*,org. easybooks.bookstore.dao.impl.*" %>
<html>
    <head>
        <meta http-equiv="Content-Type" content="text/html;charset=gb2312">
    </head>
    <body>
        <%
            String usr=request.getParameter("username");            //获取提交的姓名
            String pwd=request.getParameter("password");            //获取提交的密码
            boolean validated=false;                                //验证成功标识
            IUserDAO userDAO=new UserDAO();
            //直接使用持久层封装好了的验证功能
            if(userDAO.validateUser(usr,pwd)!=null)
            {
                validated=true;                                     //标识为 true 表示验证成功通过
            }
            if(validated)
            {
                //验证成功跳转到 welcome.jsp
        %>
                <jsp:forward page="welcome.jsp"/>
        <%
            }
            else
            {
                //验证失败跳转到 error.jsp
        %>
```

```
                <jsp:forward page="error.jsp"/>
            <%
            }
            %>
        </body>
</html>
```

从上面代码的加黑语句可以看到，验证用户时只需直接调用接口中的validateUser()方法即可，JSP页代码中不再包含操作数据库的代码，因为这部分代码已经被封装到IUserDAO接口的UserDAO实现类中。

4. 部署运行

修改web.xml文件，改变项目启动页为login.jsp，部署、启动Tomcat服务器。在浏览器中输入http://localhost:8080/jsp_dao_hibernate/并回车，运行效果与之前的程序完全相同。

3.2.5 知识点——DAO模式、HQL语言和Query接口

1. DAO模式

数据源不同，其访问方式也不同。根据存储的类型（关系数据库、面向对象数据库、文件等）和供应商的不同，持久性存储的访问差别也很大。

比如，在一个应用系统中使用JDBC对MySQL数据库进行连接和访问时，这些JDBC API与SQL语句分散在系统各个程序文件中，当更换其他RDBMS（如SQL Server）时，就需要重写数据库连接和访问数据的模块。

一个软件模块（类、函数、代码块等）在扩展性方面应该是开放的，而在更改性方面应该是封闭的，即开闭原则。要实现这个原则，在软件面向对象设计时要考虑接口封装机制、抽象机制和多态技术。这里的关键是将软件模块的功能部分和不同的实现细节清晰地分开。

在数据库访问对象中，应该运用这个原则。在数据库编程的时候，经常遇到这种情况，一个用户的数据访问对象里的操作方法有insert、delete、update、select等，对不同数据库，其实现的细节是不同的。因此，不太可能针对每种类型的数据库做一个通用的对象来实现这些操作。但是，可以定义一个用户数据访问对象的接口IUserDAO，提供insert、delete、update、select等抽象方法。不同类型数据库的用户访问对象实现这个接口就可以了，如图3.20所示。

DAO是Data Access Object数据访问对象（接口），它介于数据库资源和业务逻辑之间，其意图是将底层数据访问操作与高层业务逻辑完全分开。

2. Hibernate：HQL检索语言

在Hibernate中，数据查询与检索机制很完善。相对其他ORM实现而言，Hibernate提供了灵活多样的查询机制。传统SQL语句采用的是结构化查询方法，对于查询以对象形式存在的数据无能为力。Hibernate为用户提供了一种类似于SQL的语言——HQL（Hibernate Query Language，Hibernate查询语言）。与SQL不同的是，HQL是一种面向对象的查询语言，它可以查询以对象形式存在的数据。

现在，Hibernate已不提倡使用SQL，官方开发手册把HQL作为推荐的查询方式。

（1）实体查询。

有关实体查询技术，如下面的例子所示：

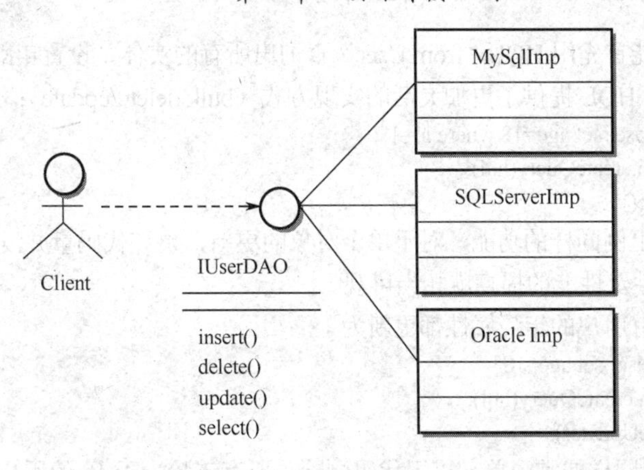

图 3.20　DAO 原理

```
String hql="from User";
Query query=session.createQuery(hql);
List list=query.list();
```

上面的“hql="from User"”，将取出 user 表的所有对应记录，对应 SQL 为“select * from user”。也可以在 hql 中采用全路径名“from org.easybooks.bookstore.vo.User”。hql 子句本身大小写无关，但是其中出现的类名和属性名必须区分大小写。

如果需要取出名为“easybooks”的用户记录，可以通过 hql 语句加以限定：

```
String hql="from User as user where user.name='easybooks'";
Query query=session.createQuery(hql);
List userList=query.list();
```

这里引入两个子句“as”和“where”，as 子句为类名创建了一个别名，而 where 子句指定了限定条件。其中，as 可忽略，如“from User user where user.name='easybooks'”。在 where 子句中，可以通过比较操作符（如=、<>、<、>、>=、<=、between、not between、in、not in、is、like 等）指定甄选条件。

下面是几个简单的示例：

```
from User user where user.age>20
from User user where user.age between 20 and 30
from User user where user.age in (18,28)
from User user where user.name is null
from User user where user.name like 'Z%'
```

与 SQL 相同，通过 and、or 等逻辑连接符组合各个表达式：

```
from User user where (user.age>20) and (user.name like 'Z%')
```

（2）批量更新和删除。

新版 Hibernate 的 HQL 具备了批量更新与删除功能，通过引入 update 和 delete 子句，数据的更新与删除操作可以以更加灵活的方式进行。

早期版本的 Hibernate，完成用户年龄属性的更新，必须通过以下代码：

```
//加载 ID=1 的用户记录
User user=(User)session.get(User.class,new Integer(1));
user.setAge(new Integer(18));
//通过 session.save 方法保存
session.save(user);
```

以上代码完成了 ID=1 的用户数据的更新。如果需要将表中所有用户的年龄都置为 18，该如何操作呢？别无他法，只能首先用 HQL“from User”查询出所有的实体，设置年龄属性后再逐一保存。

新版 Hibernate 的 HQL 提供了更加灵活的实现方式（bulk delete/update）：

```
String hql="update User set age=18 where id=1";
Query query=session.createQuery(hql);
query.executeUpdate();
```

这段代码完成与上例同样的功能，对于单个对象的更新，也许代码量并没有减少太多，但对于批量更新操作，其便捷性及性能的提高就相当可观。

以下代码可将所有用户的年龄属性都更新为 18：

```
String hql="update User set age=18";
Query query=session.createQuery(hql);
int ret=query.executeUpdate();
```

delete 子句的使用同样非常简单。以下代码删除了所有年龄大于 18 的用户记录：

```
String hql="delete User where age>18";
Query query=session.createQuery(hql);
int ret=query.executeUpdate();
```

3. Hibernate：Query 接口

新版 Hibernate 废除了 find()方法，取而代之的是 Query 接口，用于执行 HQL 语句。事实上，Query 和 HQL 是分不开的。

（1）使用“?”指定参数。

通过 Query 接口可以先设定查询参数，然后通过 setXXX()等方法，将指定的参数值填入，而不用每次都编写完整的 HQL。

```
Query query=session.createQuery("from Student s where s.age>? and s.name like ? ")
query.setInteger(0,25);                    //设置 s.age>?中的问号为整型 25
query.setString(1, "%clus%");              //设置 s.name like ?中的问号为字符串“%clus%”
```

（2）使用“:”后跟变量的方法设置参数。

可以使用命名参数来取代使用“？”设置参数的方法，这可以不用依据特定的顺序来设定参数值，比如上面的代码可以写为：

```
Query query=session.createQuery("from Student s where s.age>:minAge and s.name like:likeName");
query.setInteger("minAge",25);                    //设置:号后的 minAge 变量值
query.setString String("likeName","%clus%");      //设置:号后的 likeName 变量值
```

使用命名参数时，在建立 Query 时先使用“:”后跟着参数名，然后就可以在 setXXX()方法中直接指定参数名来设定参数值。命名参数的好处有：

① 不依赖于它们在查询字符串中出现的顺序。

② 在同一个查询中可以使用多次。

③ 可读性好。

（3）setParameter()方法。

setParameter()方法的全称是 setParameter(String paramName,实例,实例类型)，它可以绑定任意类型的参数。在实际应用中，Hibernate 能够根据类实例推断出绝大部分对应的映射类型，因此 setParameter()中的第 3 个参数可以不要。例子如下：

```
String hql="from User u where u.username=? and u.password=?";
Query query=session.createQuery(hql);
query.setParameter(0,username);
query.setParameter(1,password);
```

（4）list()方法。

Query 的 list()方法用于取得一个 List 类的实例，此实例中包括的可能是一个 Object 集合，也可能是 Object 数组集合。

最常见的是使用 list()取得一组符合条件的实例对象，如以下的程序：

```
Query query=session.createQuery("from Student s where s.age>20");
List list=query.list();
for(int i=0;i<list.size();i++){
    Student stu=(Student)list.get(i);
    System.out.println(stu.getName());
}
```

3.3　MVC 框架开发模式

3.3.1　MVC 思想

在本章的前两节中，通过使用 Struts 2 将网页的控制（Controller）功能分离出来，又用 Hibernate 把数据库表映射为持久化的 POJO 类，并进一步封装入 DAO 接口，形成持久层数据模型（Model），这样一来，JSP 就单纯地只作为网页视图（View）显示了。

在此基础上加以总结，将一个 Java EE 程序开发的全部任务人为地划分成 3 个相互独立的层面：模型层（Model）、视图层（View）和控制器层（Controller）——合起来简称 **MVC**。

一个典型的 MVC 系统各部分的构成及相互作用关系如图 3.21 所示，其中，视图层负责页面的显示，而控制器层负责处理及跳转工作，模型层则负责数据的存取。这样，它们的耦合性就大大降低了，从而提高了整个应用的可扩展性及易维护性。

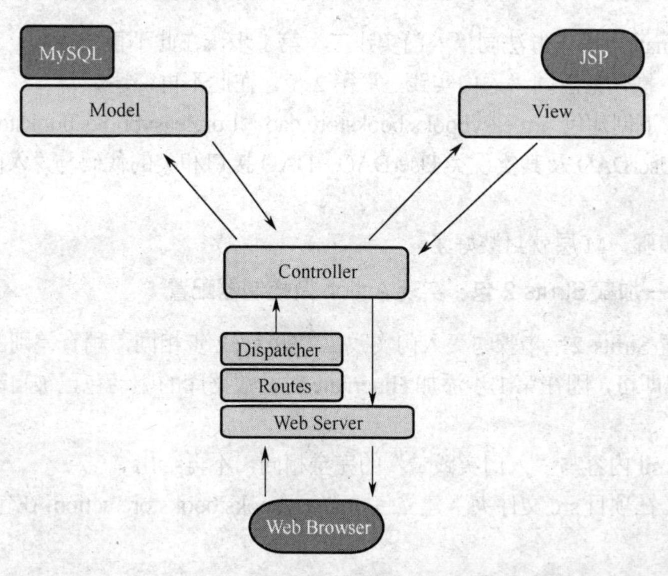

图 3.21　MVC 系统构成

MVC 的思想最早由 Trygve Reenskaug 在 1974 年提出。而作为一种软件设计模式，它是由 Xerox PARC 在 20 世纪 80 年代为编程语言 Smalltalk-80 发明的，后来又被推荐为 Java EE 平台的标准设计模式，并且受到越来越多的 Java EE 应用开发者的欢迎，至今已被广泛使用。

● **模型**：数据模型（Model）用于封装与应用程序的业务逻辑相关的数据以及对数据的处理

方法。“模型”有对数据直接访问的权力，如对数据库的 JDBC 或 Hibernate 对象化访问。它不依赖“视图”和“控制器”，也就是说，模型并不关心它会被如何显示或被如何操作。

- **视图**：视图（View）是用户看到并与之交互的界面。对老式的 Web 应用程序来说，视图就是由 HTML 元素和 JSP 组成的网页。在新式的 Web 程序中，HTML 和 JSP 依旧扮演着重要的角色，但一些新的技术已层出不穷，包括 Macromedia Flash，XHTML、XML/XSL、WML 等一些标识语言和 Web Services 等。
- **控制器**：控制器（Controller）起到不同层面间的组织作用，用于控制应用程序的流程。它处理事件并做出响应，“事件”包括用户的行为和数据模型上的改变。在 Java EE 框架开发中，控制器常常由 Struts/Struts 2 担任。

事实上，前面介绍的 Struts 2、Hibernate 框架就是为了实践 MVC 的思想而设计出来的，框架的使用极大地简化了 Java EE 程序的开发。

3.3.2 入门实践五：JSP+Struts 2+DAO+Hibernate 实现登录

本章的最后，将前面介绍过的 Struts 2 和 Hibernate 两大框架结合起来使用，严格贯彻 MVC 思想来开发一个登录页程序。

- 实践任务：

JSP 作为视图 V 显示登录、成功或失败页，Struts 2 作为控制器 C 处理页面跳转，Hibernate 作为数据模型 M，它与前台程序的接口以 DAO 形式提供。

建立一个 Java EE 项目，命名为 jsp_struts2_dao_hibernate，在项目 src 下创建两个包：org.easybooks.bookstore.factory 和 org.easybooks.bookstore.vo。

1. M 层开发——添加 Hibernate、反向工程及编写 DAO

（1）添加 Hibernate。操作方法同“入门实践三”第 1 步，在此不再赘述。

（2）反向工程。操作方法同“入门实践三”第 2 步，在此不再赘述。

（3）在项目 src 下创建包 org.easybooks.bookstore.dao 和 org.easybooks.bookstore.dao.impl，分别用于存放 DAO 接口 IUserDAO 及其实现类 UserDAO。DAO 接口和类的代码与“入门实践四”的完全相同，在此省略。

经过以上 3 个步骤，M 层就封装好了。

2. C 层开发——加载 Struts 2 包、实现 Action 及控制器配置

（1）加载、配置 Struts 2。步骤与“入门实践二”第 1、2 步相同，稍有差别的是，这里仅需加载 Struts 2 的 8 个 jar 包即可，因在第 1 步添加 Hibernate 时，数据库的驱动包已被自动载入进来，无须重复加载。

配置文件 web.xml 内容与“入门实践二”的完全相同，不再给出。

（2）实现 Action。在项目 src 文件夹下建立包 org.easybooks.bookstore.action，在包里创建 LoginAction 类，代码如下：

```
package org.easybooks.bookstore.action;
import java.sql.*;
import org.easybooks.bookstore.dao.*;
import org.easybooks.bookstore.dao.impl.*;
import org.easybooks.bookstore.vo.User;
import com.opensymphony.xwork2.ActionSupport;
public class LoginAction extends ActionSupport{
```

```
    private String username;
    private String password;
    //处理用户请求的 execute 方法
    public String execute() throws Exception{
        boolean validated=false;                    //验证成功标识
        IUserDAO userDAO=new UserDAO();
        User user=userDAO.validateUser(getUsername(), getPassword());
        if(user!=null)
        {
            validated=true;                         //标识为 true 表示验证成功通过
        }
        if(validated)
        {
            //验证成功返回字符串"success"
            return SUCCESS;
        }
        else
        {
            //验证失败返回字符串"error"
            return ERROR;
        }
    }
    public String getUsername(){
        return username;
    }
    public void setUsername(String username){
        this.username = username;
    }
    public String getPassword(){
        return password;
    }
    public void setPassword(String password){
        this.password = password;
    }
}
```

将上段代码与“入门实践二”第 5 步的 LoginAction 类的代码比较一下，就会发现，其中已没有操作数据库的代码了！由此可见使用 DAO 封装所带来的好处。

（3）配置 Action。在 src 下创建文件 struts.xml，配置内容与“入门实践二”完全一样，在此省略。

3. V 层开发——编写 JSP 文件

有了 M、C 这两层的功能，V 层开发的任务就简单多了，只剩下编写 3 个 JSP 文件：login.jsp、welcome.jsp 和 error.jsp。它们的代码与“入门实践二”的也完全一样，在此省略。

4. 部署运行

修改 web.xml 文件，改变项目启动页为 login.jsp，部署、启动 Tomcat 服务器。在浏览器中输入 http://localhost:8080/jsp_struts2_dao_hibernate/并回车，运行效果与之前的程序完全相同。

3.3.3 知识点——Action：与属性分离

在实际的 MVC 设计中，也可以将定义在 Action 中的属性封装成一个实体类，这样更利于控制器与属性的分离。将属性定义在 Action 中的做法，违背了控制器的初衷，因此，Struts 2 的开发者们提供了这种更好的处理方式，类似于 Struts1.x 中的 ActionForm，但是比 ActionForm 更加灵活。

下面具体介绍如何将 username 和 password 封装到 User 类中。

User.java 代码如下：

```
public class User {
    private String username;
    private String password;
    public void setPassword(String password) {
        this.password = password;
    }
    public String getPassword() {
        return password;
    }
    public void setUsername(String username) {
        this.username = username;
    }
    public String getUsername() {
        return username;
    }
}
```

封装的步骤如下。

（1）在 LoginAction 类中，保存一个 User 的引用就行了，该类的配置不需要改变。于是得到 LoginAction.java 的修改版，代码如下：

```
public class LoginAction {
    private User user;
    public void setUser(User user) {
        this.user = user;
    }
    public User getUser() {
        return user;
    }
    public String execute() {
        //同上
    }
}
```

（2）然后，修改 login.jsp 中表单域的 name 属性值，基本格式为“引用名.属性名”。在上例中，引用名是指定义在 LoginAction 类中的 user，属性名是指定义在 User 中的 username 和 password。为了将用户名传递到 User 类的 username 属性中保存，修改<input name="username">为<input name="user.username">即可。

对应 login.jsp 的修改版，代码如下：

```
<body>
    <form action="login.action" method="post">
        用户登录<br>
        姓名:<input type="text" name="user.username"/><br>
        密码:<input type="text" name="user.password"/><br>
        <input type="submit" value="登录"/>
    </form>
</body>
```

（3）最后，修改 welcome.jsp 中 Struts 2 之 property 标签的 value 属性值，格式同样为“引用名.属性名”。

对应 welcome.jsp 的修改版，代码如下：

```
<%@ page language="java" pageEncoding="gb2312"%>
<%@taglib prefix="s" uri="/struts-tags"%>
<html>
    <head><title>成功页面</title></head>
    <body>
        <s:property value="user.username"/>，您好！欢迎光临叮当书店。
    </body>
</html>
```

在 Java EE 的开发中遵循 MVC 框架模式，虽然对于小规模的应用增加了一定的工作量，但是以这种方式开发出的程序结构清晰，各部分之间的耦合性都极大地降低了。在后面进行较大项目（网上书店）的实践时，就会真真切切地体会到 MVC 的优越性之所在！

习　题　三

（1）了解 Struts 2 的工作原理，完成“入门实践二”，体会 Struts 2 在项目中所起的作用。

（2）有兴趣的读者可对比查看《Java EE 项目开发教程（第 2 版）》，看看 Struts 2 升级到 2.5 版本后有哪些新的变化。

（3）理解数据持久化、ORM 等基本概念，完成“入门实践三”，体会 Hibernate 在其中的作用。

（4）掌握 DAO 原理，通过“入门实践四”学会编写 DAO 接口及其实现类。

（5）试着自己动手做一个 JSP＋DAO＋JDBC 构成的登录页程序，并将它与第 2 章的 JSP＋JDBC 以及本章 JSP＋DAO＋Hibernate 的程序相比较，深刻理解 DAO 的真正作用。

（6）在完成“入门实践五”的基础上，按照 3.3.3 节的知识对程序进行修改，实现控制器与属性的分离。

要求：充分利用框架自动生成的 User 类及已封入其中的用户属性 username 和 password。

第4章 项目开发入门：Java EE 框架集成

本章主要内容：

（1）IoC/依赖注入与 Spring 框架。
（2）Spring/Hibernate 集成（与 DAO 彻底解耦）。
（3）Struts 2/Spring 集成（旨在帮助管理 Action）。
（4）Struts 2/Spring/Hibernate 三者集成（经典 SSH2 方式）。

现在，已经知道了框架对于一个 Java EE 应用开发的重要性，但每个框架都有其专长，为了能够更进一步地解除软件内部组件间的耦合，提高系统的可扩展性和易维护性，现实开发中往往要用到不止一种框架。如何有效地组织这些框架，将它们集成为一个高效运作的整体，是本章要研究的内容。

4.1 Java EE 组件集成原理

4.1.1 IoC（控制反转）机制

IoC（Inversion of Control，控制反转）是解除软件耦合性的有效方法，Java EE 组件本质上都是以这种方式组合起来构成软件系统的。

1. 反转依赖

假设有一个需求，Business 类需要调用 UsbDiskWriter 的 save()方法，按照日常的做法，得到如下代码：

```
public class UsbDiskWriter{
	public void save(){
		…			//把内容存储到 U 盘中
	}
}
public class Business{
	UsbDiskWriter writer;
	public Business(){
		writer = new UsbDiskWriter();
	}
	public void save(){
		writer.save();
	}
}
```

由于 Business 类的构造方法依赖于类 UsbDiskWriter（加黑处），如果某天想要更换底层（被调用）类为 FloppyWriter，则这个 Business 类没有办法重用，必须加以修改才行，代码如下：

```
public class FloppyWriter{
    public void save(){
        …                    //把内容存储到 Floppy 盘中
    }
}
public class Business{
    FloppyWriter writer;
    public Business(){
        writer = new FloppyWriter();
    }
    public void save(){
        writer.save();
    }
}
```

底层类的改变（变为 FloppyWriter）造成了高层类 Business 也必须改变（上段代码中加黑部分为改动部分），这不是一个好的设计。造成这种弊端的显著原因是，高层 Business 类依赖于底层类，如图 4.1 所示。

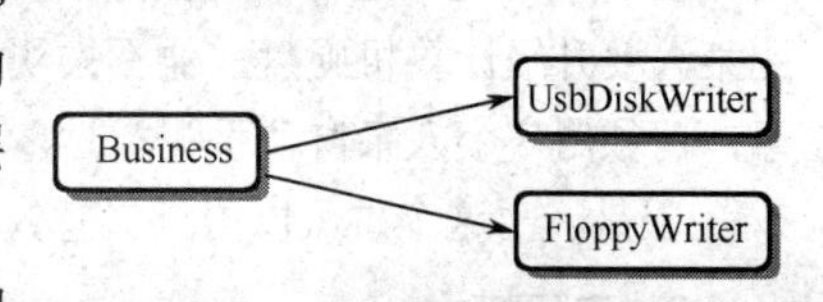

图 4.1　类之间存在依赖关系

若要消除这种依赖，在设计上，可由底层 UsbDiskWriter 和 FloppyWriter 类抽象出一个接口 IWriter，使 Business 类依赖于这个接口：

```
public interface IWriter{
    void save();
}
public class UsbDiskWriter implements IWriter{
    public void save(){
        …                    //把内容保存在 U 盘中
    }
}
public class Business{
    private IWriter writer;
    public Business(){
        writer = new UsbDiskWriter();
    }
    public void save(){
        writer.save();
    }
}
```

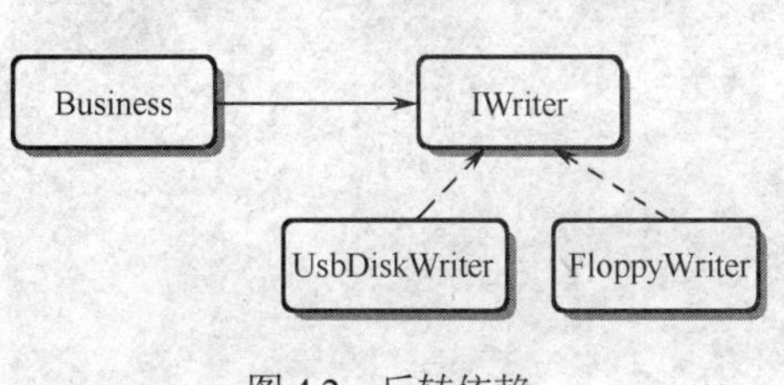

图 4.2　反转依赖

在这段代码中，原先的依赖关系发生了变化，如图 4.2 所示，高层类 Business 不再依赖于底层（被调用）的类，而是依赖于接口。

这种依赖关系的转移称为“反转依赖”，然而，仅仅只是依赖反转并不能彻底消除耦合，高层类仍在一定程度上受底层类的束缚。例如，某天需要将内容存储到 Floppy 或别的介质上，除了重新实现 IWriter 外，Business 类还是要做出一点修改，代码如下：

```
public class FloppyWriter implements IWriter{
    public void save(){
        …                                           //把内容保存在 Floppy 盘中
    }
}
public class Business{
    private IWriter writer;
    public Business(){
        writer = new FloppyWriter();                //修改的部分
    }
    public void save(){
        writer.save();
    }
}
```

由代码可见，这种耦合根源于 Business 类在使用底层类时是直接创建底层类的实例对象，这就好比某人要升级计算机硬盘，他不去买硬盘而是自己动手制造一个硬盘！——真笨，这是计算机厂家的事，何须用户个人亲自动手呢？！

于是，由这个事可以得到灵感，在编程中引入“工厂模式”。

2. 工厂模式

工厂模式是指当应用程序中甲组件需要乙组件协助时，并不是直接创建乙组件的实例对象，而是通过乙组件的工厂获得——该工厂可以生成某一类型组件的对象（相当于厂家生产硬盘）。在这种模式下，甲组件无须与乙组件以硬编码方式耦合在一起，而只需要与乙组件的工厂耦合。

还是以前面的例子来说明工厂模式的原理。

先定义接口：

```
public interface IWriter{
    void save();
}
```

再定义底层 UsbDiskWriter 和 FloppyWriter 类，分别实现 IWriter 接口：

```
public class UsbDiskWriter implements IWriter{
    public void save(){
        …                   //把内容保存在 U 盘中
    }
}
public class FloppyWriter implements IWriter{
    public void save(){
        …                   //把内容保存在 Floppy 盘中
    }
}
```

下面是关键——建立工厂类 WriterFactory，代码如下：

```
public class WriterFactory{
    public IWriter getWriter(String name){
        if(name.equals("UsbDiskWriter")){
            return new UsbDiskWriter();
        }
        else if(name.equals("FloppyWriter")){
            return new FloppyWriter();
        }
```

```
        else{
            throw new IllegalArgumentException("参数不正确");
        }
    }
}
```

由加黑的语句可见，底层类对象的创建任务已经全部由工厂类代劳了。

Business 类的代码如下：

```
public class Business{
    private IWriter writer;
    public Business(String wname){
        writer = new WriterFactory().getWriter(wname);          //从工厂获得
    }
    public void save(){
        writer.save();
    }
}
```

这样一来，无论底层类换成什么，Business 类都可以重用，其代码无须做任何修改，比如，当使用 U 盘时：

```
Business business = new Business("UsbDiskWriter");
```

若改用 Floppy 盘：

```
Business business = new Business("FloppyWriter");
```

可以看出，在 Business 类中要用到底层类的对象，传统的方法就是直接创建，但此处并没有这么做，而是通过工厂间接获得，直到运行时才由字符串参数指明要使用哪种介质，这就大大降低了程序的耦合性。

4.1.2 Spring 框架

读者对前面的介绍一定会有这样的感觉：IoC 机制还是很烦琐的！工厂模式下，甲组件需要乙组件对象的时候，先要创建一个"生产"乙的工厂，而当需要丙组件时，又要创建另一个"生产"丙的工厂，……，程序每用到一种新的组件，都要先建立对应这种组件的生产工厂。这么做如同升级计算机的配件要靠自己去分别联系硬盘厂、显示器厂、内存条厂等众多的厂家购买！——为何不去电脑城呢？那里各种配件可是应有尽有呀！Spring 框架就是这样一个 Java EE 组件的"大商城"，有了它，用户连工厂也无须创建，可以直接运用 Spring 提供的"依赖注入"方式获得组件。

1. 概述

Spring 框架是由世界著名的 Java EE 大师**罗德·约翰逊**（Rod Johnson，如图 4.3 所示）发明的。他在 2002 年编著的《expert one-on-one J2EE Design and Development》一书中，对 Java EE 正统 EJB 框架臃肿、低效、脱离现实的种种现状提出了质疑。为了解决企业应用开发的复杂性，Rod 以此书为指导思想编写了 Spring 框架，并于 2004 年 3 月 24 日发布了 Spring 1.0 正式版。同年，他又推出另一部堪称经典的力作《expert one-on-one J2EE Development without EJB》，该书在 Java 世界掀起了轩然大波，直接引发了 Java EE 应用框架的轻量化革命！

Spring 是一个开源框架，它的功能都是从实际开发中抽取出来的，完成了大量 Java EE 开发中的通用步骤。Spring 框架的主要优势之一是其分层架构，整个框架由 7 个定义良好的模块（或组件）组成，它们都统一构建在核心容器之上，如图 4.4 所示，分层架构允许用户选择使用任意一个组件。

图 4.3 Rod Johnson 及其著作

组成 Spring 框架的每个组件都可以单独存在，也可与其他一个或多个组件联合起来使用，由图 4.4 可以看到，之前学过的 ORM、DAO、MVC 等在 Spring 中都有与之对应的组件！

Spring 的理念：不去重新发明轮子！Spring 并不想取代那些已有的框架（如 Struts 2、Hibernate 等），而是与它们无缝地整合，旨在为 Java EE 应用开发提供一个集成的框架，换言之，Spring 其实是所有这些开源框架的集大成者，为集成各种开源成果创造了一个非常理想的平台。现实的开发中，经常用它来整合其他框架，本章 Java EE 框架的集成就是以 Spring 为核心工具的。

Spring AOP
Source-level metadata
AOP infrastructure

Spring ORM
Hibernate support
iBats support
JDO support

Spring DAO
Transaction infrastructure
JOBC support
DAO support

Spring Web
WebApplicationContext
Mutipart resolver
Web utlities

Spring Context
Application context
UI support
Validation
JNDL EJB support and remodeling
Mail

Spring Web MVC
Web MVC Framework
Web Views
JSP/Velocity
PDF/Export

Spring Core
Supporting utlities
Bean container

图 4.4 Spring 框架分层的组件化结构

2. 依赖注入

Spring 框架内部实现了工厂模式的 IoC 机制，它实际上就是一个 IoC 容器。使用 Spring 开发的程序完全无须理会被调用 Java 类的实现，也无须主动创建和定位工厂，代码中各实例之间的依赖关系全由 IoC 容器（即 Spring）负责统一管理，这种自动化的管理模式又称为“依赖注入”。

依赖注入通常有如下两种。

① 设值注入：IoC 容器使用属性的 setter 方法来注入被依赖的实例。

② 构造注入：IoC 容器使用构造器来注入被依赖的实例。

下面仍以 4.1.1 节的程序为例来介绍这两种注入方式。

（1）设值注入

与之前一样，先定义接口和底层类：

```
public interface IWriter{
    void save();
}
public class UsbDiskWriter implements IWriter{
    public void save(){
        …                    //把内容保存在U盘中
    }
}
public class FloppyWriter implements IWriter{
    public void save(){
        …                    //把内容保存在Floppy盘中
    }
}
```

再编写Business类，在其中增加定义一个setter方法，代码如下：

```
public class Business{
    private IWriter writer;
    //默认的构造器
    public Business(){}
    //设值注入所需的setter方法
    public void setWriter(IWriter writer){
        this.writer = writer;
    }
    public void save(){
        writer.save();
    }
}
```

在上面的类代码中，调用了IWriter接口的save()方法，但Business类并不知道它要调用的writer实例是如何实现的，也不知道writer实例在哪里，它只是需要使用一个IWriter接口的实现类，这个实现类将由Spring容器负责注入。

Spring框架提供一个配置文件（默认名applicationContext.xml），由用户在其中定义组件间的依赖关系。

本例中，假设用户要把内容保存在U盘，就要在配置文件中写入：

```
<bean id = "usbDiskWriter" class = "UsbDiskWriter"/>
<bean id = "floppyWriter" class = "FloppyWriter"/>
<bean id = "business" class = "Business">
    <property name = "writer" ref = "usbDiskWriter"/>
</bean>
```

若想改存到Floppy盘，只需修改配置文件：

```
<bean id = "usbDiskWriter" class = "UsbDiskWriter"/>
<bean id = "floppyWriter" class = "FloppyWriter"/>
<bean id = "business" class = "Business">
    <property name = "writer" ref = "floppyWriter"/>
</bean>
```

其中，bean是Spring对其所管辖的Java EE组件的统称，本例中的UsbDiskWriter、FloppyWriter和Business都是以bean的形态交付给Spring管理的，配置bean实例通常要指定两个属性：id和class。

① id：指定该 bean 的唯一标识，程序通过 id 属性值来访问该 bean 实例。

② class：指定该 bean 的实现类，如果该类在某个包下，还需要写出其完整路径。

bean 与 bean 之间的依赖关系放在配置文件里组织，而不是写在代码中。Spring 会自动接管每个<bean…/>定义里的<property…/>元素，<property…/>定义的属性值将不再由 Business 来主动设置，而是被动地接收 Spring 的注入。就这样，通过配置文件的设定，Spring 能够精确地为每一个 bean 注入它们各自所需的属性值。

这里，Spring 是在调用无参构造器创建默认 Business 类实例后，再调用对应的 setter 方法为它注入 writer 属性的，这种方式称为“设值注入”。

（2）构造注入

用户也可以让 Spring 在构造 Business 类实例时就顺便为其完成依赖关系的初始化，要做到这一点不难，只需对前面 Business 类的代码做简单修改，代码如下：

```
public class Business{
    private IWriter writer;
    //默认的构造器
    public Business(){}
    //构造注入所需的带参数的构造器
    public Business(IWriter writer){
        this.writer = writer;
    }
    public void save(){
        writer.save();
    }
}
```

上面的 Business 类中去掉了设置 writer 属性的 setter 方法，却增加了一个带 IWriter 参数的构造器，Spring 将通过该构造器为 Business 注入所依赖的 bean 实例，这种利用构造器来设置依赖关系的方式称为“构造注入”。

构造注入的配置文件也需要做简单的修改，改为使用<constructor-arg…/>元素指定构造器的参数，代码如下：

```
<bean id = "usbDiskWriter" class = "UsbDiskWriter"/>
<bean id = "floppyWriter" class = "FloppyWriter"/>
<bean id = "business" class = "Business">
    <constructor-arg ref = "usbDiskWriter"/>
</bean>
```

程序运行时，一旦 Business 类的实例创建完成，也就同时完成了依赖关系的注入，此处通过构造注入把内容保存在 U 盘中。

以上两种注入方式各有千秋，在实际开发中一般采用以设值注入为主、构造注入为辅的注入策略。

4.2 Spring/Hibernate 集成应用

在第 3 章中用 Hibernate 和 DAO 造就了一个数据访问的“持久层”，对程序员屏蔽了后台数据库的动作，但是，持久层与前端的 JSP 程序仍然存在一定的耦合性。请看下面的代码（取自项目“入门实践四”的 validate.jsp 源文件）：

```
boolean validated=false;                              //验证成功标识
IUserDAO userDAO=new UserDAO();
//直接使用持久层封装好了的验证功能
```

```
if(userDAO.validateUser(usr,pwd)!=null)
{
    validated=true;                          //标识为 true 表示验证成功通过
}
```

其中，第 1 行加黑语句要用 new 关键字生成接口 IUserDAO 的实例化对象 userDAO，一旦接口的实现类变了，这条语句也必须做出相应的更改。通过 4.1 节的学习，我们已经知道可以运用 Spring 的依赖注入来彻底地消除这种耦合性。

4.2.1 入门实践六：JSP+Spring+DAO+Hibernate 实现登录

● 实践任务：

将 Spring 与 Hibernate 集成一起开发出一个 Web 登录页程序，程序功能和页面效果同前，但要求用 Spring 来管理 Hibernate 和 DAO 组件。

建立一个 Java EE 项目，命名为 jsp_spring_dao_hibernate。

1. 添加 Spring 开发能力

在 Java EE 项目中添加 Spring 开发能力，步骤如下。

（1）右击项目 jsp_spring_dao_hibernate，选择菜单【Configure Facets...】→【Install Spring Facet】，启动【Install Spring Facet】向导对话框，在“Project Configuration”页“Spring version”栏后的下拉列表中选择要添加到项目中的 Spring 版本，为了最大限度地使用 MyEclipse 2017 集成的 Spring 工具，这里选择版本号为最高的 Spring 4.1，如图 4.5 所示，单击【Next】按钮。

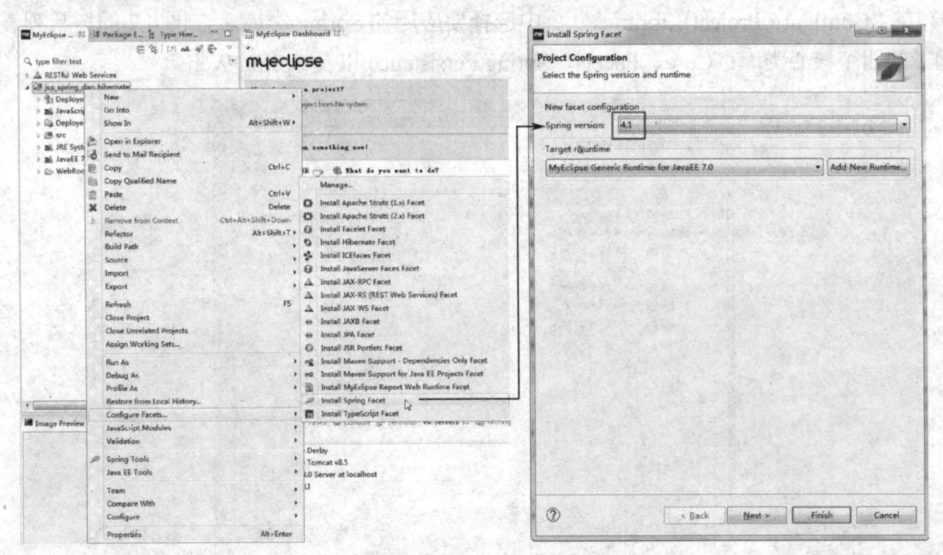

图 4.5 选择 Spring 版本

（2）在“Add Spring Capabilities”页中创建 Spring 的配置文件，如图 4.6 所示，勾选“Specify new or existing Spring bean configuration file?”复选框，在“Bean configuration type”栏中选中“New”单选按钮（表示新建一个 Spring 配置文件），“Folder”栏的内容为“src”（表示配置文件位于项目 src 目录下），“File”栏的内容为“applicationContext.xml”（这是配置文件名），皆保持默认状态。单击【Next】按钮。

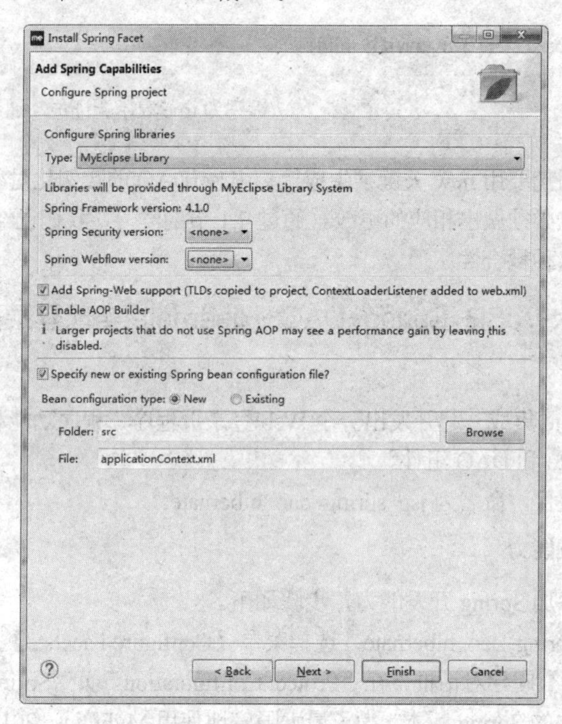

图 4.6 创建 Spring 配置文件

（3）在“Configure Project Libraries”页中选择要应用的 Spring 类库。在图 4.7 的树状列表里选中 Spring 4.1 的四个核心类库：Core、Facets、Spring Persistence 以及 Spring Web。

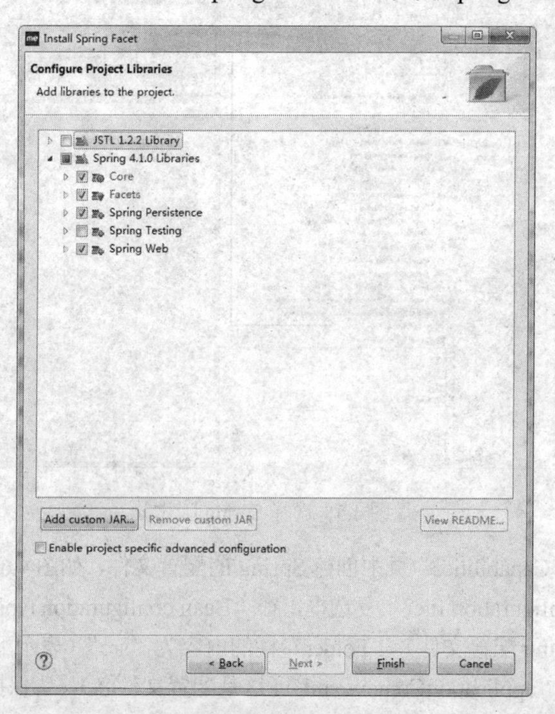

图 4.7 添加 Spring 类库

选择结束后，单击【Finish】按钮完成添加。此时，在项目的 src 下会出现一个名为

"applicationContext.xml"的文件（这个就是 Spring 的核心配置文件），同时出现名为"Spring Beans"和"Spring 4.1.0 Libraries"的两个目录，如图 4.8 所示，就说明 Spring 已经成功地添加到项目中了。

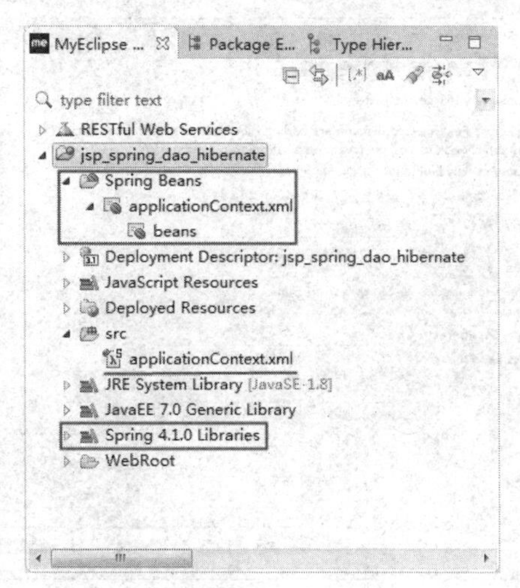

图 4.8　添加 Spring 后的项目目录树

2. 加载 Hibernate 框架

由于 Hibernate 5 需要 Spring 4.2 及以上版本，而 MyEclipse 2017 最高只支持到 Spring 4.1，故本例用的 Hibernate 版本也只能降低到 4.1 版。在 Spring 项目中加载 Hibernate 框架的步骤如下。

（1）右击项目 jsp_spring_dao_hibernate，选择菜单【Configure Facets...】→【Install Hibernate Facet】，启动【Install Hibernate Facet】向导对话框，在"Project Configuration"页的"Hibernate specification version"栏后的下拉列表中选择要添加到项目中的 Hibernate 版本 4.1，如图 4.9 所示，单击【Next】按钮。

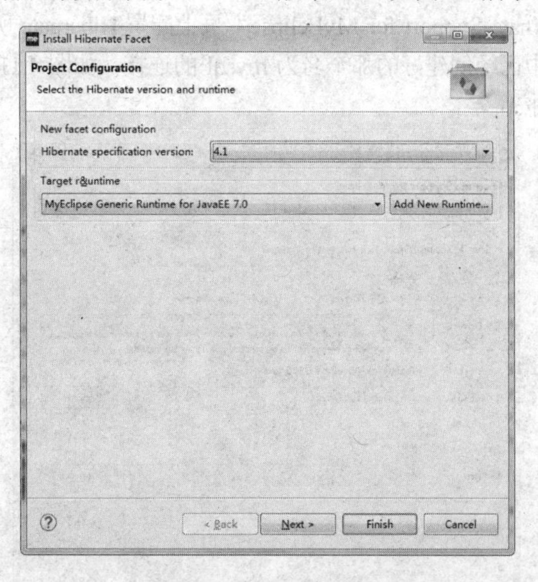

图 4.9　选择 Hibernate 版本

（2）在第一个"Hibernate Support for MyEclipse"页中，向导提示用户是用 Hibernate 的配置文件还是用 Spring 的配置文件进行 SessionFactory 的配置。取消勾选"Create/specify hibernate.cfg.xml file"复选框就表示使用 Spring 来对 Hibernate 进行管理，如图 4.10 所示。

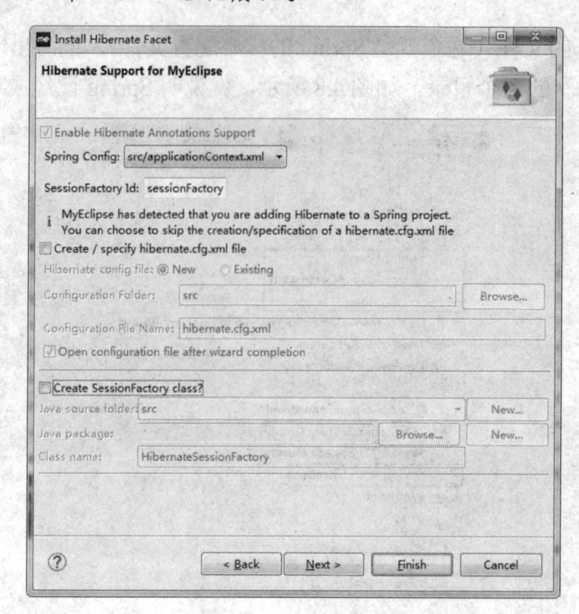

图 4.10 将 Hibernate 交由 Spring 管理

这样配置后，上方“Spring Config:”后的下拉列表会自动选中刚刚生成的 Spring 配置文件的路径（为“src/applicationContext.xml”）；“SessionFactory Id:”栏的内容就是为 Hibernate 注入的一个新 ID（此处取默认“sessionFactory”）。如此一来，最后生成的工程中将不包含 hibernate.cfg.xml，在同一个地方就可对 Hibernate 进行管理了。

由于本程序 Spring 为注入 sessionfactory，所以不用创建“SessionFactory”类，取消选择“Create SessionFactory class?”复选框，单击【Next】按钮。

（3）在第二个“Hibernate Support for MyEclipse”页上配置 Hibernate 所用数据库连接的细节。这里同样是选择在 1.2.3 节中已经创建好的那个名为 mysql 的连接，如图 4.11 所示，系统自动载入其他各栏内容，单击【Next】按钮。

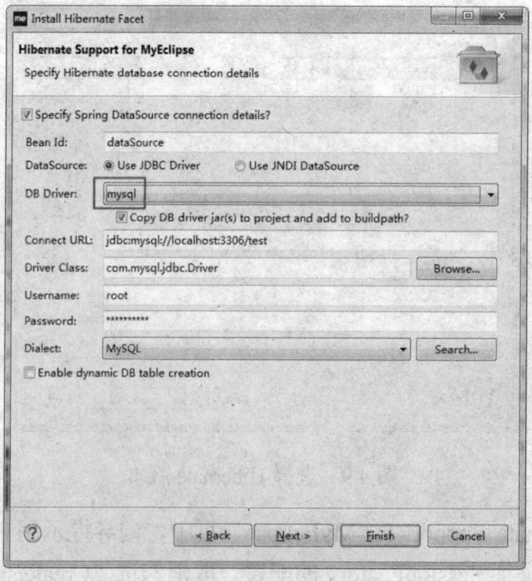

图 4.11 选择 Hibernate 所用的连接

（4）在弹出的“Configure Project Libraries”页中选择要添加到项目中的 Hibernate 框架类库，这里仅勾选最基本的核心库“Hibernate 4.1.4 Libraries”→“Core”，如图 4.12 所示。

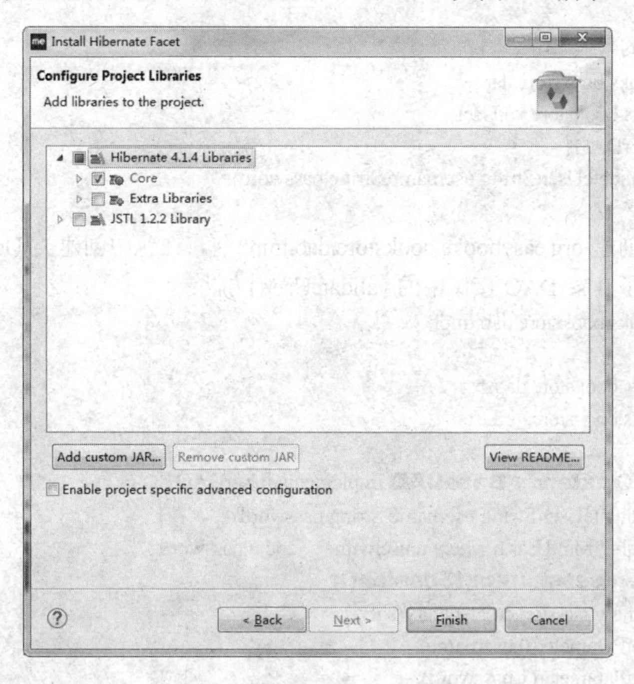

图 4.12　添加 Hibernate 类库

单击【Finish】按钮，完成加载。

3. 为 user 表生成持久化对象

在项目 src 下建立包 org.easybooks.bookstore.vo，用“反向工程”法生成 POJO 类，操作方法同“入门实践三”的第 2 步，在此不再赘述，最后生成的持久化 User 类及映射文件在包 org.easybooks.bookstore.vo 下。

4. 定义、实现并注册 DAO 组件

在项目 src 下创建包 org.easybooks.bookstore.dao，在此包下建立一个基类（BaseDAO）和一个接口（IUserDAO）。

基类 BaseDAO 的代码如下：

```
package org.easybooks.bookstore.dao;
import org.hibernate.SessionFactory;
import org.hibernate.Session;
public class BaseDAO {
    private SessionFactory sessionFactory;
    public SessionFactory getSessionFactory(){
        return sessionFactory;
    }
    public void setSessionFactory(SessionFactory sessionFactory){
        this.sessionFactory=sessionFactory;
    }
    public Session getSession(){
        Session session=sessionFactory.openSession();
```

```
                return session;
        }
}
```

接口 IUserDAO 的代码如下：

```
package org.easybooks.bookstore.dao;
import org.easybooks.bookstore.vo.User;
public interface IUserDAO{
        public User validateUser(String username,String password);
}
```

然后，在 src 下创建 org.easybooks.bookstore.dao.impl 包，在包中创建类 UserDAO，此类继承自 BaseDAO，并且实现了 IUserDAO 接口中的 validateUser()方法：

```
package org.easybooks.bookstore.dao.impl;
import java.util.List;
import org.easybooks.bookstore.dao.*;
import org.easybooks.bookstore.vo.User;
import org.hibernate.*;
public class UserDAO extends BaseDAO implements IUserDAO{
        public User validateUser(String username,String password){
                String sql="from User u where u.username=? and u.password=?";
                Session session=getSession();
                Query query=session.createQuery(sql);
                query.setParameter(0,username);
                query.setParameter(1,password);
                List users=query.list();
                if(users.size()!=0)
                {
                        User user=(User)users.get(0);
                        return user;
                }
                session.close();
                return null;
        }
}
```

上段代码中，UserDAO 类使用基类 BaseDAO 的方法获得 Session 对象。

修改 applicationContext.xml 文件，代码如下：

```
<?xml  version="1.0"  encoding="UTF-8"?>
<beans
        xmlns="http://www.springframework.org/schema/beans"
        xmlns:xsi="http://www.w3.org/2001/XMLSchema-instance"
        xmlns:p="http://www.springframework.org/schema/p"
        xsi:schemaLocation="http://www.springframework.org/schema/beans  http://www.springframework.org/sche
ma/beans/spring-beans-4.1.xsd  http://www.springframework.org/schema/tx  http://www.springframework.org/schema/tx/s
pring-tx.xsd"  xmlns:tx="http://www.springframework.org/schema/tx">
        <bean  id="dataSource"
                class="org.apache.commons.dbcp.BasicDataSource">
                <property  name="driverClassName"
                        value="com.mysql.jdbc.Driver">
                </property>
                <property  name="url"  value="jdbc:mysql://localhost:3306/test"></property>
                <property  name="username"  value="root"></property>
```

```
        <property name="password" value="njnu123456"></property>
    </bean>
    <bean id="sessionFactory"
        class="org.springframework.orm.hibernate4.LocalSessionFactoryBean">
        <property name="dataSource">
            <ref bean="dataSource" />
        </property>
        <property name="hibernateProperties">
            <props>
                <prop key="hibernate.dialect">
                    org.hibernate.dialect.MySQLDialect
                </prop>
            </props>
        </property>
        <property name="mappingResources">
            <list>
                <value>org/easybooks/bookstore/vo/User.hbm.xml</value></list>
        </property></bean>
    <bean id="transactionManager"
        class="org.springframework.orm.hibernate4.HibernateTransactionManager">
        <property name="sessionFactory" ref="sessionFactory" />
    </bean>
    <bean id="baseDAO" class="org.easybooks.bookstore.dao.BaseDAO">
        <property name="sessionFactory">
            <ref bean="sessionFactory"/>
        </property>
    </bean>
    <bean id="userDAO" class="org.easybooks.bookstore.dao.impl.UserDAO" parent
= "baseDAO"/>
    <tx:annotation-driven transaction-manager="transactionManager" /></beans>
```

上述代码中加黑的语句为用户添加的配置信息，经过这样配置之后，就在这个 Spring 容器中注册了基类 BaseDAO 及其子类 UserDAO。

5. 创建 JSP 文件

与“入门实践四”程序相比，本例 4 个 JSP 文件中的 login.jsp、welcome.jsp 和 error.jsp 这 3 个文件的源码不变，不同的仅仅是 validate.jsp 文件的代码。

validate.jsp 文件的代码如下：

```
<%@ page language="java" pageEncoding="gb2312" import="org.springframework.context.*,org.
springframework.context.support.*,org.easybooks.bookstore.dao.*,org.easybooks.bookstore.dao.impl.*" %>
<html>
    <head>
        <meta http-equiv="Content-Type" content="text/html;charset=gb2312">
    </head>
    <body>
        <%
            String usr=request.getParameter("username");            //获取提交的姓名
            String pwd=request.getParameter("password");            //获取提交的密码
            boolean validated=false;//验证成功标识
            ApplicationContext context=new FileSystemXmlApplicationContext ("
```

```
file:C:/Users/Administrator.TRS0NDYC3D4K0LO/Workspaces/MyEclipse 2017 CI/jsp_ spri
ng_dao_hibernate/src/applicationContext.xml");
                IUserDAO userDAO=(IUserDAO)context.getBean("userDAO");
                //直接使用持久层封装好了的验证功能
                if(userDAO.validateUser(usr,pwd)!=null)
                {
                    validated=true;//标识为 true 表示验证成功通过
                }
                if(validated)
                {
                    //验证成功跳转到 welcome.jsp
            %>
                    <jsp:forward page="welcome.jsp"/>
            <%
                }
                else
                {
                    //验证失败跳转到 error.jsp
            %>
                    <jsp:forward page="error.jsp"/>
            <%
                }
            %>
        </body>
</html>
```

6. 部署运行

修改 web.xml 文件，改变项目启动页为 login.jsp，部署、启动 Tomcat 服务器。在浏览器中输入 http://localhost:8080/jsp_spring_dao_hibernate/并回车，运行效果与之前的程序完全相同。

4.2.2 知识点——Spring 容器、DAO 层

容器是 Spring 框架的核心，Spring 容器使用 IoC 管理所有组成应用系统的组件。Spring 有以下两种不同的容器。

（1）BeanFactory，即 Bean 工厂，由 org.springframework.beans.factory.BeanFactory 接口定义，是最简单的容器，提供了基础的依赖注入支持。

（2）ApplicationContext，又称应用上下文，由 org.springframework.context.ApplicationContext 接口定义。它建立在 Bean 工厂基础之上，提供了系统构架服务，如从属性文件中读取文本信息，向有关的事件监听器发布事件。

1. BeanFactory

BeanFactory 采用了工厂设计模式。这个类负责创建和分发 Bean，但是不像一般工厂模式那样只能分发某一种类型的对象，Bean 工厂是一个通用的工厂，可以创建和分发各种类型的 Bean。

在 Spring 中有几种 BeanFactory 的实现，其中最常使用的是 org.springframework.bean.factory.xml.XmlBeanFactory。它根据 xml 文件中的定义装载 Bean。

要创建 XmlBeanFactory，需要传递一个 java.io.InputStream 对象给构造函数。InputStream 对象提供 xml 文件给工厂。例如，下面的代码片段使用一个 java.io.FileInputStream 对象把 Bean xml 定义文件

给 XmlBeanFactory：

```
BeanFactory factory = new XmlBeanFactory(new FileInputStream("beans.xml"));
```

这行简单的代码告诉 Bean 工厂从 beans.xml 文件中读取 Bean 的定义信息，但是现在 Bean 工厂并没有立即实例化 Bean，只是把 Bean 的定义信息载入进来，Bean 只有在需要的时候才被实例化。

为了从 BeanFactory 得到一个 Bean，只要简单地调用 getBean()方法，把需要的 Bean 的名字作为参数传递进去即可，代码如下：

```
MyBean myBean = (MyBean)factory.getBean("myBean");
```

只有当 getBean()方法被调用的时候，工厂才会实例化 Bean，并使用依赖注入开始设置 Bean 的属性，于是就在 Spring 容器中开始了这个 Bean 的生命周期。

2. ApplicationContext

BeanFactory 对简单应用来说已经很好了，但是为了获得 Spring 框架的强大功能，需要使用 Spring 的更加高级的容器——ApplicationContext（应用上下文）。

表面上，ApplicationContext 和 BeanFactory 差不多。两者都是载入 Bean 定义信息，装配 Bean，根据需要分发 Bean。但是，ApplicationContext 提供了更多的功能：

（1）文本信息解析工具，包括对国际化的支持。

（2）载入文本资源的通用方法，如载入图片。

（3）可以向注册为监听器的 Bean 发送事件。

正是由于这些附加功能，现在几乎所有的应用系统都选择 ApplicationContext，而不是 BeanFactory。

在 ApplicationContext 的诸多实现中，有以下 3 个常用的实现。

① ClassPathXmlApplicationContext。从类路径中的 xml 文件载入上下文定义信息，把上下文定义文件当成类路径资源，例如：

```
ApplicationContext context = new ClassPathApplicationContext("applicationContext.xml");
```

② FileSystemXmlApplicationContext。从文件系统中的 xml 文件载入上下文定义信息，“入门实践六”的程序用的就是这种方式：

```
ApplicationContext context = new FileSystemXmlApplicationContext("file:C:/Users/Administrator.
TRS0NDYC3D4K0LO/Workspaces/MyEclipse 2017 CI/jsp_spring_dao_hibernate/src/applicationContext.xml");
```

③ XmlWebApplicationContext。从 Web 系统中的 xml 文件载入上下文定义信息，例如：

```
ApplicationContext context = WebApplicationContextUtils.getWebApplicationContext(request.getSession().
getServletContext());
```

使用 FileSystemXmlApplicationContext 和 ClassPathXmlApplicationContext 的区别是，FileSystemXmlApplicationContext 只能在指定的路径中寻找 xml 文件，而 ClassPathXmlApplication Context 可以在整个类路径中寻找 xml 文件。

除了 ApplicationContext 提供的附加功能外，ApplicationContext 与 BeanFactory 的另一个重要区别是关于单实例 Bean 如何被加载。Bean 工厂延迟载入所有的 Bean，直到 getBean()方法被调用时，Bean 才被创建。ApplicationContext 则聪明一些，它会在上下文启动后预载入所有的单实例 Bean。通过预载入单实例 Bean，确保当需要的时候，它们已经准备好了，应用程序无须等待它们被创建。

3. 管理 Hibernate 资源

在一个典型的 Hibernate 应用中，系统读取配置文件，并用它来创建 SessionFactory。一个 SessionFactory 将作用于应用的整个生命期，用 SessionFactory 来获得 Session 对象，有了 Session 对象就能访问数据库。在应用的整个生命周期，只要保存一个 SessionFactory 实例就可以了，配置这个对象可以用 Spring 的 LocalSessionFactoryBean 类。

在本例 applicationContext.xml 中有如下一段：

```
<bean id="sessionFactory"
    class="org.springframework.orm.hibernate4.LocalSessionFactoryBean">
    …
</bean>
```

这个 SessionFactory 需要知道连接到哪个数据库，所以还要将 DataSource（数据源）组件注入 LocalSessionFactoryBean 中。

DataSource 组件注册：

```
<bean id="dataSource"
    class="org.apache.commons.dbcp.BasicDataSource">
    <property name="driverClassName"
        value="com.mysql.jdbc.Driver">
    </property>
    <property name="url" value="jdbc:mysql://localhost:3306/test"></property>
    <property name="username" value="root"></property>
    <property name="password" value="njnu123456"></property>
</bean>
```

注入数据源组件：

```
<bean id="sessionFactory"
    class="org.springframework.orm.hibernate4.LocalSessionFactoryBean">
    <property name="dataSource">
        <ref bean="dataSource" />
    </property>
    <property name="hibernateProperties">
        <props>
            <prop key="hibernate.dialect">
                org.hibernate.dialect.MySQLDialect
            </prop>
        </props>
    </property>
    <property name="mappingResources">
        <list>
            <value>org/easybooks/bookstore/vo/User.hbm.xml</value></list>
    </property>
</bean>
```

4. DAO 层

本例使用 DAO 模式构造了一个 DAO 组件层（DAO 层），该层所涉及的类、接口如图 4.13 所示。

其中，IUserDAO 接口中的 validateUser()用于验证用户名和密码。UserDAO 类中的 validateUser()具体实现了这个方法。用 BaseDAO 对数据库建立会话的操作进行了封装，这样在 UserDAO 中就可以直接使用 Session。

DAO 层并没有使用 Hibernate 提供的会话工厂（HibernateSessionFactory 类），而改用 Spring 内置的 LocalSessionFactoryBean 类，其注册 id 为 sessionFactory，这一层组件在 Spring 容器中的配置也可以写为：

```
<bean id="baseDAO" class="org.easybooks.bookstore.dao.BaseDAO">
    <property name="sessionFactory" ref="sessionFactory"/>
</bean>
<bean id="userDAO" class="org.easybooks.bookstore.dao.impl.UserDAO" parent="baseDAO"/>
```

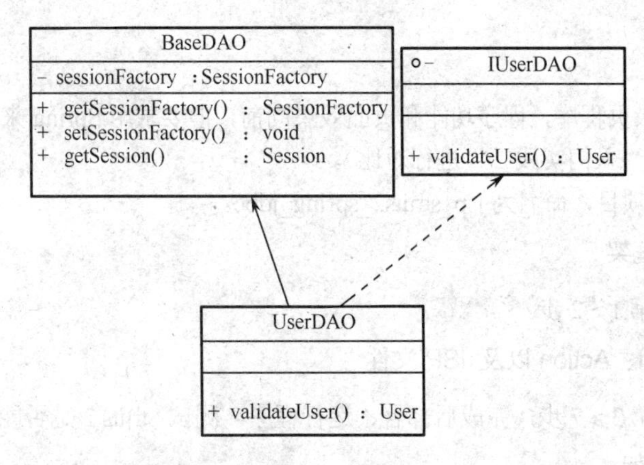

图 4.13　DAO 层主要类图

其中，“ref="sessionFactory"”中的 sessionFactory 表示 LocalSessionFactoryBean 类的 id；而“name="sessionFactory"”中的 sessionFactory 则表示基类 BaseDAO 的属性。UserDAO 继承了 BaseDAO（parent="baseDAO"），因此，在其代码中可以直接用“Session session=getSession();”获得会话对象。

4.3　Struts 2/Spring 集成应用

4.3.1　让 Spring 代管 Action

既然 Spring 可作为容器容纳注册过的 DAO 组件，那么 Struts 2 的控制器 Action 模块可否也交给它管呢？当然可以！

实现对前端各个控制器的统一管理和部署——这是将 Struts 2 与 Spring 集成起来应用的根本动机，如图 4.14 所示是这两种框架集成的工作原理。

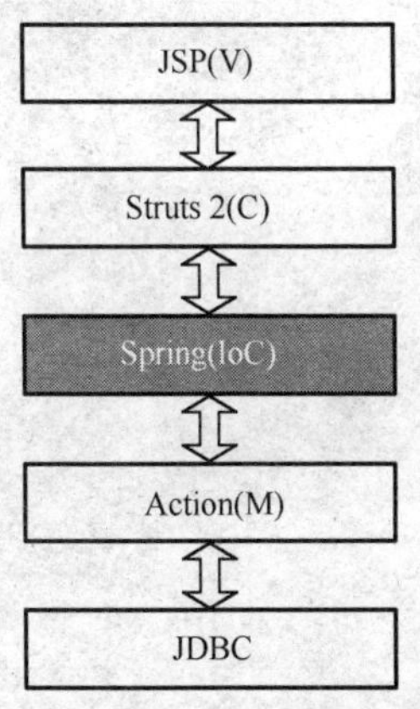

图 4.14　Struts 2/Spring 集成原理

在这种组合中，Struts 2 依然充当着控制层 C 角色，但它不再直接调用控制器模块，而是在中间（图 4.14 中的黑底白字框）加了一个 Spring，采用控制反转的方式进行松耦合。

4.3.2　入门实践七：JSP+Struts 2+Spring+JDBC 实现登录

还是以开发一个简单的 Web 登录页程序为例，具体介绍 Spring 是如何有效整合 Struts 2 的 Action

模块的。

● 实践任务：

开发一个 Web 登录页程序，程序功能和页面效果同前，但要求用 Spring 来管理 Struts 2 的控制器模块（注意与第 3 章的“入门实践二”进行对比）。

建立一个 Java EE 项目，命名为 jsp_struts2_spring_jdbc。

1. 添加 Struts 2 框架

步骤同 3.1.2 节的第 1～2 步。

2. 编写 JavaBean、Action 以及 JSP 文件

步骤同 3.1.2 节的第 3～7 步，完成后部署、运行程序，测试 Struts 2 是否能正常工作。

3. 添加 Spring 框架

操作同 4.2.1 节的第 1 步，如图 4.15 所示，由于本例暂时不用 Hibernate 持久化数据，因此，只要勾选三个类库：Core、Facets 和 Spring Web。

单击【Finish】按钮完成添加。

4. 添加 Spring 支持包

要使 Struts 2 与 Spring 这两个框架能集成在一起，还要在项目的\WebRoot\WEB-INF\lib 路径下添加一个 Spring 支持包，其 Jar 文件名为 struts2-spring-plugin-2.5.10.1.jar，此包的加载方式同 Struts 2 包，不再赘述。

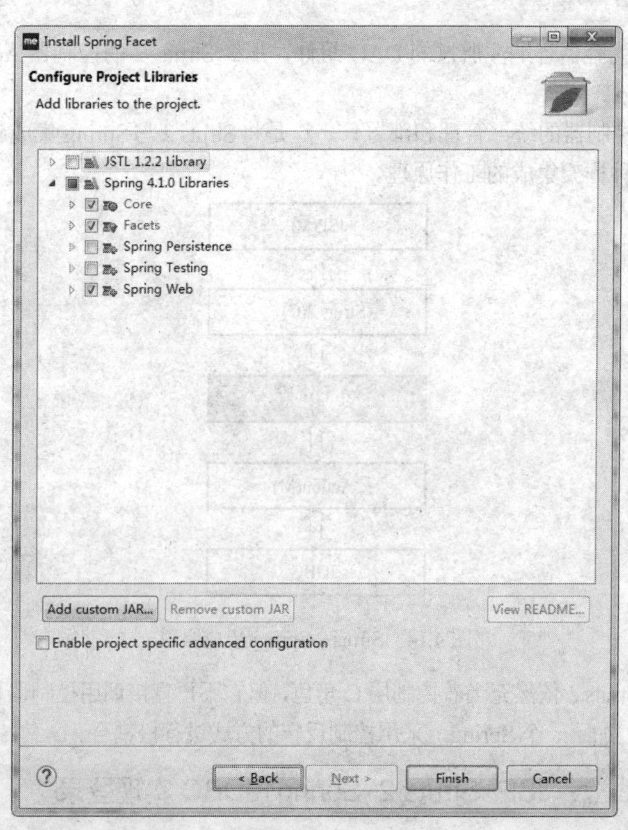

图 4.15 添加 Spring 框架

5. 修改 web.xml 内容

修改 web.xml 内容，使得程序增加对 Spring 的支持，代码如下：

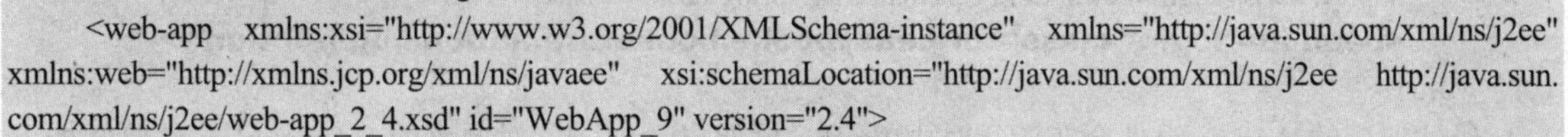

```
<?xml version="1.0" encoding="UTF-8"?>
<web-app   xmlns:xsi="http://www.w3.org/2001/XMLSchema-instance"   xmlns="http://java.sun.com/xml/ns/j2ee" xmlns:web="http://xmlns.jcp.org/xml/ns/javaee"   xsi:schemaLocation="http://java.sun.com/xml/ns/j2ee   http://java.sun.com/xml/ns/j2ee/web-app_2_4.xsd" id="WebApp_9" version="2.4">
    <filter>
        <filter-name>struts-prepare</filter-name>
        <filter-class>org.apache.struts2.dispatcher.filter.StrutsPrepareFilter</filter-class>
    </filter>
    <filter>
        <filter-name>struts-execute</filter-name>
        <filter-class>org.apache.struts2.dispatcher.filter.StrutsExecuteFilter</filter-class>
    </filter>
    <filter-mapping>
        <filter-name>struts-prepare</filter-name>
        <url-pattern>/*</url-pattern>
    </filter-mapping>
    <filter-mapping>
        <filter-name>struts-execute</filter-name>
        <url-pattern>/*</url-pattern>
    </filter-mapping>
    <welcome-file-list>
        <welcome-file>login.jsp</welcome-file>
    </welcome-file-list>
    <listener>
        <listener-class>org.springframework.web.context.ContextLoaderListener
</listener-class>
    </listener>
    <context-param>
        <param-name>contextConfigLocation</param-name>
        <param-value>classpath:applicationContext.xml</param-value>
    </context-param>
</web-app>
```

Listener 是 Servlet 的监听器，它可以监听客户端的请求、服务器的操作等。通过监听器，可以自动激发一些操作，比如监听到在线用户的数量。当增加一个 HttpSession 时，就激发 sessionCreated 方法。

监听器需要知道 applicationContext.xml 配置文件的位置，通过节点<context-param>来配置。

6. 指定 Spring 为容器

在 src 目录下创建 struts.properties 文件，把 Struts 2 的类的生成交给 Spring 完成。文件内容如下：

```
struts.objectFactory=spring
```

7. 注册 Action 组件

修改 Spring 的配置文件 applicationContext.xml，在其中注册 Action 组件：

```
<?xml version="1.0" encoding="UTF-8"?>
<beans
    xmlns="http://www.springframework.org/schema/beans"
```

```
        xmlns:xsi="http://www.w3.org/2001/XMLSchema-instance"
        xmlns:p="http://www.springframework.org/schema/p"
        xsi:schemaLocation="http://www.springframework.org/schema/beans
        http://www.springframework.org/schema/beans/spring-beans-3.0.xsd">
        <bean id="login" class="org.easybooks.bookstore.action.LoginAction"/>
</beans>
```

经注册后的 Action 组件会在运行时由 Spring 框架自动生成，对原来的 struts.xml 文件要做如下修改：

```
<!DOCTYPE struts PUBLIC
        "-//Apache Software Foundation//DTD Struts Configuration 2.0//EN"
        "http://struts.apache.org/dtds/struts-2.0.dtd">
<struts>
        <package name="struts" extends="struts-default">
                <action name="login" class="login">
                        <result name="success">/welcome.jsp</result>
                        <result name="error">/error.jsp</result>
                </action>
        </package>
</struts>
```

这里元素< action…/>的 class 属性设为 login（bean 的 id 值），就无须再指明其所对应的 Action 类名，这么做可带来极大的好处：将 Action 组件的管理统一交给 Spring 负责，从而实现了 Struts 2 与 Action 模块间的完全解耦。

代码中的控制流程如图 4.16 所示。

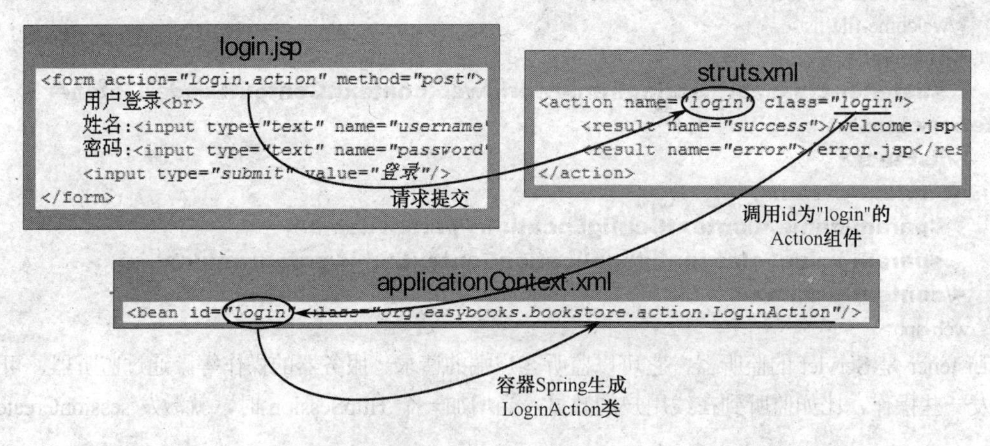

图 4.16　代码中 Action 组件的调用流程

8. 部署运行

再次部署项目、启动 Tomcat 服务器，在浏览器中输入 http://localhost:8080/jsp_struts2_ spring_jdbc/并回车，运行效果与之前的程序完全相同。

4.4　SSH2 多框架整合

学过 Java EE 框架两两之间的集成应用。这个时候，肯定有读者会灵机一动，将 Struts 2、Spring 和 Hibernate 三者来一个大集成，这又会是怎样一种壮观的效果呢？！

4.4.1　以 Spring 为核心的整合思路

通过前面两个框架集成的实践，读者一定切身体会到了 Spring 在框架集成应用中举足轻重的作用，尤其是利用它可以方便地整合各种 Java EE 组件。本节 3 个框架整合的架构如图 4.17 所示，Spring 作为一个统一的大容器来用，在它里面容纳（注册）了 Action、DAO 等组件。

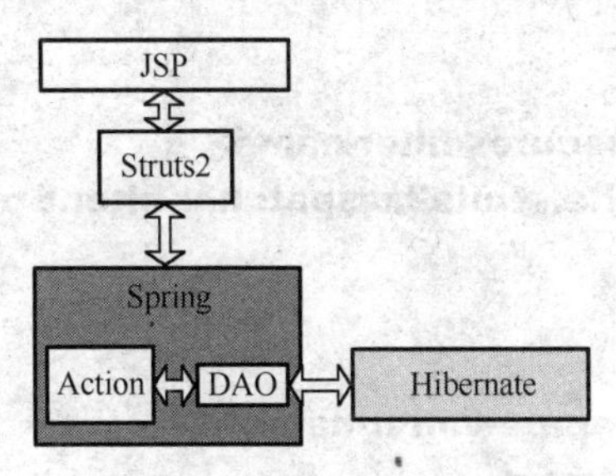

图 4.17　SSH2 整合架构

Struts 2 将 JSP 中的页面跳转控制功能分离出来，而当它要执行控制逻辑的具体处理时就直接使用 Spring 中的 Action 模块；Action 在处理中若要访问数据库，则通过 DAO 组件提供的接口，而接口的实现类（DAO 类）才直接操作数据库；Hibernate 将数据库表持久化为 POJO 类，DAO 类再以面向对象方式从已持久化了的 POJO 类中读取数据。所有 Action 模块、DAO 类都由 Spring 来实行统一的管理，整个系统是以 Spring 为核心的。

4.4.2　入门实践八：JSP+Struts 2+Spring+DAO+Hibernate 组合

本节实践如图 4.17 所示的架构。

● 实践任务：

用 3 个框架（Struts 2/Spring/Hibernate）整合起来开发 Web 登录页程序，程序功能和页面效果同前，要求采用 4.4.1 节所描述的方式架构这个系统。

建立一个 Java EE 项目，命名为 jsp_struts2_spring_dao_hibernate。

1. 添加 Spring 核心容器

步骤同 4.2.1 节中的第 1 步，不再赘述。

2. 添加 Hibernate 并持久化 user 表

步骤同 4.2.1 节中的第 2～3 步。

3. 加载、配置 Struts 2 框架

包括下列步骤：

① 加载 Struts 2 包。

操作方法同 3.1.2 节中的第 1 步，由于刚刚添加 Hibernate 时已经自动载入了数据库驱动，不需要重复添加，此步需添加的是 Struts 2 的 8 个 jar 包，另外，考虑到接下来的配置要将 Struts 2 与 Spring 集成的需要，添加一个 struts2-spring-plugin-2.5.10.1.jar 包，一共需要手动加载的也是 9 个包。

② 配置 web.xml 文件。

这里要配置 Struts 2 与 Spring 两个框架，代码如下：

```
<?xml version="1.0" encoding="UTF-8"?>
<web-app   xmlns:xsi="http://www.w3.org/2001/XMLSchema-instance"   xmlns="http://java.sun.com/xml/ns/j2ee"
```

```
xmlns:web="http://xmlns.jcp.org/xml/ns/javaee" xsi:schemaLocation="http://java.sun.com/xml/ns/j2ee http://java.sun.com/xml/ns/j2ee/web-app_2_4.xsd" id="WebApp_9" version="2.4">
    <filter>
      <filter-name>struts-prepare</filter-name>
      <filter-class>org.apache.struts2.dispatcher.filter.StrutsPrepareFilter
</filter-class>
    </filter>
    <filter>
      <filter-name>struts-execute</filter-name>
      <filter-class>org.apache.struts2.dispatcher.filter.StrutsExecuteFilter
</filter-class>
    </filter>
    <filter-mapping>
      <filter-name>struts-prepare</filter-name>
      <url-pattern>/*</url-pattern>
    </filter-mapping>
    <filter-mapping>
      <filter-name>struts-execute</filter-name>
      <url-pattern>/*</url-pattern>
    </filter-mapping>
    <welcome-file-list>
      <welcome-file>login.jsp</welcome-file>
    </welcome-file-list>
    <listener>
      <listener-class>org.springframework.web.context.ContextLoaderListener
</listener-class>
    </listener>
    <context-param>
      <param-name>contextConfigLocation</param-name>
      <param-value>classpath:applicationContext.xml</param-value>
    </context-param>
</web-app>
```

③ 创建 struts.properties。

在 src 目录下创建 struts.properties 文件，把 Struts 2 的类的生成交给 Spring 完成：

```
struts.objectFactory=spring
```

④ 创建 struts.xml。

在 src 目录下创建 struts.xml 文件，写入内容如下：

```
<!DOCTYPE struts PUBLIC
        "-//Apache Software Foundation//DTD Struts Configuration 2.0//EN"
        "http://struts.apache.org/dtds/struts-2.0.dtd">
<struts>
      <package name="struts" extends="struts-default">
            <action name="login" class="login">
                  <result name="error">/error.jsp</result>
                  <result name="success">/welcome.jsp</result>
            </action>
      </package>
</struts>
```

这样，就在 Struts 2 中配置了一个名为 login 的 Action，其对应组件的 id 为 login。Struts 2 会在需要时向 Spring 容器“索要”这个组件，而 Spring 则会根据这个 id 在自己的配置文件中“找寻”能满足要求的组件“出售”（注入）给 Struts 2 使用，就像顾客向商家提出订购某种商品一样方便、快捷！

至此，整个程序的主体架构搭建完毕，剩下的就是编写代码的工作。

4. 编写 Action、DAO 组件代码

本例需要程序员实现的组件有控制器 Action 和 DAO 层组件。

（1）先实现 DAO 层，它包括 BaseDAO 基类、IUserDAO 接口及其 UserDAO 实现类。

在 src 目录下建立包 org.easybooks.bookstore.dao，包下放置的是基类 BaseDAO 和接口 IUserDAO。

BaseDAO 代码如下：

```
package org.easybooks.bookstore.dao;
import org.hibernate.SessionFactory;
import org.hibernate.Session;
public class BaseDAO{
	private SessionFactory sessionFactory;
	public SessionFactory getSessionFactory(){
		return sessionFactory;
	}
	public void setSessionFactory(SessionFactory sessionFactory){
		this.sessionFactory=sessionFactory;
	}
	public Session getSession(){
		Session session=sessionFactory.openSession();
		return session;
	}
}
```

IUserDAO 接口代码如下：

```
package org.easybooks.bookstore.dao;
import org.easybooks.bookstore.vo.User;
public interface IUserDAO{
	public User validateUser(String username,String password);
}
```

在 src 下再建立 org.easybooks.bookstore.dao.impl 包，用于放置该接口的实现类 UserDAO。

UserDAO 类代码如下：

```
package org.easybooks.bookstore.dao.impl;
import java.util.List;
import org.easybooks.bookstore.dao.*;
import org.easybooks.bookstore.vo.User;
import org.hibernate.*;
public class UserDAO extends BaseDAO implements IUserDAO{
	public User validateUser(String username,String password){
		String sql="from User u where u.username=? and u.password=?";
		Session session=getSession();
		Query query=session.createQuery(sql);
		query.setParameter(0,username);
		query.setParameter(1,password);
		List users=query.list();
		if(users.size()!=0)
```

```
        {
            User user=(User)users.get(0);
            return user;
        }
        session.close();
        return null;
    }
}
```

（2）实现控制器 Action。

在 src 目录下建立包 org.easybooks.bookstore.action，用于存放控制器组件的源代码。

LoginAction.java 代码如下：

```
package org.easybooks.bookstore.action;
import java.sql.*;
import org.easybooks.bookstore.dao.*;
import org.easybooks.bookstore.dao.impl.*;
import org.easybooks.bookstore.vo.User;
import com.opensymphony.xwork2.ActionSupport;
import org.springframework.context.*;
import org.springframework.context.support.*;
public class LoginAction extends ActionSupport{
    private User user;
    //处理用户请求的 execute 方法
    public String execute() throws Exception{
        boolean validated=false;//验证成功标识
        ApplicationContext context=new FileSystemXmlApplicationContext("file:C:/ Users/Administrator.TRS0NDYC3D4K0LO/Workspaces/MyEclipse 2017 CI/jsp_struts2_ spring_dao_hibernate/src/applicationContext.xml");
        IUserDAO userDAO=(IUserDAO)context.getBean("userDAO");
        User u=userDAO.validateUser(user.getUsername(), user.getPassword());
        if(u!=null)
        {
            validated=true;            //标识为 true 表示验证成功通过
        }
        if(validated)
        {
            //验证成功返回字符串"success"
            return SUCCESS;
        }
        else
        {
            //验证失败返回字符串"error"
            return ERROR;
        }
    }
    public User getUser(){
        return user;
    }
    public void setUser(User user){
        this.user=user;
```

```
    }
}
```

上段代码中的加黑处通过Spring容器的应用上下文获得DAO组件，用于验证用户名和密码。

（3）注册组件。

最后，在applicationContext.xml注册以上编写的各个组件，代码如下：

```
<bean id="baseDAO" class="org.easybooks.bookstore.dao.BaseDAO">
    <property name="sessionFactory" ref="sessionFactory"/>
</bean>
<bean id="userDAO" class="org.easybooks.bookstore.dao.impl.UserDAO" parent="baseDAO"/>
<bean id="login" class="org.easybooks.bookstore.action.LoginAction"/>
```

注册之后的这些组件就可以直接使用了！

在LoginAction的代码中，用语句context.getBean()仅需给出DAO组件的id标识userDAO即可获得bean组件对象，而在使用这个组件对象的时候也只需要简单地调用DAO接口业已公开的validateUser()方法就行了，程序员只要知道Spring的配置文件applicationContext.xml的存放路径，而根本**不需要**知道有“UserDAO”这个类的存在！

另外，本例的这个LoginAction也采用了将其属性封装成实体类的方式，做到把控制器和属性相分离，详见3.3.3节的知识点。

5. 编写JSP文件

login.jsp代码如下：

```
<%@ page language="java" pageEncoding="utf-8"%>
<html>
    <head><title>登录页面</title></head>
    <body>
        <form action="login.action" method="post">
            用户登录<br>
            姓名:<input type="text" name="user.username"/><br>
            密码:<input type="text" name="user.password"/><br>
            <input type="submit" value="登录"/>
        </form>
    </body>
</html>
```

welcome.jsp代码如下：

```
<%@ page language="java" pageEncoding="gb2312"%>
<%@ taglib prefix="s" uri="/struts-tags"%>
<html>
    <head><title>成功页面</title></head>
    <body>
        <s:property value="user.username"/>，您好！欢迎光临叮当书店。
    </body>
</html>
```

error.jsp代码如下：

```
<%@ page language="java" pageEncoding="gb2312"%>
<html>
    <head><title>失败页面</title></head>
    <body>
        登录失败！
```

```
    </body>
</html>
```

在 JSP 页面上以“引用名.属性名”的方式将用户名和密码传递到 User 类的对应属性中保存。

6. 部署运行

部署项目、启动 Tomcat 服务器，在浏览器中输入 http://localhost:8080/jsp_struts2_spring_dao_hibernate/并回车，运行效果与之前的程序完全相同。

将本例与第 3 章的“入门实践五”相比较，就会发现 Spring 在整个 Java EE 架构中的重要地位！

习　题　四

（1）认真学习、深刻理解 Java EE 组件集成的基本原理（包括 IoC、工厂模式和依赖注入），若有兴趣，则可看 Rod Johnson 的著作。

（2）了解 Spring 容器的功能，完成“入门实践六”，实现 Spring/Hibernate 集成，学会用 Spring 管理 DAO 组件。

（3）通过“入门实践七”掌握集成 Struts 2/Spring 的方法，学会用 Spring 来管理 Struts 2 的 Action 模块。

（4）按照 4.4.2 节的指导，完成“入门实践八”，并在此基础上理解以 Spring 为核心的 SSH2 多框架整合架构的原理，仔细观察本实例的源代码，思考以这种方式架构的软件系统在后期的扩展和维护方面有哪些优势。

第5章 项目开发综合：网上书店应用的架构设计

本章主要内容：

（1）网上书店的功能需求。

（2）含业务层（Service 层）的多框架整合原理。

（3）网上书店系统分层架构的原理与实现。

（4）网上书店注册、登录和注销功能的开发。

在本书的前 4 章中，通过 8 个入门实践，读者已经理解了 Java EE 各主流框架的作用和集成原理。下面将综合它们各自的优势，开发一个有实际功用的网上书店，本章侧重于介绍这个书店系统的架构和设计，并尝试开发它的注册、登录和注销模块。关于其他更多丰富的功能，将在后续章节陆续介绍。

5.1 网上书店的架构

5.1.1 功能需求和展示

任何软件开发的第一步都是明确系统需求，即应知道系统要实现什么功能，具体的要求是什么。如果连这些都没有弄明白，那么开发出来的系统肯定是不合格的。所以，这里首先形象地展示一下网上书店的功能。

1. 主界面

大部分读者都有网上购物的经历，在购物网站可以很方便地注册、浏览商品，购买时只需单击几次鼠标。本书的网上书店案例就实现了上述基本功能，用户可以在书店注册、浏览新书，以及查询购物车等。

网上书店购书界面如图 5.1 所示。

2. 功能模块

网上书店是一个典型的基于 Web 网站的 Java EE 软件系统，集成了诸多的功能模块，主要包括：

（1）显示图书分类。

（2）用户可以根据分类浏览某一类图书列表。

（3）用户可以查看具体某一本书的简介。

（4）在图书浏览页只要单击【购买】按钮，就可把选定的图书加入购物车中。

（5）用户可以随时单击 购物车 ，查看车中已购图书的信息。

（6）已登录的用户可以单击【结账】按钮下订单。

（7）使用前需先注册，在注册页填写个人信息，确认有效后成为新用户。

（8）用户在登录页填写用户名和密码，确认正确后才可结账。

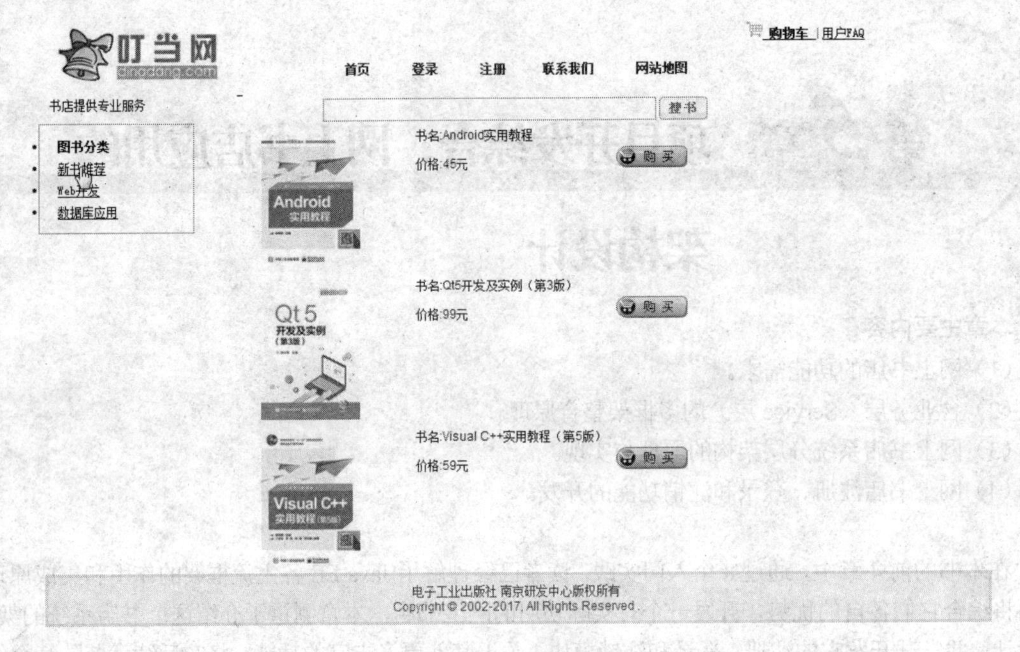

图 5.1　网上书店购书界面

各功能模块的划分如图 5.2 所示。

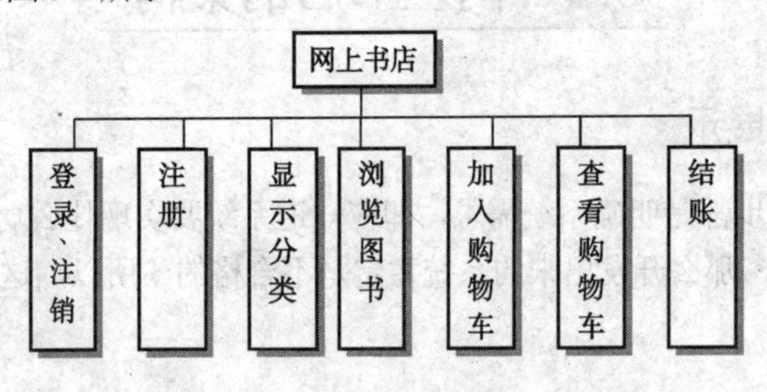

图 5.2　各功能模块的划分

架构设计的基本宗旨是尽量做到各模块的独立性（理想情况：一个功能对应一个 Java EE 组件），功能实现与界面开发相分离，互不干扰。

5.1.2　业务层的引入：多框架整合（含 Service 层）

为了达到上述的功能需求并实践这个设计宗旨，在 4.4 节“SSH2 多框架整合”的基础上还必须引入一个业务层（Service 层）。

那么，业务层有什么作用呢？

通过之前的实践，读者可以知道，DAO 接口能将操作数据库的动作细节与前端代码相隔离。但是，DAO 所封装的仅仅是最基本的数据库操作，而实际应用中 Web 网站的每一项功能往往都是以业务（Service）的形式提供给用户的，业务就是一组（包括增、删、改、查在内的）操作数据库的动作序列（动作集），对系统某个应用功能的优化和增强，通常要对该功能对应业务中动作的种类、数目和调用次序进行改变和重组。

例如，登录功能的实现原来只要调用 DAO 接口的 validateUser()方法就行，现在情况发生了变化，考虑到新加入的用户无账号，需要先注册再登录，为了方便操作，增强的登录功能要求先后调用 DAO 接口的 saveUser()（用于注册）和 validateUser()两个方法。通行的做法是将这两个动作（saveUser()+

validateUser()）进一步封装为一个服务（Service），前端代码直接使用这个 Service，无须关心为实现它而对 DAO 接口中的基本方法是如何组织调用的。

这些 Service 构成了业务层，从编码的视角来看，这层是最容易被忽视的。往往在用户界面层或持久层周围能看到这些业务处理的代码，这其实是不正确的。因为它会造成程序代码的高耦合，随着时间的推移，将很难维护这些代码。

下面通过一个程序示例加深理解。

● 实践任务：

在三个框架（Struts 2/Spring/Hibernate）全整合的基础上，开发一个业务层，给 Web 登录页程序增加一个服务（注册＋登录）的功能。

建立一个 Java EE 项目，命名为 jsp_struts2_spring_service_dao_hibernate。

1. 添加 Spring 核心容器

步骤同 4.2.1 节第 1 步，不再赘述。

2. 添加 Hibernate 并持久化 user 表

步骤同 4.2.1 节第 2～3 步。

3. 添加 Struts 2 框架

步骤同 3.1.2 节第 1～2 步（数据库驱动不用重复添加）。

4. Struts 2 与 Spring 集成

① 添加 Spring 支持包。

加载 struts2-spring-plugin-2.5.10.1.jar 包的方法同 4.3.2 节第 4 步。

② 配置 web.xml 文件。

打开 web.xml 文件，增加 Spring 的配置，代码如下：

```
<?xml version="1.0" encoding="UTF-8"?>
<web-app xmlns:xsi="http://www.w3.org/2001/XMLSchema-instance" xmlns="http://java.sun.com/xml/ns/j2ee" xmlns:web="http://xmlns.jcp.org/xml/ns/javaee" xsi:schemaLocation="http://java.sun.com/xml/ns/j2ee http://java.sun.com/xml/ns/j2ee/web-app_2_4.xsd" id="WebApp_9" version="2.4">
    <filter>
        <filter-name>struts-prepare</filter-name>
        <filter-class>org.apache.struts2.dispatcher.filter.StrutsPrepareFilter</filter-class>
    </filter>
    <filter>
        <filter-name>struts-execute</filter-name>
        <filter-class>org.apache.struts2.dispatcher.filter.StrutsExecuteFilter</filter-class>
    </filter>
    <filter-mapping>
        <filter-name>struts-prepare</filter-name>
        <url-pattern>/*</url-pattern>
    </filter-mapping>
    <filter-mapping>
        <filter-name>struts-execute</filter-name>
        <url-pattern>/*</url-pattern>
    </filter-mapping>
    <welcome-file-list>
        <welcome-file>login.jsp</welcome-file>
```

```
    </welcome-file-list>
    <listener>
        <listener-class>org.springframework.web.context.ContextLoaderListener
</listener-class>
    </listener>
    <context-param>
        <param-name>contextConfigLocation</param-name>
        <param-value>classpath:applicationContext.xml</param-value>
    </context-param>
</web-app>
```

③ 创建 struts.properties。

在 src 目录下创建 struts.properties 文件，把 Struts 2 的类的生成交给 Spring 完成：

```
struts.objectFactory=spring;
```

5. 开发 DAO 层

在 src 目录下建立包 org.easybooks.bookstore.dao，包下放置的是基类 BaseDAO 和接口 IUserDAO。

BaseDAO 代码如下：

```
package org.easybooks.bookstore.dao;
import org.hibernate.SessionFactory;
import org.hibernate.Session;
public class BaseDAO{
        private SessionFactory sessionFactory;
        public SessionFactory getSessionFactory(){
                return sessionFactory;
        }
        public void setSessionFactory(SessionFactory sessionFactory){
                this.sessionFactory=sessionFactory;
        }
        public Session getSession(){
                Session session=sessionFactory.openSession();
                return session;
        }
}
```

基类代码与“入门实践八”的完全相同。

IUserDAO 接口代码如下：

```
package org.easybooks.bookstore.dao;
import org.easybooks.bookstore.vo.User;
public interface IUserDAO{
        public User validateUser(String username,String password);
        public void saveUser(User user);
}
```

注意，在这个接口中加入了 saveUser()方法，是用于向数据库写入新注册用户信息的。

在 src 下再建立 org.easybooks.bookstore.dao.impl 包，用于放置该接口的实现类 UserDAO。

UserDAO 类代码如下：

```
package org.easybooks.bookstore.dao.impl;
import java.util.List;
import org.easybooks.bookstore.dao.*;
import org.easybooks.bookstore.vo.User;
```

```
import org.hibernate.*;
public class UserDAO extends BaseDAO implements IUserDAO{
    public User validateUser(String username,String password){
        String sql="from User u where u.username=? and u.password=?";
        Session session=getSession();
        Query query=session.createQuery(sql);
        query.setParameter(0,username);
        query.setParameter(1,password);
        List users=query.list();
        if(users.size()!=0)
        {
            User user=(User)users.get(0);
            return user;
        }
        session.close();
        return null;
    }
    public void saveUser(User user){
        Session session=getSession();
        Transaction tx=session.beginTransaction();
        session.save(user);
        tx.commit();
        session.close();
    }
}
```

与“入门实践八”相比，UserDAO 类不仅要实现 validateUser()方法，还要实现 saveUser()方法。

6. 开发业务层

在 src 目录下建立包 org.easybooks.bookstore.service，包中安置一个 IUserService 接口。

IUserService 接口代码如下：

```
package org.easybooks.bookstore.service;
import org.easybooks.bookstore.vo.User;
public interface IUserService{
    public User validateUser(String username,String password);
    public User registerUser(User user);                //实现（注册+登录）的 Service
}
```

接口里放置 validateUser()（仅登录验证）和 registerUser()（包含注册+验证）两个服务，而服务的具体实现（在 UserService 类中）还要借助 DAO 层的功能。

在 src 下再建立 org.easybooks.bookstore.service.impl 包，用于放置该接口的实现类 UserService。

UserService 类代码如下：

```
package org.easybooks.bookstore.service.impl;
import org.easybooks.bookstore.dao.IUserDAO;
import org.easybooks.bookstore.service.IUserService;
import org.easybooks.bookstore.vo.User;
public class UserService implements IUserService{
    private IUserDAO userDAO;
    //实现直接（仅验证）的登录服务，适用于已有账号的用户
    public User validateUser(String username,String password){
        return userDAO.validateUser(username, password);
```

```
	}
	//实现（注册+验证）的登录服务，适用于初次注册的用户
	public User registerUser(User user){
		//由于这项业务要经过注册、验证两个阶段，先后使用 userDAO 接口的两个方法
		userDAO.saveUser(user);                    //把注册的账号信息写入数据库
		//随即开始验证
		return userDAO.validateUser(user.getUsername(), user.getPassword());
	}
	public IUserDAO getUserDAO(){
		return userDAO;
	}
	public void setUserDAO(IUserDAO userDAO){
		this.userDAO=userDAO;
	}
}
```

7．开发 Action 控制块

在 src 目录下建立包 org.easybooks.bookstore.action，用于存放 Action 控制模块的源代码。LoginAction.java 代码如下：

```
package org.easybooks.bookstore.action;
import java.sql.*;
import org.easybooks.bookstore.service.*;
import org.easybooks.bookstore.service.impl.*;
import org.easybooks.bookstore.vo.User;
import com.opensymphony.xwork2.ActionSupport;
import org.springframework.context.*;
import org.springframework.context.support.*;
public class LoginAction extends ActionSupport{
	private User user;
	protected IUserService userService;
	//用户注册，由 Service 层帮助完成
	public String register(){
		User u=new User(user.getUsername(),user.getPassword());
		if(userService.registerUser(u)!=null)
		{
			return SUCCESS;
		}
		return ERROR;
	}
	//处理用户请求的 execute 方法
	public String execute() throws Exception{
		boolean validated=false;               //验证成功标识
		User u=userService.validateUser(user.getUsername(), user.getPassword());
		if(u!=null)
		{
			validated=true;                    //标识为 true 表示验证成功通过
		}
		if(validated)
		{
			//验证成功返回字符串"success"
```

```
                return SUCCESS;
            }
            else
            {
                //验证失败返回字符串"error"
                return ERROR;
            }
        }
        public User getUser(){
            return user;
        }
        public void setUser(User user){
            this.user=user;
        }
        public IUserService getUserService(){
            return this.userService;
        }
        public void setUserService(IUserService userService){
            this.userService=userService;
        }
}
```

可以看到，上段代码直接使用服务接口（userService）公开的 registerUser()方法和 validateUser()方法，从中会惊奇地发现：代码中再也找不到使用 DAO 的痕迹了。这就是引入业务层的根本目的：隔离 Action 控制模块与 DAO 层组件。

完成之后还要创建 struts.xml 文件，在其中配置 Action。

struts.xml 文件内容如下：

```
<?xml version="1.0" encoding="UTF-8" ?>
<!DOCTYPE struts PUBLIC
    "-//Apache Software Foundation//DTD Struts Configuration 2.5//EN"
    "http://struts.apache.org/dtds/struts-2.5.dtd">
<!-- START SNIPPET: xworkSample -->
<struts>
    <package name="default" extends="struts-default">
        <action name="login" class="login">
            <result name="success">welcome.jsp</result>
            <result name="error">error.jsp</result>
        </action>
        <action name="register" class="login" method="register">
            <result name="success">welcome.jsp</result>
            <result name="error">error.jsp</result>
        </action>
    </package>
</struts>
<!-- END SNIPPET: xworkSample -->
```

8. 注册组件

在 applicationContext.xml 中注册各组件，包括前面刚刚编写完成的 DAO 组件、Service 组件和 Action 模块等。

applicationContext.xml 文件代码如下：

```
<?xml version="1.0" encoding="UTF-8"?>
<beans
    xmlns="http://www.springframework.org/schema/beans"
    xmlns:xsi="http://www.w3.org/2001/XMLSchema-instance"
    xmlns:p="http://www.springframework.org/schema/p"
    xsi:schemaLocation="http://www.springframework.org/schema/beans http://www.springframework.org/ sche
ma/beans/spring-beans-4.1.xsd http://www.springframework.org/schema/tx http://www.springframework.org/schema/ tx/
spring-tx.xsd" xmlns:tx="http://www.springframework.org/schema/tx">
    <bean id="dataSource"
        class="org.apache.commons.dbcp.BasicDataSource">
        <property name="driverClassName"
            value="com.mysql.jdbc.Driver">
        </property>
        <property name="url" value="jdbc:mysql://localhost:3306/test"></property>
        <property name="username" value="root"></property>
        <property name="password" value="njnu123456"></property>
    </bean>
    <bean id="sessionFactory"
        class="org.springframework.orm.hibernate4.LocalSessionFactoryBean">
        <property name="dataSource">
            <ref bean="dataSource"/>
        </property>
        <property name="hibernateProperties">
            <props>
                <prop key="hibernate.dialect">
                    org.hibernate.dialect.MySQLDialect
                </prop>
            </props>
        </property>
        <property name="mappingResources">
            <list>
                <value>org/easybooks/bookstore/vo/User.hbm.xml</value></list>
        </property></bean>
    <bean id="transactionManager"
        class="org.springframework.orm.hibernate4.HibernateTransactionManager">
        <property name="sessionFactory" ref="sessionFactory" />
    </bean>
    <bean id="baseDAO" class="org.easybooks.bookstore.dao.BaseDAO">
        <property name="sessionFactory" ref="sessionFactory"/>
    </bean>
    <bean id="userDAO" class="org.easybooks.bookstore.dao.impl.UserDAO" pare
nt= "baseDAO"/>
    <bean id="userService" class="org.easybooks.bookstore.service.impl.UserService">
        <property name="userDAO" ref="userDAO"/>
    </bean>
    <bean id="login" class="org.easybooks.bookstore.action.LoginAction">
        <property name="userService" ref="userService"/>
    </bean>
    <tx:annotation-driven transaction-manager="transactionManager" /></beans>
```

加黑语句为需要用户自己配置的组件信息。

9. 编写 JSP 文件

login.jsp 的代码如下：

```
<%@ page language="java" pageEncoding="utf-8"%>
<html>
	<head><title>登录页面</title></head>
	<body>
		<form action="login.action" method="post">
			用户登录<br>
			姓名:<input type="text" name="user.username"/><br>
			密码:<input type="password" name="user.password"/><br>
			<input type="submit" value="登录"/> <a href="register.jsp">注册</a>
		</form>
	</body>
</html>
```

register.jsp 的代码如下：

```
<%@ page language="java" pageEncoding="utf-8"%>
<html>
	<head><title>注册页面</title></head>
	<body>
		<form action="register.action" method="post">
			用户注册<br>
			用户名:<input type="text" name="user.username" size="20"/><br>
			密  码:<input type="text" name="user.password" size="20"/><br>
			<input type="submit" value="提交"/>
		</form>
	</body>
</html>
```

welcome.jsp 的代码如下：

```
<%@ page language="java" pageEncoding="gb2312"%>
<%@taglib prefix="s" uri="/struts-tags"%>
<html>
	<head><title>成功页面</title></head>
	<body>
		<s:property value="user.username"/>，您好！欢迎光临叮当书店。
	</body>
</html>
```

error.jsp 的代码如下：

```
<%@ page language="java" pageEncoding="gb2312"%>
<html>
	<head><title>失败页面</title></head>
	<body>
		登录失败！
	</body>
</html>
```

10. 部署运行

部署项目、启动 Tomcat 服务器。在浏览器中输入 http://localhost:8080/jsp_struts2_spring_service_dao_hibernate/并回车，出现如图 5.3 所示的登录首页，输入姓名、密码（必须是数据库 user 表中已有的）。

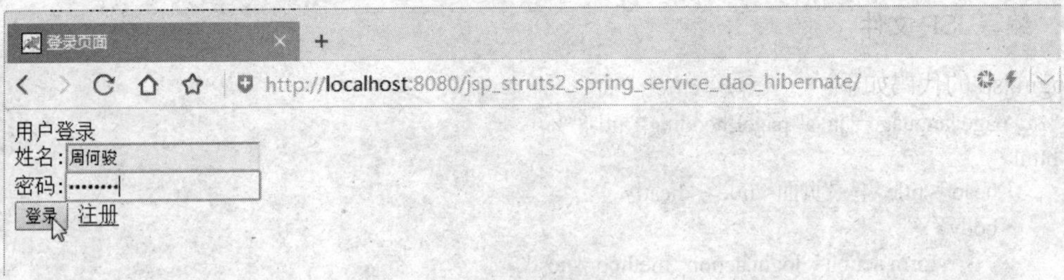

图 5.3　登录首页

单击【登录】按钮提交表单，跳转到如图 5.4 所示的成功页面。

图 5.4　成功页面

后退到登录首页，如图 5.5 所示，用鼠标单击页面上的“注册”链接，进入如图 5.6 所示的注册页面。

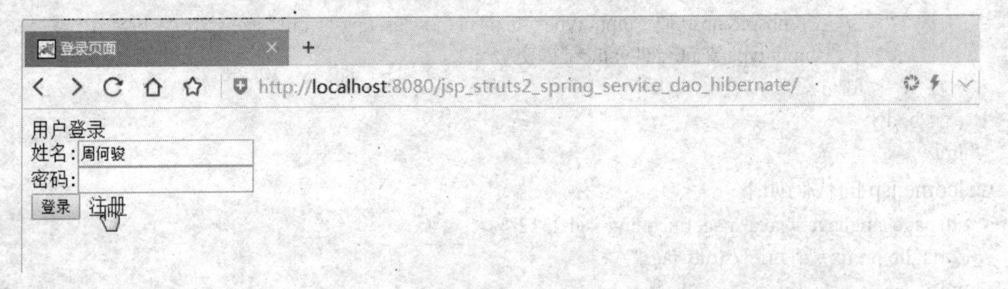

图 5.5　单击“注册”链接

在注册页面上输入新用户名和密码后提交。

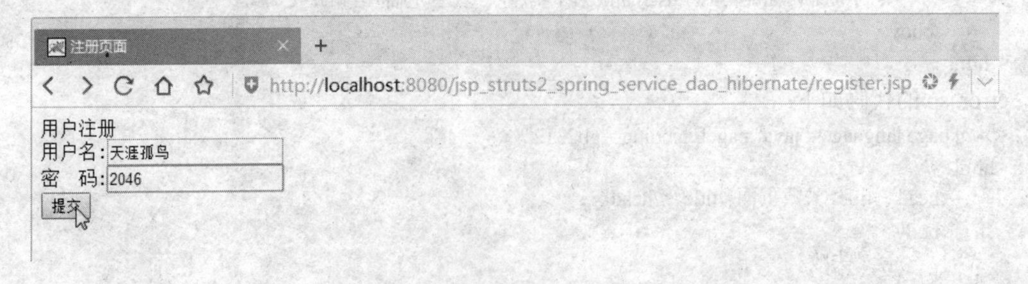

图 5.6　注册页面

此时，控制器会调用 IUserService 接口里的“注册＋登录”服务（registerUser()方法），该服务又先后调用 DAO 层的 saveUser()方法和 validateUser()方法，实现新用户注册后立即用新账号登录的功能，本例将跳转到如图 5.7 所示的页面。

图 5.7　注册后立即登录成功页

通过上面这个程序的实践，可以明白在 Java EE 应用系统的设计中构造一个业务层的必要性和重要性。所以，在稍后的开发中会看到，网上书店系统中也会设计这样一个业务层。

5.1.3　系统架构：原理与实施

1. 分层模型

总结前述的知识，轻量级的 Java EE 系统最适合采用分层的方式架构，下面给出其分层模型，如图 5.8 所示。

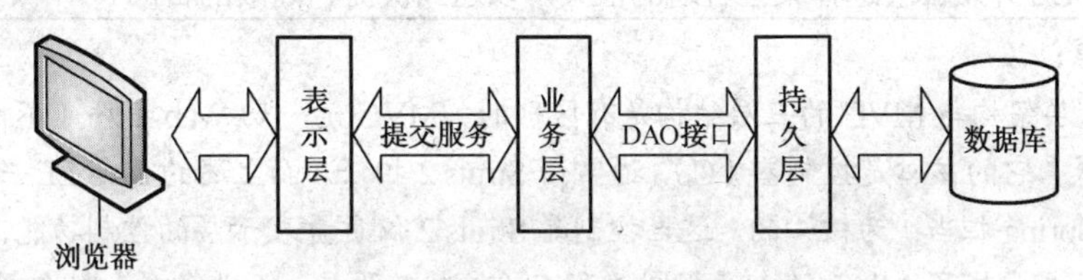

图 5.8　轻量级 Java EE 架构的分层模型

图 5.8 所示是一个通用的架构模型，由表示层、业务层和持久层组成。

- **表示层**：这是 Java EE 系统与用户直接交互的层面，它实现 Web 前端界面及控制页面间跳转，表示层使用业务层提供的现成服务来满足用户需求。
- **业务层**：也就是 5.1.2 节所引入的业务层，由一个个 Service 构成，每个 Service 作为一个程序模块完成一种特定的应用功能，Service 之间则相互独立。Service 调用 DAO 接口中的方法对后台数据库执行操作。
- **持久层**：由 DAO 组件构成，它屏蔽了底层 JDBC 连接和操作数据库的细节，为业务层 Service 提供了简洁、统一、面向对象的数据访问接口。

2. 实施方案

如何建立自己的架构，并且让各层保持一致呢？如何整合框架，以便让每层以一种松散耦合的方式彼此作用而不用管底层的技术细节呢？这里将讨论一个使用 3 种开源框架的解决方案，如图 5.9 所示。

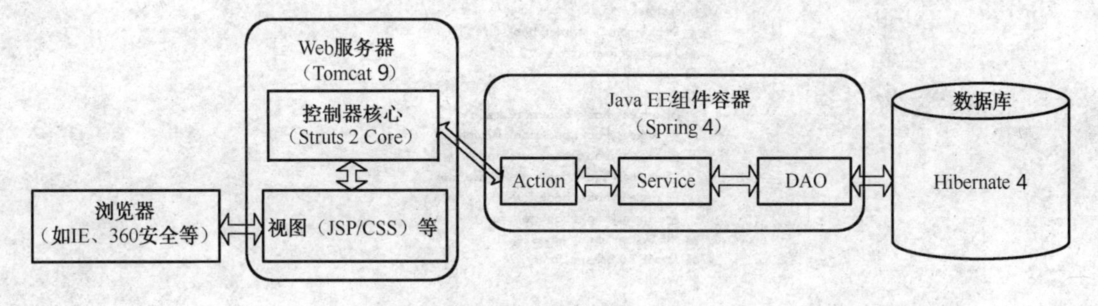

图 5.9　轻量级 Java EE 架构的实施方案

在此方案中，表示层包括 Web 服务器上的视图、控制器核心以及位于 Spring 容器中的 Action 模块；业务层是 Service 组件的集合，这些组件也都运行在 Spring 容器中；持久层以 DAO 为接口，包括数据库及 Hibernate 生成的 POJO 类。

在表示层中，只需编写 JSP 和开发 Action 的代码即可，表示层逻辑的控制则由 Struts 2 自动承担。

持久化对象的生成依靠 Hibernate 的“反向工程”能力，程序员只要编写 DAO 接口及其实现类即可。

整个系统的所有组件（Action、Service 和 DAO 等）全部交付给 Spring 统一集成和管理。当用户要扩充系统功能时，只需将新功能做成组件“放入”Spring 容器，再适当修改前端 JSP 页面即可，丝毫不会影响到系统已有的结构和功能！

从上述实施方案可见，使用框架的最大好处不仅在于减少重复编程的工作量，缩短开发周期和降低成本，同时，还使系统架构更加明晰、合理，程序运行更加稳定、可靠。出于这些原因，基本上现在的企业级 Java EE 开发都会选择某些合适的框架，以达到快捷、高效的目的。

> **注意：**
>
> Java EE 三层架构与 MVC 的三层结构是有区别的。MVC 是一切 Web 程序（不仅是 Java EE）的通用开发模式，它的核心是控制器（C），通常由 Struts 2 担任。而上述的 Java EE 三层架构则是以组件容器（由 Spring 担当）为核心的，这里控制器 Struts 2 仅负责表示层的控制功能。在 Java EE 三层架构中，表示层囊括了 MVC 的 V（视图）和 C（控制）两层，而业务层和持久层的各组件对象实际上都是 MVC 广义上的 M（模型），只不过在 Java EE 这类更高级的软件系统中，将 MVC 的模型又按不同用途加以细分了。

5.2 搭建项目框架

下面按照上面的设计方案，来搭建网上书店系统的整体项目框架。

1. 创建 Web 项目

在 MyEclipse 中创建一个新的 Java EE 项目，命名为 bookstore。

2. 创建源代码包

在项目 src 目录下创建如图 5.10 所示的项目包。

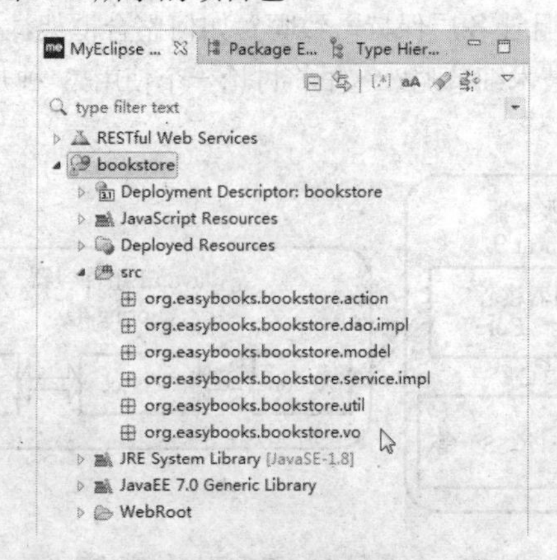

图 5.10 创建项目包

其中，org.easybooks.bookstore 下各子包放置的代码用途分别如下。

action：Struts 2 的 Action 控制模块。

dao.impl：DAO 接口定义及实现类。

model：模型包。

service.impl：业务层服务接口定义及业务逻辑实现类。

util：通用工具包。

vo：反向工程生成的值对象及其映射文件。

3. 创建数据库

网上书店有以下 5 个实体：用户、图书分类、图书、订单、订单项。因此，本系统的数据库设计如图 5.11 所示。

（1）用户：代表一个用户实体，主要包括用户信息，分类名称如用户名、密码、性别、年龄等。

（2）图书分类：代表网上书店中已有的图书种类，如 Web 开发、数据库应用等。

（3）图书：代表具体图书的具体信息，如图书名称、价格和封面图片等。

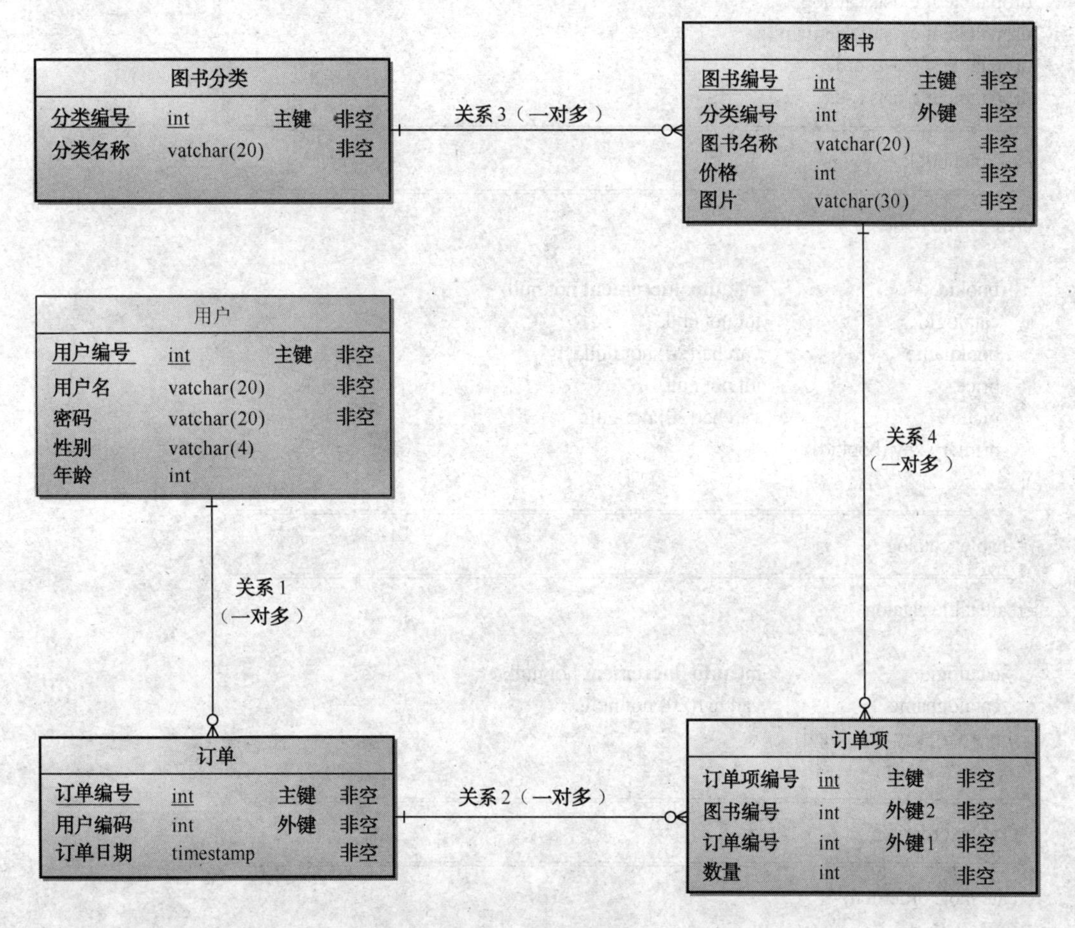

图 5.11 数据库设计

（4）订单：代表用户的订单、购买信息。

（5）订单项：代表订单中具体项，每个订单的具体订单信息。

各实体之间还存在如下对应关系。

（1）关系 1：用户和订单。一个用户可以拥有多个订单，一个订单只能属于一个用户，它们之间是一对多的关系，在数据库中表现为订单表中有一个用户表的外键。

（2）关系 2：订单和订单项。一个订单中包含多个订单项，一个订单项只能属于一个订单，是一对多的关系。

（3）关系 3：图书分类和图书。一个图书分类中有多种图书，一种图书属于一个图书分类，是一对多的关系。

（4）关系 4：图书和订单项。一本图书可出现在多个订单项中，而一个订单项只能是对某一本图书的订购信息，是一对多关系。订单项中除了有这本书的基本信息外，还有它的购买数量等。

根据如图 5.11 所示的设计模型，用 CASE 工具生成 SQL 语句，代码如下：

```
/*==============================================================*/
/* DBMS name:      MySQL 5.7                                    */
/* Created on:     2017-7-4 上午 10:38:13                        */
/*==============================================================*/
drop table if exists book;
drop table if exists catalog;
drop table if exists orderitem;
drop table if exists orders;
drop table if exists user;
/*==============================================================*/
/* Table: book                                                  */
/*==============================================================*/
create table book
(
   bookid               int auto_increment not null,
   catalogid            int not null,
   bookname             varchar(20) not null,
   price                int not null,
   picture              varchar(30) not null,
   primary key (bookid)
);
/*==============================================================*/
/* Table: catalog                                               */
/*==============================================================*/
create table catalog
(
   catalogid            int auto_increment not null,
   catalogname          varchar(20) not null,
   primary key (catalogid)
);
/*==============================================================*/
/* Table: orderitem                                             */
/*==============================================================*/
create table orderitem
(
   orderitemid          int auto_increment not null,
   bookid               int not null,
   orderid              int not null,
   quantity             int not null,
   primary key (orderitemid)
```

```
);
/*==============================================================*/
/* Table: orders                                                */
/*==============================================================*/
create table orders
(
    orderid                int auto_increment not null,
    userid                 int not null,
    orderdate              timestamp not null,
    primary key (orderid)
);
/*==============================================================*/
/* Table: user                                                  */
/*==============================================================*/
create table user
(
    userid                 int auto_increment not null,
    username               varchar(20) not null,
    password               varchar(20) not null,
    sex                    varchar(4),
    age                    int,
    primary key (userid)
);
alter table book add constraint FK_Relationship_3 foreign key (catalogid)
        references catalog (catalogid) on delete restrict on update restrict;
alter table orderitem add constraint FK_Relationship_2 foreign key (orderid)
        references orders (orderid) on delete restrict on update restrict;
alter table orderitem add constraint FK_Relationship_4 foreign key (bookid)
        references book (bookid) on delete restrict on update restrict;
alter table orders add constraint FK_Relationship_1 foreign key (userid)
        references user (userid) on delete restrict on update restrict;
```

打开 MySQL 5.7，输入密码，切换到 bookstore 数据库，然后执行以上 SQL 语句，生成数据库表。最终生成的表如图 5.12 所示，每个实体对应一个表，总共 5 个表。

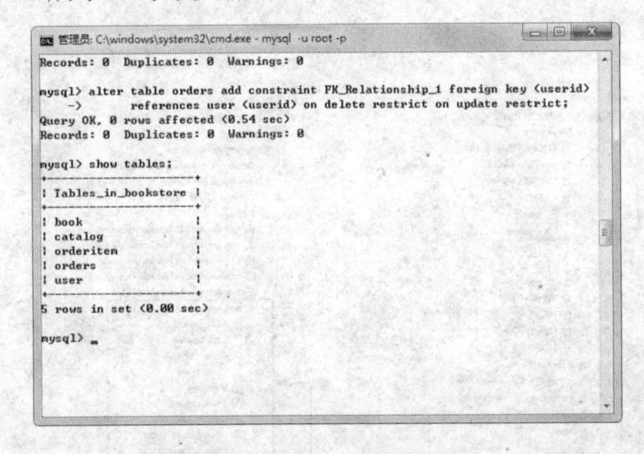

图 5.12　创建好的数据库表

建好表后，向 book 表和 catalog 表中录入一些数据，供后面运行程序之用。

向 catalog 表输入记录的 SQL 语句：

```
INSERT INTO catalog VALUES(1, '新书推荐');
INSERT INTO catalog VALUES(2, 'Web 开发');
```

```
INSERT INTO catalog VALUES(3, '数据库应用');
```

向 book 表输入记录：

```
INSERT INTO book VALUES(1, 1, 'Android 实用教程', 45, 'Android.jpg');
INSERT INTO book VALUES(2, 2, 'ASP.NET 项目开发教程', 45, 'ASP.NET.jpg');
INSERT INTO book VALUES(3, 2, 'Java EE 基础实用教程（第 2 版）', 49, 'JavaEE.jpg');
INSERT INTO book VALUES(4, 2, 'Java EE 实用教程（第 2 版）', 53, 'JavaEE2.jpg');
INSERT INTO book VALUES(5, 3, 'MySQL 教程', 44, 'MySQL.jpg');
INSERT INTO book VALUES(6, 3, 'MySQL 实用教程（第 2 版）', 59, 'MySQL2.jpg');
INSERT INTO book VALUES(7, 3, 'Oracle 实用教程（11g 版）', 49, 'Oracle11g.jpg');
INSERT INTO book VALUES(8, 3, 'Oracle 实用教程（12c 版）', 49, 'Oracle12c.jpg');
INSERT INTO book VALUES(9, 1, 'Qt 5 开发及实例（第 3 版）', 99, 'Qt.jpg');
INSERT INTO book VALUES(10, 3, 'SQL Server 实用教程（第 4 版）', 49, 'SQL Server.jpg');
INSERT INTO book VALUES(11, 1, 'Visual C++实用教程（第 5 版）', 59, 'VC++.jpg');
```

以上所录入图书的封面图片都集中存放在 picture 文件夹下，稍后会将它添加到项目工程中。

> **注意：**
>
> 在大型 Java EE 项目的开发中，数据库建模一般是使用 CASE 工具（如 Rational Rose、Sybase PowerDesigner 等）来完成的，这些软件能够自动实现从数据库设计模型到 SQL 语句的转换。但本书重点并不在数据库建模上，故而略去有关 CASE 工具如何操作使用的介绍，直接给出创建网上书店所用数据库的 SQL 语句，读者可直接运行以上 SQL 语句建立本项目的后台数据库。若对数据库本身的设计感兴趣，请另行阅读相关专业的书籍。

4. 添加 SSH2 多框架

要注意添加的次序：

（1）添加 Spring 核心容器。

（2）添加 Hibernate 框架。

（3）添加 Struts 2 框架。

（4）Struts 2 与 Spring 集成。

具体操作同 5.1.2 节，在第（2）步添加了 Hibernate 后，要一并将 bookstore 中的 5 个表全都用“反向工程”法生成持久化对象及映射文件，生成项全部置于先前创建的 org.easybooks.bookstore.vo 包中，如图 5.13 所示。

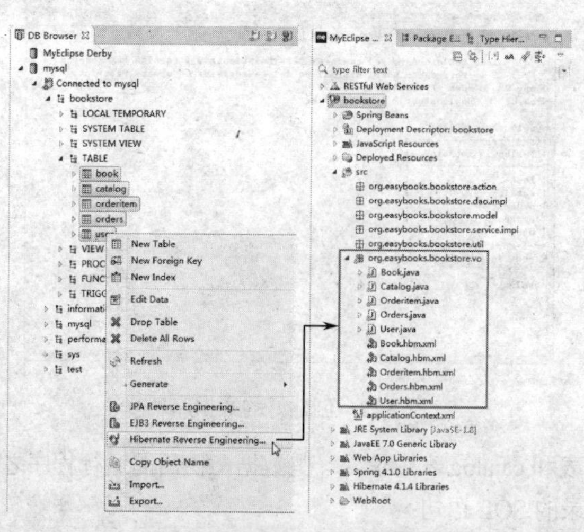

图 5.13 bookstore 中 5 个表的持久化

至此，这个网上书店项目的框架就搭建完成了！

5.3　注册、登录和注销功能开发

在搭建完系统框架后，本节先在此基础上开发注册、登录和注销功能。读者也可借此实践，初步体验真实的 Java EE 应用的开发过程。

5.3.1　表示层页面设计

1. 页面布局

在大型网站的前端界面设计中，为了取得页面显示效果的一致性，一般都会定义 CSS 样式表来布局网页。读者可以根据个人喜好，布局项目的页面，或用本书现成的 CSS 代码，这里列举本例中用到的 CSS 代码。

在 WebRoot 下建立文件夹 css，在其中创建 bookstore.css 文件。

编写 CSS 代码如下：

```
body {
	font-size: 12px; background: #999999; margin: 0px color:#000000
}
 IMG {
	border-top-width: 0px; border-left-width: 0px; border-bottom-width: 0px; border-right-width: 0px
}
a {
	font-family: "宋体";
	color: #000000;
}
.content {
	background: #fff; margin: 0px auto; width: 972px; font-family: arial, "宋体"
}
.left {
	padding-left: 6px; float: left; width: 157px
}
.right {
	margin-left: 179px
}
.list_box {
	padding-right: 1px; padding-left: 1px; margin-bottom: 1px; padding-bottom: 1px; width: 155px;
padding-top: 1px;
}
.list_bk {
	border-right: #9ca5cc 1px solid; padding-right: 1px; border-top: #9ca5cc 1px solid; padding-left: 1px;
padding-bottom: 1px; border-left: #9ca5cc 1px solid; padding-top: 1px; border-bottom: #9ca5cc 1px solid
}
.right_box {
	float: left
}
.foot {
	background: #fff; margin: 0px auto; width: 972px; font-family: arial, "宋体"
}
```

```
.foot_box {
    clear: both; border-right: #dfe0e8 3px solid; padding-right: 10px; border-top: #dfe0e8 3px solid;
padding-left: 10px; background: #f0f0f0; padding-bottom: 7px; margin: 0px auto 5px; border-left:
#dfe0e8 3px solid; width: 920px; color: #3d3d3c; padding-top: 7px; border-bottom: #dfe0e8 3px solid
}
.head {
    background: #fff; margin: 0px auto; width: 972px; font-family: arial, "宋体"
}
.head_left {
    float: left; width: 290px
}
.head_right {
    margin-left: 293px
}
.head_right_nei {
    float: left; width: 668px
}
.head_top {
    margin: 3px 0px 0px; color: #576976; line-height: 33px; height: 33px
}
.head_buy {
    float: right; width: 240px; color: #628fb6; margin-right: 5px
}
.head_middle {
    margin: 6px 0px; line-height: 23px; height: 23px
}
.head_bottom {
    margin: 16px 0px 0px; color: #0569ae; height: 22px
}
.title01:link {
    display: block; font-weight: bold; font-size: 13px;    float: left; color: #e6f4ff; text-decoration: none
}
.title01:visited {
    display: block; font-weight: bold; font-size: 13px;    float: left; color: #111111; text-decoration: none
}.
.title01:hover {
    text-decoration: none
}
.title01 span {
    padding-right: 7px; padding-left: 7px; padding-bottom: 0px; padding-top: 0px; letter-spacing: -1px
}
.list_title {
    padding-right: 7px; padding-left: 7px; font-weight: bold; font-size: 12px; margin-bottom: 13px;
padding-bottom: 0px; color: #fff; line-height: 23px; padding-top: 0px; height: 23px
}
.list_bk ul {
    padding-right: 7px; padding-left: 7px; padding-bottom: 0px; width: 135px; padding-top: 0px
}
.point02 li {
    padding-left: 10px; margin-bottom: 6px
}
```

```
.green14b {
	font-weight: bold; font-size: 14px; color: #5b6f1b
}
.xh5 {
	padding-right: 11px; padding-left: 11px; float: left; padding-bottom: 0px; width: 130px; padding-top: 0px;
text-align: center
}
.info_bk1 {
	border-right: #dfe0e8 1px solid; padding-right: 0px; border-top: #dfe0e8 1px solid; padding-left: 0px;
background: #fafcfe; padding-bottom: 13px; margin: 0px 0px 20px 7px; border-left: #dfe0e8 1px solid;
width: 761px; padding-top: 13px; border-bottom: #dfe0e8 1px solid
}
```

2. 知识点：CSS 样式表

CSS 是 Cascading Style Sheet 的缩写，译为“层叠样式表”。它是用于（增强）控制网页样式并允许将样式信息与网页内容分离的一种标记性语言，决定浏览器将如何描述 html 元素的表现形式。

CSS 样式应用非常简单，常用的有两种：一种是定义标签样式；另一种是定义类样式。标签样式如 body、img、a 等是页面中常用到的标签，在文件中定义 CSS 样式后，在页面中，该标签就使用对应的样式。

例如，在 CSS 中定义了 a 标签的样式如下：

```
a {
	font-family: "宋体";
	color: #000000;
}
```

在页面中若出现：

```
<a href="a.jsp">链接</a>
```

就根据 a 标签定义的样式来显示“链接”两个字，字体为宋体、颜色为#000000。

而类样式则不同，定义一个样式的类格式如下：

```
.name{
	…该类样式的属性
}
```

在页面标签中加入“class="name"”属性，该标签就可以使用 CSS 中.name 定义的样式。例如：

```
<div class="name">
	…
</div>
```

表示在这个 div 块中的内容都遵循 name 样式。在定义类样式时，名称前面有“.”，而调用时则不必加。

样式表有很多属性，读者可以查阅更详细的资料和阅读 CSS 相关的技术书籍。

3. 设计主界面

使用系统时，用户首先看到的是网上书店的主界面，在上面可查阅最新的图书信息。如图 5.1 所示，为了方便用户可视化浏览，主界面上设计了很多图片元素，读者可以自己设计，制作这些图片或上网搜集，将它们保存在项目目录下一个文件夹中。

为方便读者试做，本书提供了现成的图片集（可以到华信教育资源网 www.hxedu.com.cn 下载本项目源代码并获得项目用图片集），保存在 picture 目录中，读者只需将该文件夹复制到项目目录\WebRoot 下，然后右击项目名，从弹出菜单中选择【Refresh】刷新即可。

主页面的框架由 index.jsp 实现，代码如下：

```
<%@ page contentType="text/html;charset=gb2312"%>
<%@ taglib prefix="s" uri="/struts-tags"%>
<!DOCTYPE HTML PUBLIC "-//W3C//DTD HTML 4.01 Transitional//EN"
"http://www.w3c.org/TR/1999/REC-html401-19991224/loose.dtd">
<html>
<head>
    <title>网上书店</title>
    <link href="css/bookstore.css" rel="stylesheet" type="text/css"/>
</head>
<body>
    <jsp:include page="head.jsp"/>
    <div class="content">
        <div class="left">
            <div class="list_box">
                <div class="list_bk">
                    <s:action name="browseCatalog" executeResult="true"/>
                </div>
            </div>
        </div>
        <div class="right">
            <div class="right_box">
                <font face="宋体"></font><font face="宋体"></font><font face="宋体"></font><font
face="宋体"></font>
                <div class="banner"></div>
                <div align="center">
                    <s:action name="newBook" executeResult="true"/>
                </div>
            </div>
        </div>
    </div>
    <jsp:include page="foot.jsp"/>
</body>
</html>
```

4. 分块子页面设计

（1）网页头设计。

首先在主界面的上方是网页头（对应 head.jsp），代码如下：

```
<%@ page contentType="text/html;charset=gb2312"%>
<%@ taglib prefix="s" uri="/struts-tags"%>
<!DOCTYPE HTML PUBLIC "-//W3C//DTD HTML 4.01 Transitional//EN"
"http://www.w3c.org/TR/1999/REC-html401-19991224/loose.dtd">
<html>
<head>
    <title>网上书店</title>
    <link href="css/bookstore.css" rel="stylesheet" type="text/css"/>
</head>
<body>
    <div class="head">
        <div class="head_left">
```

```
            <a href="#">
                <img hspace="11" src="picture/logo_dear.gif" vspace="5">
            </a>
            <br>      书店提供专业服务
        </div>
        <div class="head_right">
            <div class="head_right_nei">
                <div class="head_top">
                    <div class="head_buy">
                        <strong>
                            <a href="/bookstore/showCart.jsp">
                                <img height="15" src="picture/buy01.jpg" width= "16">  购
物车
                            </a>
                        </strong> |
                        <a href="#">用户 FAQ</a>
                    </div>
                </div>
                <div class="head_middle">
                    <a class="title01" href="index.jsp">
                        <span>  首页  </span>
                    </a>
                    <s:if test="#session.user==null">
                        <a class="title01" href="login.jsp">
                            <span>  登录  </span>
                        </a>
                    </s:if>
                    <s:else>
                        <a class="title01" href="logout.action">
                            <span>  注销  </span>
                        </a>
                    </s:else>
                    <a class="title01" href="register.jsp">
                        <span>  注册  </span>
                    </a>
                    <a class="title01" href="#">
                        <span> 联系我们   </span>
                    </a>
                    <a class="title01" href="#">
                        <span> 网站地图   </span>
                    </a>
                </div>
                <div class="head_bottom">
                    <form action="searchBook.action" method="post">
                        <input type="text" name="bookname" size="50" align="middle"/>
                        <input type="image" name="submit" src="picture/search02.jpg" align= "top"
style="width: 48px; height: 22px"/>
                    </form>
                </div>
            </div>
        </div>
```

```
        </div>
    </body>
    </html>
```

从上段代码中注意到，该 JSP 页面上有一些超链接（登录、注册、联系我们和网站地图）。本例只实现其中的“登录”和“注册”两个链接页，下面分别设计它们。

（2）登录页设计。

登录页对应 login.jsp，代码如下：

```
<%@ page language="java" pageEncoding="utf-8"%>
<%@ taglib prefix="s" uri="/struts-tags"%>
<!DOCTYPE HTML PUBLIC "-//W3C//DTD HTML 4.01 Transitional//EN"
"http://www.w3c.org/TR/1999/REC-html401-19991224/loose.dtd">
<html>
<head>
    <title>网上书店</title>
</head>
<body>
    <jsp:include page="head.jsp"></jsp:include>
    <div class="content">
        <div class="left">
            <div class="list_box">
                <div class="list_bk">
                    <s:action name="browseCatalog" executeResult="true"/>
                </div>
            </div>
        </div>
        <div class="right">
            <div class="right_box">
                <font face="宋体"></font><font face="宋体"></font><font face="宋体"></font><font
face="宋体"></font>
                <div class="banner"></div>
                <div class="info_bk1">
                    <div align="center">
                        <form action="login.action" method="post" name="login">
                            用户登录<br>
                            用户名:<input type="text" name="user.username" size= "20" id=
"username"/><br>
                            密      码 :<input type="password" name=
"user.password" size="21" id="username"/><br>
                            <input type="submit" value="登录"/>
                        </form>
                    </div>
                </div>
            </div>
        </div>
    </div>
    <jsp:include page="foot.jsp"></jsp:include>
</body>
</html>
```

（3）注册页设计。

注册页对应 register.jsp，代码如下：

```
<%@ page language="java" pageEncoding="utf-8"%>
<%@ taglib prefix="s" uri="/struts-tags"%>
<!DOCTYPE HTML PUBLIC "-//W3C//DTD HTML 4.01 Transitional//EN"
"http://www.w3c.org/TR/1999/REC-html401-19991224/loose.dtd">
<html>
<head>
	<title>网上书店</title>
</head>
<body>
	<jsp:include page="head.jsp"></jsp:include>
	<div class="content">
		<div class="left">
			<div class="list_box">
				<div class="list_bk">
					<s:action name="browseCatalog" executeResult="true"/>
				</div>
			</div>
		</div>
		<div class="right">
			<div class="right_box">
				<div class="info_bk1">
					<div align="center">
						<form action="register.action" method="post" name="form1">
							用户注册<br>
							用 户 名 :<input type="text" id="name" name= "user.username" size=
"20"/><br>
							密      码 :<input type="password" name=
"user.password" size="21"/><br>
							性      别 :<input type="text" name= "user.sex"
size="20"/><br>
							年      龄 :<input type="text" name= "user.age"
size="20"/><br>
							<input type="submit" value="注册"/>
						</form>
					</div>
				</div>
			</div>
		</div>
	</div>
	<jsp:include page="foot.jsp"></jsp:include>
</body>
</html>
```

（4）网页尾设计。

foot.jsp 为整个页面的尾部，其代码非常简单，一般是版权说明等内容，代码如下：

```
<%@ page contentType="text/html;charset=gb2312"%>
<!DOCTYPE HTML PUBLIC "-//W3C//DTD HTML 4.01 Transitional//EN"
"http://www.w3c.org/TR/1999/REC-html401-19991224/loose.dtd">
<html>
<head>
```

```
        <title>网上书店</title>
        <link href="css/bookstore.css" rel="stylesheet" type="text/css"/>
</head>
<body>
        <div class="foot">
                <div class="foot_box">
                        <div align="right">
                                <div align="center">
                                        电子工业出版社  南京研发中心版权所有
                                </div>
                                <div align="center"></div>
                                <div align="center">
                                        Copyright &copy; 2002-2017, All Rights Reserved .
                                </div>
                        </div>
                </div>
        </div>
</body>
</html>
```

5. 效果展示

现在，网上书店的前端界面已经设计出来，读者可先运行程序看一下效果。部署项目、启动 Tomcat 服务器。

（1）主界面。

在浏览器地址栏中输入 http://localhost:8080/bookstore/index.jsp 并回车，主界面效果如图 5.14 所示。

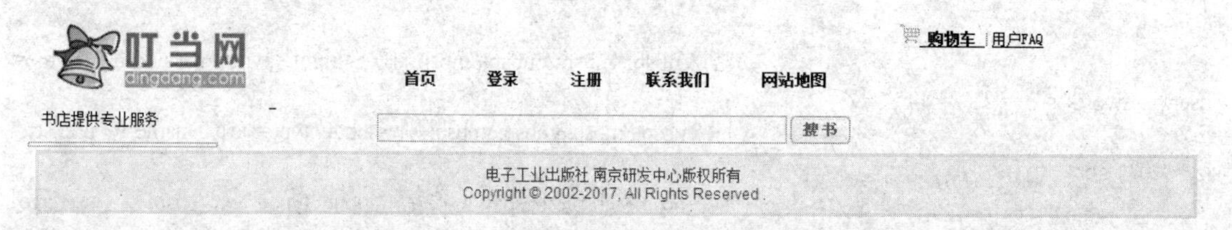

图 5.14　主界面效果

由于此时尚未开发图书类别及展示模块，故还不能显出如图 5.1 所示那样的完整界面。

（2）登录页。

单击“登录”链接，如图 5.15 所示，进入登录页。

图 5.15　登录页效果

若读者已经注册了用户名和密码，就可以登录系统，不过现在登录功能尚未开发，只能显示前端效果，还无法真正进入系统。

（3）注册页。

单击“注册”链接，进入注册页，页面上出现如图 5.16 所示的供用户填写个人信息的表单。

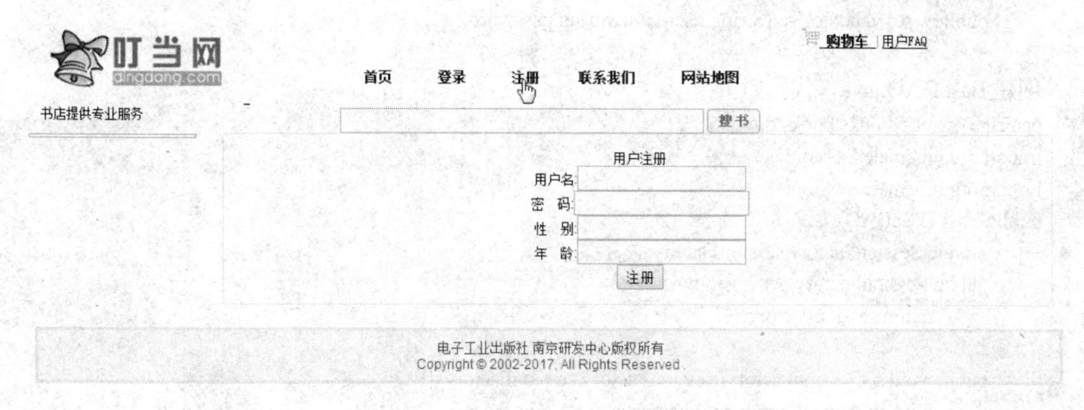

图 5.16　注册页效果

目前，系统还不能对外提供注册服务。

以上测试了刚刚开发出的前端用户界面，从展示的效果来看，界面设计友好、交互性强。接下来，将开发书店系统的登录注册功能，使得注册用户能够真正进入购书系统。

5.3.2　持久层接口设计

之前搭建项目框架时已经用 Hibernate“反向工程”生成了 5 个数据库表的持久化 POJO 类，下面构造持久层对外部的接口——DAO 层。

DAO 层所涉及的类、接口如图 5.17 所示。

其中，IUserDAO 接口中的 saveUser()将一个 User 对象保存到数据库中。UserDAO 类中的 saveUser()则具体实现了这个方法。BaseDAO 是将与数据库进行的会话操作封装，这样在 UserDAO 中就可以直接使用 Session 对象。

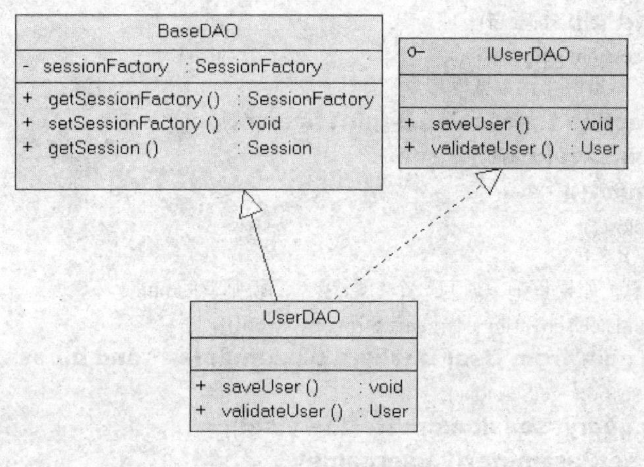

图 5.17　DAO 层类图

在 org.easybooks.bookstore.dao 包中创建 IUserDAO.java，代码如下：

```
package org.easybooks.bookstore.dao;
```

```
import org.easybooks.bookstore.vo.User;
public interface IUserDAO{
	//用户注册时，保存注册信息
	public void saveUser(User user);
	//用户登录时，验证用户信息
	public User validateUser(String username,String password);
}
```

创建 BaseDAO.java，代码如下：

```
package org.easybooks.bookstore.dao;
import org.hibernate.SessionFactory;
import org.hibernate.Session;
public class BaseDAO{
	private SessionFactory sessionFactory;
	public SessionFactory getSessionFactory(){
		return sessionFactory;
	}
	public void setSessionFactory(SessionFactory sessionFactory){
		this.sessionFactory=sessionFactory;
	}
	public Session getSession(){
		Session session=sessionFactory.openSession();
		return session;
	}
}
```

在 org.easybooks.bookstore.dao.impl 包中创建 UserDAO.java，代码如下：

```
package org.easybooks.bookstore.dao.impl;
import java.sql.*;
import java.util.List;
import org.easybooks.bookstore.dao.*;
import org.easybooks.bookstore.vo.User;
import org.hibernate.*;
public class UserDAO extends BaseDAO implements IUserDAO{
	//保存用户的注册信息到数据库中
	public void saveUser(User user){
		Session session=getSession();
		//将 user 对象保存到数据库中
		Transaction tx=session.beginTransaction();
		session.save(user);
		tx.commit();
		session.close();
	}
	//验证用户信息，如果正确，返回一个 User 实例，否则返回 null
	public User validateUser(String username,String password){
		String sql="from User u where u.username=? and u.password=?";
		Session session=getSession();
		Query query=session.createQuery(sql);
		query.setParameter(0,username);
		query.setParameter(1,password);
		List users=query.list();
		if(users.size()!=0)
```

```
        {
            User user=(User)users.get(0);
            return user;
        }
        session.close();
        return null;
    }
}
```

5.3.3　业务及控制逻辑设计

1. 业务层开发

业务层（Service 层）用于处理各种业务逻辑，主要的类和接口是 IUserService、UserService，如图 5.18 所示。

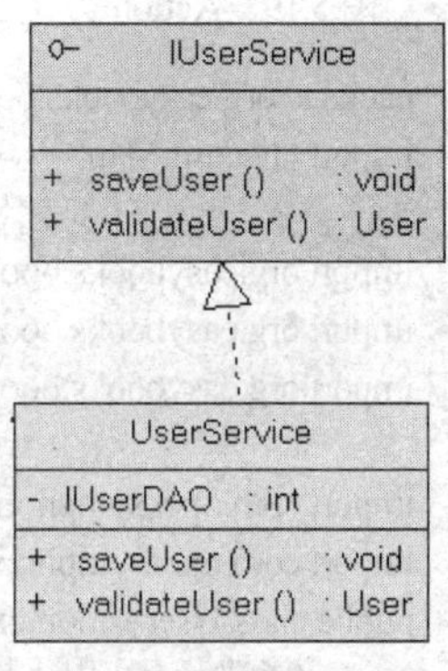

图 5.18　Service 层类图

其中，IUserService 是一个接口，定义了两个方法：saveUser()方法用于注册新用户时将账号信息写入数据库，validateUser()方法用于登录时验证用户输入的用户名和密码。UserService 类实现了 IUserService 接口。

这个接口中的方法与 IUserDAO 接口对应的方法名一模一样，这是由于本例功能较为简单，业务逻辑只需简单调用 DAO 接口的对应方法即可，但业务层的存在对于构建一个结构清晰、易于维护的 Java EE 系统来说还是完全必要的！

在 org.easybooks.bookstore.service 包中创建 IUserService. java，代码如下：

```
package org.easybooks.bookstore.service;
import org.easybooks.bookstore.vo.User;
public interface IUserService{
    //保存注册信息
    public void saveUser(User user);
    //验证用户信息
    public User validateUser(String username,String password);
}
```

在 org.easybooks.bookstore.service.impl 包中创建 UserService.java，代码如下：

```
package org.easybooks.bookstore.service.impl;
import org.easybooks.bookstore.dao.IUserDAO;
import org.easybooks.bookstore.service.IUserService;
import org.easybooks.bookstore.vo.User;
public class UserService implements IUserService{
    private IUserDAO userDAO;
    //保存注册信息
    public void saveUser(User user){
        this.userDAO.saveUser(user);
    }
    //验证用户信息
    public User validateUser(String username,String password){
        return userDAO.validateUser(username, password);
    }
    public IUserDAO getUserDAO(){
```

```
		return userDAO;
	}
	public void setUserDAO(IUserDAO userDAO){
		this.userDAO=userDAO;
	}
}
```

UserAction	
- user	: User
- userService	: IUserService
+ register ()	: java.lang.String
+ execute ()	: java.lang.String
+ logout ()	: java.lang.String

图 5.19 Action 类

2．控制模块开发

系统的注册、登录和注销功能的控制模块由 UserAction 类承担，该类含有 3 个方法，如图 5.19 所示。register()方法用于用户注册，execute()方法用于用户登录，logout()方法用于用户注销。这些方法的实现依赖于 Service 层，在属性中，有一个 userService 属性，它的类型是 IUserService。

UserAction 类位于 org.easybooks.bookstore.action 包中，代码如下：

```
package org.easybooks.bookstore.action;
import java.util.Map;

import org.easybooks.bookstore.service.IUserService;
import org.easybooks.bookstore.service.impl.UserService;
import org.easybooks.bookstore.vo.User;

import com.opensymphony.xwork2.ActionContext;
import com.opensymphony.xwork2.ActionSupport;
public class UserAction extends ActionSupport{
	//属性 user，用于接收从界面输入的用户信息
	private User user;
	//属性 userService，用于帮助 action 完成相关的操作
	protected IUserService userService;
	//用户注册，调用 Service 层的 saveUser()方法
	public String register() throws Exception{
		userService.saveUser(user);
		return SUCCESS;
	}
	//用户登录，调用 Service 层的 validateUser()方法
	public String execute() throws Exception{
		User u=userService.validateUser(user.getUsername(),user.getPassword());
		if(u!=null)
		{
			Map session=ActionContext.getContext().getSession();
			//保存此次会话的 u（用户账号）信息
			session.put("user", u);
			return SUCCESS;
		}
		return ERROR;
	}
	//用户注销，去除会话中的用户账号信息即可，无须调用 Service 层
	public String logout() throws Exception{
		Map session=ActionContext.getContext().getSession();
		session.remove("user");
		return SUCCESS;
	}
```

```
        //属性 user 的 getter/setter 方法
        public User getUser(){
            return this.user;
        }
        public void setUser(User user){
            this.user=user;
        }
        //属性 userService 的 getter/setter 方法
        public IUserService getUserService(){
            return this.userService;
        }
        public void setUserService(IUserService userService){
            this.userService=userService;
        }
}
```

在 struts.xml 文件中配置 UserAction，代码如下：

```
<?xml version="1.0" encoding="UTF-8" ?>
<!DOCTYPE struts PUBLIC
    "-//Apache Software Foundation//DTD Struts Configuration 2.5//EN"
    "http://struts.apache.org/dtds/struts-2.5.dtd">
<!-- START SNIPPET: xworkSample -->
<struts>
    <package name="default" extends="struts-default">
        <action name="register" class="userAction" method="register">
            <result name="success">register_success.jsp</result>
        </action>
        <action name="login" class="userAction">
            <result name="success">login_success.jsp</result>
            <result name="error">login.jsp</result>
        </action>
        <action name="logout" class="userAction" method="logout">
            <result name="success">index.jsp</result>
        </action>
    </package>
</struts>
<!-- END SNIPPET: xworkSample -->
```

注意，在上面的配置信息中，对于名为 register.action 的动作，对应的类为 userAction，方法为该类的 register()方法。但是，真正的类名是 org.easybooks.bookstore.action.UserAction，主要是因为在后面将使用 Spring IoC 功能集成这个 Action 组件，所以这里为它起了一个别名：userAction。

5.3.4　用 Spring 整合各组件

系统各种组件的生成和管理都是由 Spring 容器统一控制的。在 Spring 的配置文件 applicationContext.xml 中注册上面开发的各个程序模块组件。

applicationContext.xml 配置如下：

```
<?xml  version="1.0"  encoding="UTF-8"?>
<beans
    xmlns="http://www.springframework.org/schema/beans"
    xmlns:xsi="http://www.w3.org/2001/XMLSchema-instance"
```

```
        xmlns:p="http://www.springframework.org/schema/p"
        xsi:schemaLocation="http://www.springframework.org/schema/beans http://www.springframework.org/sche
ma/beans/spring-beans-4.1.xsd http://www.springframework.org/schema/tx http://www.springframework.org/schema/tx/s
pring-tx.xsd" xmlns:tx="http://www.springframework.org/schema/tx">
        <bean id="dataSource"
            class="org.apache.commons.dbcp.BasicDataSource">
            <property name="driverClassName"
                value="com.mysql.jdbc.Driver">
            </property>
            <property name="url" value="jdbc:mysql://localhost:3306/test"></property>
            <property name="username" value="root"></property>
            <property name="password" value="njnu123456"></property>
        </bean>
        <bean id="sessionFactory"
            class="org.springframework.orm.hibernate4.LocalSessionFactoryBean">
            <property name="dataSource">
                <ref bean="dataSource" />
            </property>
            <property name="hibernateProperties">
                <props>
                    <prop key="hibernate.dialect">
                        org.hibernate.dialect.MySQLDialect
                    </prop>
                </props>
            </property>
            <property name="mappingResources">
                <list>
                    <value>
                        org/easybooks/bookstore/vo/Catalog.hbm.xml
                    </value>
                    <value>org/easybooks/bookstore/vo/Orders.hbm.xml</value>
                    <value>org/easybooks/bookstore/vo/User.hbm.xml</value>
                    <value>
                        org/easybooks/bookstore/vo/Orderitem.hbm.xml
                    </value>
                    <value>org/easybooks/bookstore/vo/Book.hbm.xml</value></list>
            </property></bean>
        <bean id="transactionManager"
            class="org.springframework.orm.hibernate4.HibernateTransactionManager">
            <property name="sessionFactory" ref="sessionFactory" />
        </bean>
        <bean id="baseDAO" class="org.easybooks.bookstore.dao.BaseDAO">
            <property name="sessionFactory" ref="sessionFactory"/>
        </bean>
        <bean id="userDAO" class="org.easybooks.bookstore.dao.impl.UserDAO" parent
= "baseDAO"/>
        <bean id="userService" class="org.easybooks.bookstore.service.impl.UserService">
            <property name="userDAO" ref="userDAO"/>
        </bean>
        <bean id="userAction" class="org.easybooks.bookstore.action.UserAction">
```

```
            <property name="userService" ref="userService"/>
        </bean>
        <tx:annotation-driven transaction-manager="transactionManager" />
</beans>
```

5.3.5 辅助编码

功能开发完成之后，为了使系统能实际运行，还要做一些辅助编码和配置工作。

首先在项目 web.xml 中设置启动页面为 index.jsp（加黑处），代码如下：

```
<?xml version="1.0" encoding="UTF-8"?>
<web-app xmlns:xsi="http://www.w3.org/2001/XMLSchema-instance" xmlns="http://java.sun.com/xml/ns/j2ee"
xmlns:web="http://xmlns.jcp.org/xml/ns/javaee" xsi:schemaLocation="http://java.sun.com/xml/ns/j2ee http://java.sun.com/
xml/ns/j2ee/web-app_2_4.xsd" id="WebApp_9" version="2.4">
    <filter>
        <filter-name>struts-prepare</filter-name>
        <filter-class>org.apache.struts2.dispatcher.filter.StrutsPrepareFilter</filter-class>
    </filter>
    <filter>
        <filter-name>struts-execute</filter-name>
        <filter-class>org.apache.struts2.dispatcher.filter.StrutsExecuteFilter</filter-class>
    </filter>
    <filter-mapping>
        <filter-name>struts-prepare</filter-name>
        <url-pattern>/*</url-pattern>
    </filter-mapping>
    <filter-mapping>
        <filter-name>struts-execute</filter-name>
        <url-pattern>/*</url-pattern>
    </filter-mapping>
    <welcome-file-list>
        <welcome-file>index.jsp</welcome-file>
    </welcome-file-list>
    <listener>
        <listener-class>org.springframework.web.context.ContextLoaderListener</listener-class>
    </listener>
    <context-param>
        <param-name>contextConfigLocation</param-name>
        <param-value>classpath:applicationContext.xml</param-value>
    </context-param>
</web-app>
```

编写注册成功页 register_success.jsp，代码如下：

```
<%@ page language="java" pageEncoding="gb2312"%>
<%@ taglib prefix="s" uri="/struts-tags" %>
<!DOCTYPE HTML PUBLIC "-//W3C//DTD HTML 4.01 Transitional//EN"
"http://www.w3c.org/TR/1999/REC-html401-19991224/loose.dtd">
<html>
<head>
        <title>网上书店</title>
        <link href="css/bookstore.css" rel="stylesheet" type="text/css">
</head>
```

```
<body>
        <jsp:include page="head.jsp"></jsp:include>
        <div class="content">
                <div class="left">
                        <div class="list_box">
                                <div class="list_bk"></div>
                        </div>
                </div>
                <div class="right">
                        <div class="right_box">
                                <font face="宋体"></font><font face="宋体"></font><font face="宋体"></font><font
face="宋体"></font>
                                <div class="banner"></div>
                                <div class="info_bk1">
                                        <div align="center">
                                                您好！用户 <s:property value="user.username"/> 欢迎您注册成功！
                                                <a href="login.jsp">登录</a>
                                        </div>
                                </div>
                        </div>
                </div>
        </div>
        <jsp:include page="foot.jsp"></jsp:include>
</body>
</html>
```

编写登录成功页 login_success.jsp，代码如下：

```
<%@ page language="java" pageEncoding="gb2312"%>
<%@ taglib prefix="s" uri="/struts-tags" %>
<!DOCTYPE HTML PUBLIC "-//W3C//DTD HTML 4.01 Transitional//EN"
"http://www.w3c.org/TR/1999/REC-html401-19991224/loose.dtd">
<html>
<head>
        <title>网上购书系统</title>
        <link href="css/bookstore.css" rel="stylesheet" type="text/css">
</head>
<body>
        <jsp:include page="head.jsp"></jsp:include>
        <div class="content">
                <div class="left">
                        <div class="list_box">
                                <div class="list_bk"></div>
                        </div>
                </div>
                <div class="right">
                        <div class="right_box">
                                <font face="宋体"></font><font face="宋体"></font><font face="宋体"></font><font
face="宋体"></font>
                                <div class="banner"></div>
                                <div class="info_bk1">
                                        <div align="center">
                                                <s:property value="user.username"/>，欢迎登录！
```

```
                                </div>
                            </div>
                        </div>
                    </div>
        </div>
        <jsp:include page="foot.jsp"></jsp:include>
    </body>
</html>
```

5.3.6　部署运行

部署项目、启动 Tomcat 服务器。在浏览器中输入 http://localhost:8080/bookstore/并回车，在首页上单击“注册”链接，进入注册页，如图 5.20 所示，填写个人注册信息。

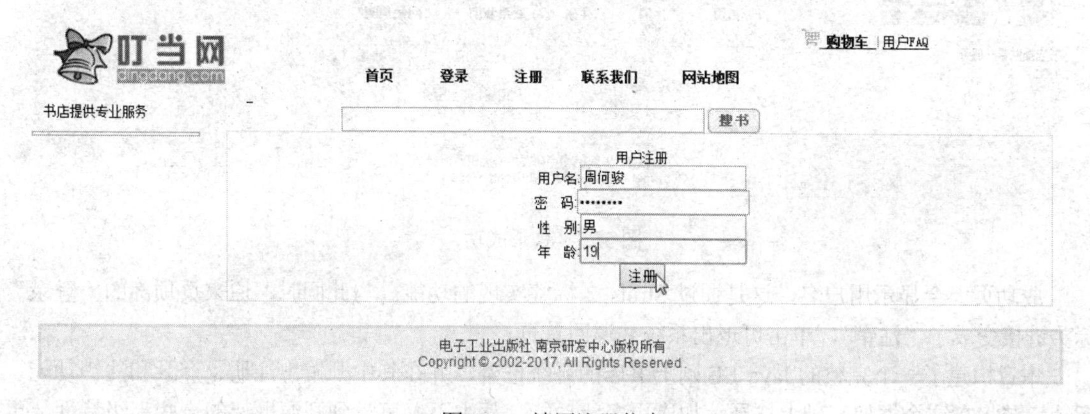

图 5.20　填写注册信息

单击【注册】按钮提交后，跳转到如图 5.21 所示的注册成功页。此时，读者可从命令行进入 MySQL，查询出 user 表中确实多了一条记录，正是刚刚注册的新用户信息。

叮当网
dingdang.com
书店提供专业服务
购物车　用户FAQ
首页　登录　注册　联系我们　网站地图
搜书
您好！用户 周何骏 欢迎您注册成功！ 登录
电子工业出版社 南京研发中心版权所有
Copyright © 2002-2017, All Rights Reserved

```
mysql> select * from user;
+--------+----------+----------+------+------+
| userid | username | password | sex  | age  |
+--------+----------+----------+------+------+
|      1 | 周何骏   | 19980925 | 男   |   19 |
+--------+----------+----------+------+------+
1 row in set (0.00 sec)

mysql> _
```

图 5.21　注册成功

单击如图 5.21 所示的欢迎信息右边的“登录”链接，进入登录页，按如图 5.22 所示填写刚注册的用户名和密码，单击【登录】按钮。

登录成功后的页面如图 5.23 所示。

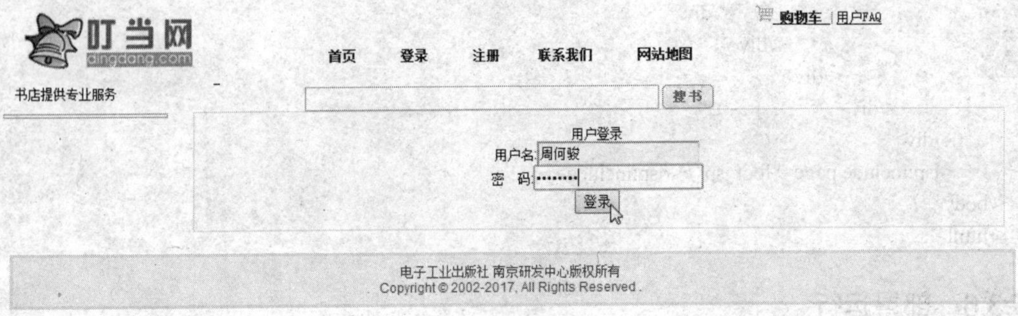

图 5.22　用注册账号登录

图 5.23　登录成功

成功页上会显示用户名，这是通过 Struts 2 标签实现的功能。与此同时，原来页顶部的“登录”标头链接变成了“注销”，单击可退出系统并返回首页。

本章构建了一个完整的 Java EE 网上书店的系统框架，并在其中开发出注册、登录和注销功能。后续章节将在这个框架基础上扩展，加入更多新功能，从中不仅可学到开源框架的一些高级特性，更能体会到 Java EE 系统架构的魅力！

习　题　五

（1）理解 Java EE 架构中业务层的作用，试给第 4 章“入门实践八”的程序加入一个业务层。

（2）理解 Java EE 系统分层模型及其实施原理，阐述它与之前介绍的 MVC 模式的区别和联系。

（3）按本章 5.2 节的指导，自己动手搭建网上书店系统框架。

（4）在已搭建框架的基础上，完成用户注册、登录和注销功能。

（5）如果需求规定用户输入的名字和密码不能为空，则应做什么处理？试编写一个增强版的登录服务。

（6）本章只完成了将用户保存到数据库中，没有考虑用户重名的情况。试编写一个增强版的注册服务，判断如果用户重名，则注册失败，重新回到注册页面。

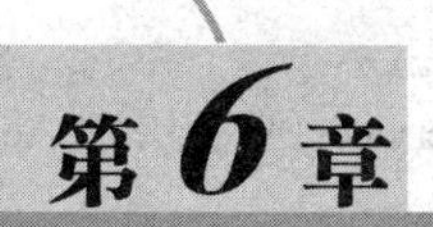

第 6 章　项目开发综合：显示图书功能开发

本章主要内容：

（1）网上书店图书显示功能的开发。

（2）Struts 2 标签库。

6.1　需 求 展 示

网上书店页面左侧为图书分类，如图 6.1 所示，图书的分类信息是存放在数据库 catalog 表中的，由程序自动从数据库中取得相应的数据。用户可以根据不同的分类，选择自己感兴趣的图书。

图 6.1　页面左边的分类目录

当用户单击页面左侧的分类目录时，会在页面右侧显示这种分类下的所有图书，如图 6.2 所示。本系统还提供图书搜索功能，用户在上方的搜书栏中输入书名，可查找某一本特定图书的信息。

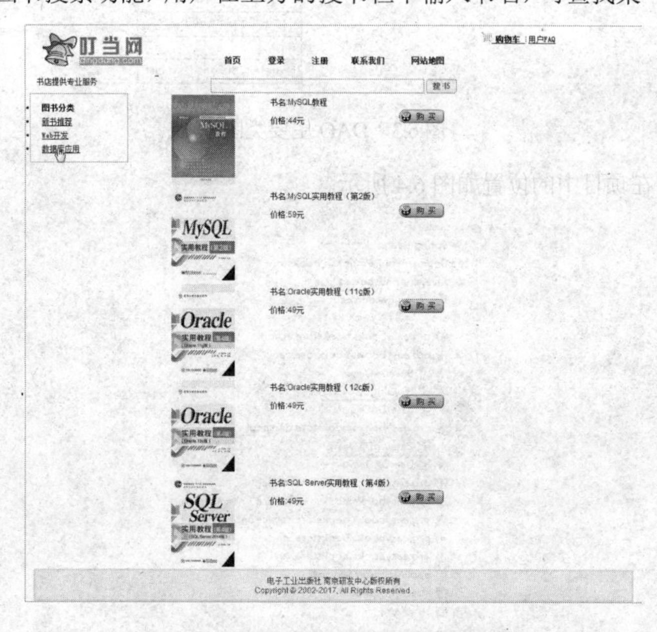

图 6.2　显示“数据库应用”类图书

6.2 开发步骤

在本章及后续章节中，程序的代码都按照 DAO（持久层接口）、Service（业务层）、Action（控制模块）、Spring（组件集成配置）和 JSP（前端表示层页面）的顺序给出。

6.2.1 显示图书类别

开发的步骤：

（1）DAO。

（2）Service。

（3）Action。

（4）Spring。

（5）JSP。

具体操作如下。

1. DAO

在这层，主要涉及的类和接口是 CatalogDAO 和 ICatalogDAO。

在接口 ICatalogDAO 中定义了 getAllCatalogs()方法，用于得到所有的图书类别。类 CatalogDAO 实现这个方法，它在数据库表 catalog 中得到所有的类别，如图 6.3 所示。

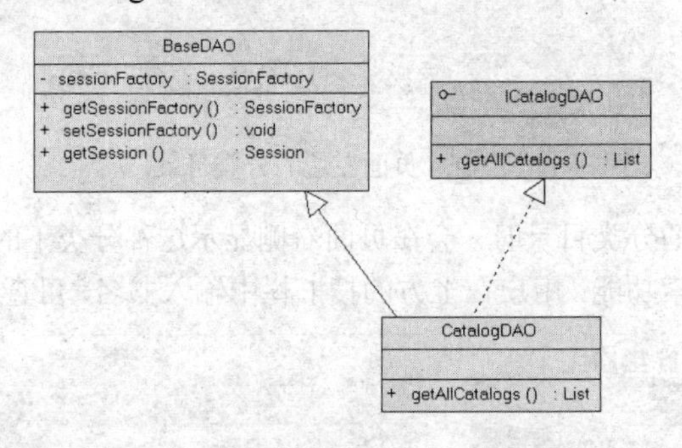

图 6.3 DAO 主要类图

这两个类和接口在项目中的位置如图 6.4 所示。

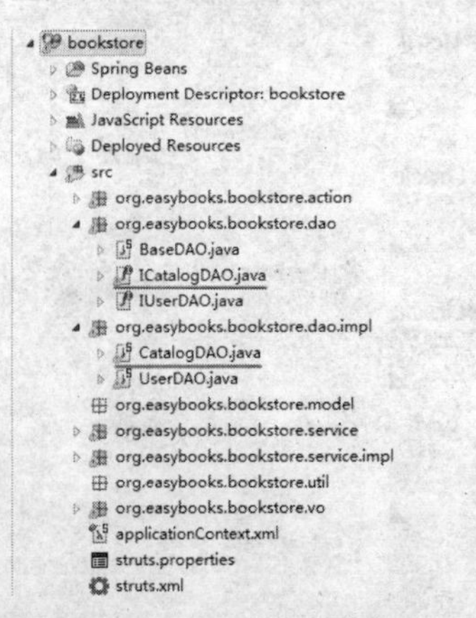

图 6.4 CatalogDAO 类和接口在项目中的位置

ICatalogDAO.java 的代码如下：

```
package org.easybooks.bookstore.dao;
import java.util.List;
public interface ICatalogDAO{
    //得到所有图书类别
    public List getAllCatalogs();
}
```

CatalogDAO.java 的代码如下：

```
package org.easybooks.bookstore.dao.impl;
import java.util.List;
import org.easybooks.bookstore.dao.*;
import org.hibernate.*;
public class CatalogDAO extends BaseDAO implements ICatalogDAO{
        //得到所有图书类别
        public List getAllCatalogs(){
            Session session=getSession();
            Query query=session.createQuery("from Catalog c");
            List catalogs=query.list();
            session.close();
            return catalogs;
        }
}
```

2. Service

Service 层主要涉及 ICatalogService 接口和 CatalogService 类。ICatalogSevice 中定义了一个 getAllCatalogs()方法，用来获取所有的图书种类，而 CatalogService 则通过 ICatalogDAO 具体实现了这个方法，如图 6.5 所示。

文件在项目中的位置如图 6.6 所示。

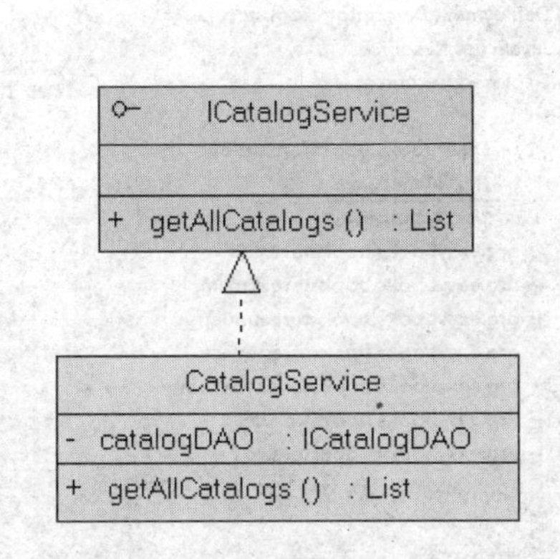

图 6.5　Service 层主要类

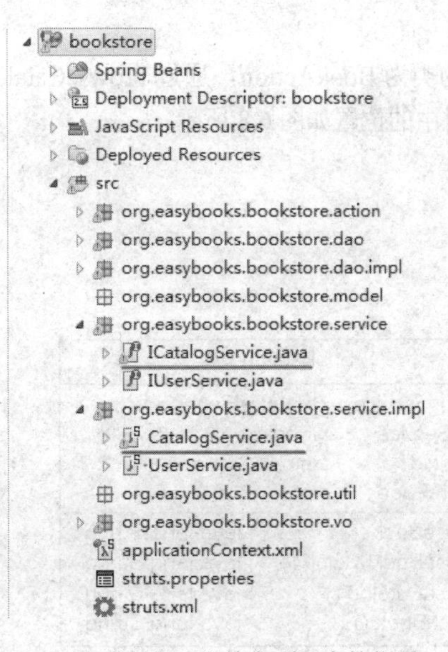

图 6.6　文件在项目中的位置

ICatalogService.java 的代码如下：

```
package org.easybooks.bookstore.service;
import java.util.List;
public interface ICatalogService {
    //得到所有的图书种类
    public List getAllCatalogs();
}
```

此接口的 getAllCatalogs()方法是对 DAO 中对应方法的业务层封装，用户程序直接调用的其实是 ICatalogService 接口定义的 getAllCatalogs()方法。

CatalogService.java 的代码如下：

```
package org.easybooks.bookstore.service.impl;
import java.util.List;
import org.easybooks.bookstore.dao.ICatalogDAO;
import org.easybooks.bookstore.service.ICatalogService;
public class CatalogService implements ICatalogService{
        private ICatalogDAO catalogDAO;  //属性 catalogDAO
        //得到所有图书类别
        public List getAllCatalogs(){
            return catalogDAO.getAllCatalogs();
        }
        //属性 catalogDAO 的 getter/setter 方法
        public ICatalogDAO getCatalogDAO(){
            return catalogDAO;
        }
        public void setCatalogDAO(ICatalogDAO catalogDAO){
            this.catalogDAO=catalogDAO;
        }
}
```

CatalogService 业务的实现依赖于 ICatalogDAO 接口中的 getAllCatalogs()方法。

3. Action

Action 层的类为 BookAction，通过 browseCatalog()方法来执行应用程序，如图 6.7 所示。文件在项目中的位置如图 6.8 所示。

BookAction	
- catalogService	: ICatalogService
- bookService	: IBookService
- catalogid	: int
- currentPage	: int
+ browseBook ()	: java.lang.String
+ browseBookPaging ()	: java.lang.String
+ browseCatalog ()	: java.lang.String
+ searchBook ()	: java.lang.String

图 6.7 BookAction 类图

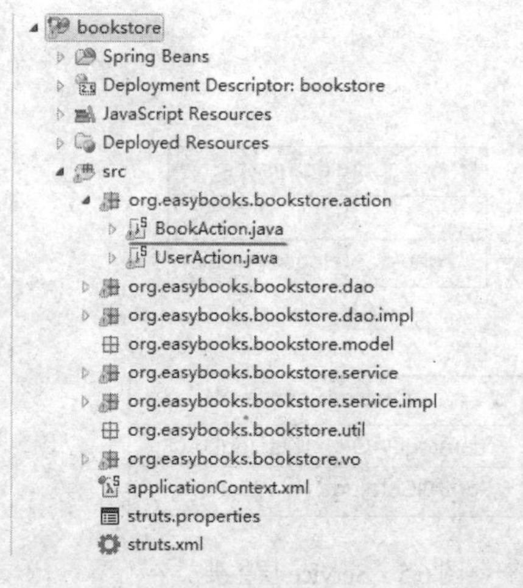

图 6.8 BookAction 源文件在项目中的位置

BookAction.java 的代码如下：

```
package org.easybooks.bookstore.action;
import java.util.*;
import org.easybooks.bookstore.service.ICatalogService;
import com.opensymphony.xwork2.*;
public class BookAction extends ActionSupport{
	protected ICatalogService catalogService;		//为使用业务层而设置的属性
	protected Integer catalogid;				//分类 id
	//浏览分类目录
	public String browseCatalog() throws Exception{
		List catalogs=catalogService.getAllCatalogs();
							//直接调用业务层方法
		Map request=(Map)ActionContext.getContext().get("request");
		request.put("catalogs", catalogs);
		return SUCCESS;
	}
	//以下为各属性的 getter/setter 方法
	public Integer getCatalogid(){
		return this.catalogid;
	}
	public void setCatalogid(Integer catalogid){
		this.catalogid=catalogid;
	}
	public ICatalogService getCatalogService(){
		return this.catalogService;
	}
	public void setCatalogService(ICatalogService catalogService){
		this.catalogService=catalogService;
	}
}
```

从上段代码可见，控制模块直接调用的是业务层方法 catalogService.getAllCatalogs()。

配置 struts.xml 的代码片段如下：

```
<?xml version="1.0" encoding="UTF-8" ?>
<!DOCTYPE struts PUBLIC
	"-//Apache Software Foundation//DTD Struts Configuration 2.5//EN"
	"http://struts.apache.org/dtds/struts-2.5.dtd">
<!-- START SNIPPET: xworkSample -->
<struts>
	<package name="default" extends="struts-default">
		...
		<action name="browseCatalog" class="bookAction" method="browseCatalog">
			<result name="success">menu.jsp</result>
		</action>
	</package>
</struts>
<!-- END SNIPPET: xworkSample -->
```

此处配置的 browseCatalog 用于显示图书分类目录。

4. Spring

配置 applicationContext.xml，代码如下：

```
<?xml version="1.0" encoding="UTF-8"?>
<beans
        xmlns="http://www.springframework.org/schema/beans"
        xmlns;xsi="http://www.w3.org/2001/XMLSchema-instance"
        xmlns:p="http://www.springframework.org/schema/p"
        xsi:schemaLocation="http://www.springframework.org/schema/beans http://www.springframework.org/sche
ma/beans/spring-beans-4.1.xsd http://www.springframework.org/schema/tx http:// www.springframework.org/schema/tx/
spring-tx.xsd" xmlns:tx="http://www.springframework.org/schema/tx">
        <bean id="dataSource"
            ...
        </bean>
        <bean id="sessionFactory"
            ...
        </bean>
        ...
        <bean id="catalogDAO" class="org.easybooks.bookstore.dao.impl.CatalogDAO"
 parent="baseDAO"/>
        <bean id="catalogService" class="org.easybooks.bookstore.service.impl.Catalo
gService">
            <property name="catalogDAO" ref="catalogDAO"/>
        </bean>
        <bean id="bookAction" class="org.easybooks.bookstore.action.BookAction">
            <property name="catalogService" ref="catalogService"/>
        </bean>
        <tx:annotation-driven transaction-manager="transactionManager" />
</beans>
```

在 Spring 容器中注册了 catalogDAO（DAO 组件）、catalogService（业务层组件）和 bookAction（控制模块）3 个组件，并且定义了它们之间的依赖注入关系。

5. JSP

编写 menu.jsp 的代码如下：

```
<%@ page contentType="text/html;charset=gb2312"%>
<%@ taglib prefix="s" uri="/struts-tags"%>
<!DOCTYPE HTML PUBLIC "-//W3C//DTD HTML 4.01 Transitional//EN"
"http://www.w3c.org/TR/1999/REC-html401-19991224/loose.dtd">
<html>
<head>
        <title>网上购书系统</title>
        <link href="css/bookstore.css" rel="stylesheet" type="text/css"/>
</head>
<body>
        <ul class=point02>
            <li>
                <strong>图书分类</strong>
            </li>
            <s:iterator value="#request['catalogs']" var="catalog">
                <li>
```

```
                    <a  href="index.action?catalogid=<s:property  value="#catalog.
catalogid"/>" target= _self>
                        <s:property value="#catalog.catalogname"/>
                    </a>
                </li>
            </s:iterator>
        </ul>
</body>
</html>
```

这里用到了 Struts 2 的 iterator 标签来迭代输出图书分类项，有关 iterator 标签的用法将在 6.3.2 节中介绍。

测试程序，页面效果如图 6.1 所示。

6.2.2　按类别显示图书

开发的步骤：

（1）DAO。

（2）Service。

（3）Action。

（4）Spring。

（5）JSP。

具体操作如下。

1. DAO

IBookDAO 接口的 getBookbyCatalogid()方法，通过某一个图书类别 id 得到这个类别下的所有相关图书。

BookDAO 类的 getBookbyCatalogid()实现了这个方法。

IBookDAO.java 的代码如下：

```
package org.easybooks.bookstore.dao;
import java.util.List;
public interface IBookDAO{
    //通过图书类别 id 号得到相应类别的图书
    public List getBookbyCatalogid(Integer catalogid);
}
```

BookDAO.java 的代码如下：

```
package org.easybooks.bookstore.dao.impl;
import java.util.List;
import org.easybooks.bookstore.dao.*;
import org.hibernate.*;
public class BookDAO extends BaseDAO implements IBookDAO{
    //实现 IBookDAO 接口的 getBookbyCatalogid()方法
    public List getBookbyCatalogid(Integer catalogid){
        Session session=getSession();
        String hql="from Book b where b.catalog.catalogid=?";
        Query query=session.createQuery(hql);
        query.setParameter(0, catalogid);
        List books=query.list();
```

```
            session.close();
            return books;
        }
}
```

DAO 层开发完毕，下面用业务层进一步封装。

2. Service

Service 层主要涉及 IBookService 接口和 BookService 类，在 IBookService 中定义了 getBookbyCatalogid()方法，用来根据图书种类的 id 号得到相应种类的图书集合。在 BookService 中通过 IBookDAO 实现了这个方法。

IBookService.java 的代码如下：

```
package org.easybooks.bookstore.service;
import java.util.List;
public interface IBookService{
        //根据图书种类 id 得到该种类的所有图书
        public List getBookbyCatalogid(Integer catalogid);
}
```

这个方法也与 DAO 层中的 getbookbyCatalogid()方法同名，也是对 DAO 接口方法的业务化封装。

BookService.java 的代码如下：

```
package org.easybooks.bookstore.service.impl;
import java.util.List;
import org.easybooks.bookstore.dao.IBookDAO;
import org.easybooks.bookstore.service.IBookService;
public class BookService implements IBookService{
        private IBookDAO bookDAO;                       //为了使用 DAO 组件而设置的属性
        //根据图书种类 id 得到该种类的所有图书
        public List getBookbyCatalogid(Integer catalogid){
                return bookDAO.getBookbyCatalogid(catalogid);
        }
        //属性 bookDAO 的 getter/setter 方法
        public IBookDAO getBookDAO(){
                return bookDAO;
        }
        public void setBookDAO(IBookDAO bookDAO){
                this.bookDAO=bookDAO;
        }
}
```

此处业务的实现机制与之前完全一样，也是依靠 DAO 层实现。

3. Action

该层用到 BookAction 类，主要用 browseBook()方法得到相应的图书。

BookAction.java 的代码如下：

```
package org.easybooks.bookstore.action;
import java.util.*;
import org.easybooks.bookstore.service.ICatalogService;
import org.easybooks.bookstore.service.IBookService;
import com.opensymphony.xwork2.*;
public class BookAction extends ActionSupport{
```

```
    protected ICatalogService catalogService;
    protected IBookService bookService;
    protected Integer catalogid;
    public String browseCatalog() throws Exception{
        …
    }
    public String browseBook() throws Exception{
        List books=bookService.getBookbyCatalogid(catalogid);
        Map request=(Map)ActionContext.getContext().get("request");
        request.put("books", books);
        return SUCCESS;
    }
    …
    //bookService 的 getter/setter 方法
    public IBookService getBookService(){
        return bookService;
    }
    public void setBookService(IBookService bookService){
        this.bookService=bookService;
    }
}
```

为了能使用业务层功能，控制模块中增加定义了一个 bookService 属性及其 getter/setter 方法，这样一来，在 browseBook()方法中就可以直接使用业务接口的 getBookbyCatalogid()方法获得指定类别的图书进行显示了。

配置 struts.xml 如下：

```
<?xml version="1.0" encoding="UTF-8" ?>
<!DOCTYPE struts PUBLIC
    "-//Apache Software Foundation//DTD Struts Configuration 2.5//EN"
    "http://struts.apache.org/dtds/struts-2.5.dtd">
<!-- START SNIPPET: xworkSample -->
<struts>
    <package name="default" extends="struts-default">
        …
        <action name="browseBook" class="bookAction" method="browseBook">
            <result name="success">browseBook.jsp</result>
        </action>
    </package>
</struts>
<!-- END SNIPPET: xworkSample -->
```

这里跳转到的页面 browseBook.jsp 只能将某类别下的所有图书都显示在一整页上，不支持分页显示，在 6.2.3 节中将开发增强版的 browseBookPage.jsp 页。

4. Spring

配置 Spring 的 applicationContext.xml 如下：

```
<?xml  version="1.0"  encoding="UTF-8"?>
<beans
    xmlns="http://www.springframework.org/schema/beans"
    xmlns:xsi="http://www.w3.org/2001/XMLSchema-instance"
```

```
xmlns:p="http://www.springframework.org/schema/p"
    xsi:schemaLocation="http://www.springframework.org/schema/beans http://www.springframework.org/sche
ma/beans/spring-beans-4.1.xsd http://www.springframework.org/schema/tx http://www. springframework.org/schema/tx/
spring-tx.xsd" xmlns:tx="http://www.springframework.org/schema/tx">
    <bean id="dataSource"
        ...
    </bean>
    <bean id="sessionFactory"
        ...
    </bean>
    ...
    <bean id="catalogDAO" class="org.easybooks.bookstore.dao.impl.CatalogDAO" parent="baseDAO"/>
    <bean id="catalogService" class="org.easybooks.bookstore.service.impl.CatalogService">
        <property name="catalogDAO" ref="catalogDAO"/>
    </bean>
    <bean id="bookDAO" class="org.easybooks.bookstore.dao.impl.BookDAO" pare
nt="baseDAO"/>
    <bean id="bookService" class="org.easybooks.bookstore.service.impl. BookService">
        <property name="bookDAO" ref="bookDAO"/>
    </bean>
    <bean id="bookAction" class="org.easybooks.bookstore.action.BookAction">
        <property name="catalogService" ref="catalogService"/>
        <property name="bookService" ref="bookService"/>
    </bean>
    <tx:annotation-driven transaction-manager="transactionManager"/>
</beans>
```

在 Spring 容器中注册了 bookDAO（DAO 组件）、bookService（业务层组件）两个组件，且补充定义了 bookService 与 bookAction（控制模块）组件的依赖注入关系。

5. JSP

browseBook.jsp 的代码如下：

```
<%@ page contentType="text/html;charset=gb2312" %>
<%@ taglib prefix="s" uri="/struts-tags" %>
<!DOCTYPE HTML PUBLIC "-//W3C//DTD HTML 4.01 Transitional//EN"
"http://www.w3c.org/TR/1999/REC-html401-19991224/loose.dtd">
<html>
<head>
        <title>网上书店</title>
        <link href="css/bookstore.css" rel="stylesheet" type="text/css"/>
</head>
<body>
        <jsp:include page="head.jsp"/>
        <div class="content">
            <div class="left">
                <div class="list_box">
                    <div class="list_bk">
                        <s:action name="browseCatalog" executeResult="true"/>
                    </div>
                </div>
            </div>
```

```
            <div class="right">
                <div class="right_box">
                    <s:iterator value="#request['books']" var="book">
                        <table width="600" border="0">
                            <tr>
                                <td width="200" align="center">
                                    <img src="/bookstore/picture/<s:property value="#book. picture
"/>" width="100"/>
                                </td>
                                <td valign="top" width="400">
                                    <table>
                                        <tr>
                                            <td>
                                书名:<s:property value="#book.bookname"/><br>
                                            </td>
                                        </tr>
                                        <tr>
                                            <td>
                                价格:<s:property value="#book.price"/>元
                                                     
           
                                                     
           
                                                     
           
                                <img src="/bookstore/picture/buy.gif"/>
                                            </td>
                                        </tr>
                                    </table>
                                </td>
                            </tr>
                        </table>
                    </s:iterator>
                </div>
            </div>
        </div>
        <jsp:include page="foot.jsp"/>
    </body>
    </html>
```

页面上再次使用了 iterator 标签来输出图书的书名、价格和封面图片等信息。

修改 menu.jsp，代码如下：

```
<%@ page contentType="text/html;charset=gb2312"%>
<%@ taglib prefix="s" uri="/struts-tags"%>
<!DOCTYPE HTML PUBLIC "-//W3C//DTD HTML 4.01 Transitional//EN"
"http://www.w3c.org/TR/1999/REC-html401-19991224/loose.dtd">
<html>
<head>
        <title>网上购书系统</title>
        <link href="css/bookstore.css" rel="stylesheet" type="text/css"/>
</head>
```

```
<body>
        <ul class=point02>
            <li>
                <strong>图书分类</strong>
            </li>
            <s:iterator value="#request['catalogs']" var="catalog">
                <li>
                    <a href="browseBook.action?catalogid=<s:property value="#catalog. catalogid"/>"
target=_self>
                        <s:property value="#catalog.catalogname"/>
                    </a>
                </li>
            </s:iterator>
        </ul>
</body>
</html>
```

这样一改，当用鼠标单击图书分类名时，就会触发链接中的 browseBook.action，再在 Struts 2 的控制下调用 BookAction 类（控制模块），该类执行其内部的 browseBook()方法，此方法再调用业务层接口中的 getBookbyCatalogid 方法……经过以上一系列有条不紊的自动化动作，最终实现了按类别显示图书的功能。

测试程序，效果如图 6.2 所示。

6.2.3 分页显示图书

以上虽然完成了按类别显示图书的功能，但是如果一个分类（如“数据库应用”）下的图书数量过多，一次全部显示出来，无论是性能还是用户的浏览体验都是不佳的，所以最好将每个分类下的图书再通过分页的方式显示。

开发的步骤：

（1）创建 Pager 类。

（2）DAO。

（3）Service。

（4）Action。

（5）Spring。

（6）JSP。

具体操作如下。

1. 创建 Pager 类

创建 Pager 类，如图 6.9 所示，该类主要用于存储分页的信息。

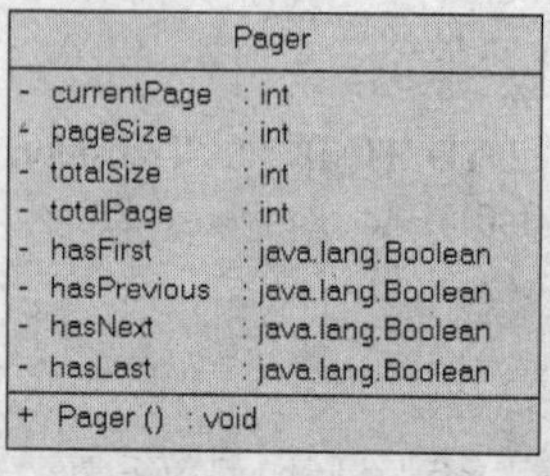

```
Pager
- currentPage : int
- pageSize    : int
- totalSize   : int
- totalPage   : int
- hasFirst    : java.lang.Boolean
- hasPrevious : java.lang.Boolean
- hasNext     : java.lang.Boolean
- hasLast     : java.lang.Boolean
+ Pager () : void
```

图 6.9 Pager 类

Pager 类所在的位置如图 6.10 所示。

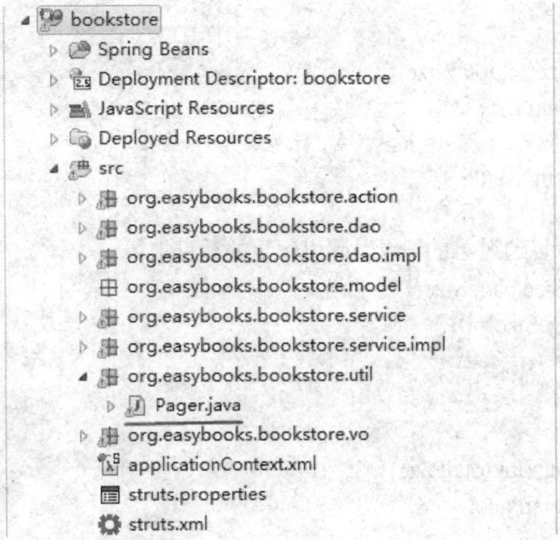

```
bookstore
  Spring Beans
  Deployment Descriptor: bookstore
  JavaScript Resources
  Deployed Resources
  src
    org.easybooks.bookstore.action
    org.easybooks.bookstore.dao
    org.easybooks.bookstore.dao.impl
    org.easybooks.bookstore.model
    org.easybooks.bookstore.service
    org.easybooks.bookstore.service.impl
    org.easybooks.bookstore.util
      Pager.java
    org.easybooks.bookstore.vo
    applicationContext.xml
    struts.properties
    struts.xml
```

图 6.10　Pager 类所在的位置

Pager.java 的代码如下：

```
package org.easybooks.bookstore.util;
public class Pager{
    private int currentPage;          //当前页面
    private int pageSize=3;           //每页的记录数，此处赋了一个初始值，每页显示 3 条
    private int totalSize;            //总的记录数
    private int totalPage;            //总的页数，由总的记录数除以每页的记录数得到：totalSize/pageSize

    private boolean hasFirst;         //是否有第一页
    private boolean hasPrevious;      //是否有上一页
    private boolean hasNext;          //是否有下一页
    private boolean hasLast;          //是否有最后一页
    //构造函数，传递当前页、总的记录数
    public Pager(int currentPage,int totalSize){
        this.currentPage=currentPage;
        this.totalSize=totalSize;
    }
    //属性 currentPage 的 getter/setter 方法
    public int getCurrentPage(){
        return currentPage;
    }
    public void setCurrentPage(int currentPage){
        this.currentPage=currentPage;
    }
    //属性 pageSize 的 getter/setter 方法
    public int getPageSize(){
        return pageSize;
    }
    public void setPageSize(int pageSize){
        this.pageSize=pageSize;
    }
    //属性 totalSize 的 getter/setter 方法
```

```
public int getTotalSize(){
        return totalSize;
}
public void setTotalSize(int totalSize){
        this.totalSize=totalSize;
}
//属性 totalPage 的 getter/setter 方法
public int getTotalPage(){
        //所有的页数可以通过总的记录数除以每页的数目求得
        totalPage=totalSize/pageSize;
        if(totalSize%pageSize!=0)
                totalPage++;
        return totalPage;
}
public void setTotalPage(int totalPage){
        this.totalPage=totalPage;
}
//判断当前页是否为 1，若是，则没有“首页”
public boolean isHasFirst(){
        if(currentPage==1){
                return false;
        }
        return true;
}
public void setHasFirst(boolean hasFirst){
        this.hasFirst=hasFirst;
}
//判断是否有“上一页”
public boolean isHasPrevious(){
        //如果“首页”存在，就一定有“上一页”
        if(isHasFirst())
                return true;
        else
                return false;
}
public void setHasPrevious(boolean hasPrevious){
        this.hasPrevious=hasPrevious;
}
//判断是否有“下一页”
public boolean isHasNext(){
        //如果“尾页”存在，就一定有“下一页”
        if(isHasLast())
                return true;
        else
                return false;
}
public void setHasNext(boolean hasNext){
        this.hasNext=hasNext;
}
//判断是否有“尾页”
public boolean isHasLast(){
```

```
            //如果当前页等于总页数，则说明它已经是最后一页了，没有"尾页"
            if(currentPage==getTotalPage())
                return false;
            else
                return true;
        }
        public void setHasLast(boolean hasLast){
            this.hasLast=hasLast;
        }
    }
```

Pager 类专门控制前端页面分页，属于表示层代码。

2. DAO

在此，主要涉及的是 IBookDAO 接口和 BookDAO 类，在其中增加方法定义和实现即可。

IBookDAO.java 的代码如下：

```
package org.easybooks.bookstore.dao;
import java.util.List;
public interface IBookDAO{
    public List getBookbyCatalogid(Integer catalogid);
    public List getBookbyCatalogidPaging(Integer catalogid,int currentPage,int pa
geSize);
    public int getTotalbyCatalog(Integer catalogid);
}
```

IBookDAO 接口定义了 getBookbyCatalogidPaging 方法，通过图书的目录 id 得到分页的图书。

BookDAO 要对应实现以上接口中新定义的两个方法。

BookDAO.java 的代码如下：

```
package org.easybooks.bookstore.dao.impl;
import java.util.List;
import org.easybooks.bookstore.dao.*;
import org.hibernate.*;
public class BookDAO extends BaseDAO implements IBookDAO{
    …
    public List getBookbyCatalogidPaging(Integer catalogid,int currentPage,int pa
geSize){
        Session session=getSession();
        Query query=session.createQuery("from Book b where b.catalog.catalogid=?");
        query.setParameter(0, catalogid);
        //确定起始游标的位置
        int startRow=(currentPage-1)*pageSize;
        query.setFirstResult(startRow);
        query.setMaxResults(pageSize);
        List books=query.list();
        session.close();
        return books;
    }
    public int getTotalbyCatalog(Integer catalogid){
        Session session=getSession();
        Query query=session.createQuery("from Book b where b.catalog.catalogid=?");
        query.setParameter(0,catalogid);
```

```
            List books=query.list();
            int totalSize=books.size();
            session.close();
            return totalSize;
        }
}
```

从上面编程中可见，对于严格分层架构的 Java EE 系统，在其中添加新功能十分方便，只要在接口中声明新方法，并在对应类中加以实现即可，而无须改动系统业已建成的模块化结构，程序有良好的可扩展性。

3. Service

Service 层主要涉及两个接口和类：IBookService 接口和 BookService 类。BookService 定义 getBookbyCatalogidPaging()方法，BookService 实现该方法。

IBookService.java 的代码如下：

```
package org.easybooks.bookstore.service;
import java.util.List;
public interface IBookService{
    public List getBookbyCatalogid(Integer catalogid);
    public List getBookbyCatalogidPaging(Integer catalogid,int currentPage,int pa
geSize);
    public int getTotalbyCatalog(Integer catalogid);
}
```

BookService.java 的代码如下：

```
package org.easybooks.bookstore.service.impl;
import java.util.List;
import org.easybooks.bookstore.dao.IBookDAO;
import org.easybooks.bookstore.service.IBookService;
public class BookService implements IBookService{
    private IBookDAO bookDAO;            //属性 bookDAO
    public List getBookbyCatalogid(Integer catalogid){
        return bookDAO.getBookbyCatalogid(catalogid);
    }
    //根据图书种类 id 得到分页图书
    public List getBookbyCatalogidPaging(Integer catalogid,int currentPage,int pa
geSize){
        return bookDAO.getBookbyCatalogidPaging(catalogid, currentPage, pageSize);
    }
    //根据图书种类得到该类图书的数目
    public int getTotalbyCatalog(Integer catalogid){
        return bookDAO.getTotalbyCatalog(catalogid);
    }
    //属性 bookDAO 的 getter/setter 方法
    public IBookDAO getBookDAO(){
        return bookDAO;
    }
    public void setBookDAO(IBookDAO bookDAO){
        this.bookDAO=bookDAO;
    }
```

```
}
```

这里，业务层的封装方式也是一样的，定义、实现与 DAO 接口层中同名的方法并调用 DAO 接口的功能即可。

4. Action

BookAction 的 browseBookPaging 方法可以分页显示图书。

BookAction.java 的代码如下：

```
package org.easybooks.bookstore.action;
import java.util.*;
import org.easybooks.bookstore.service.ICatalogService;
import org.easybooks.bookstore.service.IBookService;
import com.opensymphony.xwork2.*;
import org.easybooks.bookstore.util.Pager;
public class BookAction extends ActionSupport{
    protected ICatalogService catalogService;
    protected IBookService bookService;
    protected Integer catalogid;
    private Integer currentPage=1;
    …
    //分页显示图书
    public String browseBookPaging() throws Exception{
        int totalSize=bookService.getTotalbyCatalog(catalogid);
        Pager pager=new Pager(currentPage,totalSize);
        List books=bookService.getBookbyCatalogidPaging(catalogid, currentPage, pager.
getPageSize());
        Map request=(Map)ActionContext.getContext().get("request");
        request.put("books", books);
        request.put("pager",pager);
        return SUCCESS;
    }
    …
    //增加 currentPage 属性的 getter/setter 方法
    public Integer getCurrentPage(){
        return currentPage;
    }
    public void setCurrentPage(Integer currentPage){
        this.currentPage=currentPage;
    }
}
```

注册 struts.xml 的代码如下：

```
<?xml version="1.0" encoding="UTF-8" ?>
<!DOCTYPE struts PUBLIC
    "-//Apache Software Foundation//DTD Struts Configuration 2.5//EN"
    "http://struts.apache.org/dtds/struts-2.5.dtd">
<!-- START SNIPPET: xworkSample -->
<struts>
    <package name="default" extends="struts-default">
        ...
        <action name="browseBookPaging" class="bookAction" method= "browse
```

```
BookPaging">
            <result name="success">browseBookPaging.jsp</result>
        </action>
    </package>
</struts>
<!-- END SNIPPET: xworkSample -->
```

这里跳转到的是 browseBookPaging.jsp 页，可见在一个 Java EE 系统中，数据的表示层显示方式与后台程序是分离的，在 Struts 2 的控制下，程序执行结果的数据内容可以在不同风格的页面上呈现出来。

5. Spring

applicationContext.xml 不需要配置，前面已经配置好。

6. JSP

修改 menu.jsp，代码如下：

```
<s:iterator value="#request['catalogs']" var="catalog">
    <li>
        <a href="browseBookPaging.action?catalogid=<s:property value="#catalog.catalogid"/>"
target=_self>
            <s:property value="#catalog.catalogname"/>
        </a>
    </li>
</s:iterator>
```

创建 browseBookPaging.jsp，代码如下：

```
<%@ page contentType="text/html;charset=gb2312" %>
<%@ taglib prefix="s" uri="/struts-tags" %>
<!DOCTYPE HTML PUBLIC "-//W3C//DTD HTML 4.01 Transitional//EN"
"http://www.w3c.org/TR/1999/REC-html401-19991224/loose.dtd">
<html>
<head>
        <title>网上书店</title>
        <link href="css/bookstore.css" rel="stylesheet" type="text/css"/>
</head>
<body>
        <jsp:include page="head.jsp"/>
        <div class="content">
            <div class="left">
                <div class="list_box">
                    <div class="list_bk">
                        <s:action name="browseCatalog" executeResult="true"/>
                    </div>
                </div>
            </div>
            <div class="right">
                <div class="right_box">
                    <s:iterator value="#request['books']" var="book">
                        <table width="600" border="0">
                            <tr>
                                <td width="200" align="center">
                                    <img src="/bookstore/picture/<s:property value="#book.
picture "/>" width= "100"/>
                                </td>
```

```
                    <td valign="top" width="400">
                        <table>
                            <tr>
                                <td>
                    书名:<s:property value="#book.bookname"/><br>
                                </td>
                            </tr>
                            <tr>
                                <td>
                    价格:<s:property value="#book.price"/>元
                                         
           
                                         
           
                                         
           
                                    <img src="/bookstore/picture/buy.gif"/>
                                </td>
                            </tr>
                        </table>
                    </td>
                </tr>
            </table>
        </s:iterator>
                   
    
                   
    
                   
    
                   
    
                   
    

                 
        <s:set value="#request.pager" var="pager"/>
        <s:if test="#pager.hasFirst">
            <a  href="browseBookPaging.action?currentPage=1">首页
</a>
        </s:if>
        <s:if test="#pager.hasPrevious">
            <a      href="browseBookPaging.action?currentPage=<s:
property value= "#pager.currentPage-1"/>">
                上一页
            </a>
        </s:if>
        <s:if test="#pager.hasNext">
            <a      href="browseBookPaging.action?currentPage=<s:
property value= "#pager.currentPage+1"/>">
                下一页
            </a>
        </s:if>
```

```
                                    <s:if test="#pager.hasLast">
                                        <a          href="browseBookPaging.action?currentPage=<s:
property value= "#pager.totalPage"/>">
                                            尾页
                                        </a>
                                    </s:if>
                                    <br>
                                               
    
                                               
    
                                               
    
                                               
    
                                               
    
                                               
    
                                    当 前 第 <s:property  value="#pager.currentPage"/> 页 ， 总 共
<s:property value="#pager.totalPage"/>页
                                </div>
                            </div>
                        </div>
                        <jsp:include page="foot.jsp"/>
    </body>
    </html>
```

这里分页代码中用到了 Struts 2 的<s:set>、<s:if>和<s:else>标签，有关介绍详见 6.3.2 节。

测试程序，分页显示的效果如图 6.11 所示。

图 6.11　分页显示“数据库应用”类图书

6.2.4　搜索图书

开发的步骤：

（1）DAO。

（2）Service。

（3）Action。

（4）Spring。

（5）JSP。

具体操作如下。

1. DAO

IBookDAO 的 getRequiredBookbyHql()定义了搜索图书的方法，BookDAO 具体实现了这个方法。

IBookDAO.java 的代码如下：

```
package org.easybooks.bookstore.dao;
import java.util.List;
public interface IBookDAO{
    //根据类别 id 得到该类别的所有图书
    public List getBookbyCatalogid(Integer catalogid);
    //分页显示图书
    public List getBookbyCatalogidPaging(Integer catalogid,int currentPage,int pageSize);
    //得到某种类型图书的数目
    public int getTotalbyCatalog(Integer catalogid);
    //搜索图书
    public List getRequiredBookbyHql(String hql);
}
```

搜索图书功能的开发同样也是向项目 DAO 层中添加新方法，实现搜索借助的是 Hibernate 的 HQL 检索语言，故方法命名为 getRequiredBookbyHql。

BookDAO.java 的代码如下：

```
package org.easybooks.bookstore.dao.impl;
import java.util.List;
import org.easybooks.bookstore.dao.*;
import org.hibernate.*;
public class BookDAO extends BaseDAO implements IBookDAO{
    …
    public List getRequiredBookbyHql(String hql){
        Session session=getSession();
        Query query=session.createQuery(hql);
        List books=query.list();
        return books;
    }
}
```

BookDAO 类使用 HQL 查询出所要检索的图书。

2. Service

IBookService 的 getRequiredBookbyHql()定义了搜索方法，BookService 具体实现了这个方法。

IBookService.java 的代码如下：

```
package org.easybooks.bookstore.service;
```

```
import java.util.List;
public interface IBookService{
    public List getBookbyCatalogid(Integer catalogid);
    public List getBookbyCatalogidPaging(Integer catalogid,int currentPage,int pageSize);
    public int getTotalbyCatalog(Integer catalogid);
    public List getRequiredBookbyHql(String hql);
}
```

这里加黑的 getRequiredBookbyHql()方法是对 IBookDAO 接口中对应的方法的封装。

BookService.java 的代码如下：

```
package org.easybooks.bookstore.service.impl;
import java.util.List;
import org.easybooks.bookstore.dao.IBookDAO;
import org.easybooks.bookstore.service.IBookService;
public class BookService implements IBookService{
    private IBookDAO bookDAO;
    …
    public List getRequiredBookbyHql(String hql){
        return bookDAO.getRequiredBookbyHql(hql);
    }
    …
}
```

借助 IBookDAO 接口实现了搜索图书的业务操作。

3. Action

BookAction 类通过 searchBook()方法实现搜索业务逻辑。

BookAction.java 的代码如下：

```
package org.easybooks.bookstore.action;
…
public class BookAction extends ActionSupport{
    protected ICatalogService catalogService;
    protected IBookService bookService;
    protected Integer catalogid;
    private Integer currentPage=1;
    private String bookname;
    …
    //搜索图书
    public String searchBook() throws Exception{
        StringBuffer hql=new StringBuffer("from Book b ");
        if(bookname!=null&&bookname.length()!=0)
            hql.append("where b.bookname like '%"+bookname+"%'");
        List books=bookService.getRequiredBookbyHql(hql.toString());
        Map request=(Map)ActionContext.getContext().get("request");
        request.put("books",books);
        return SUCCESS;
    }
    …
    //属性 bookname 的 getter/setter 方法
    public String getBookname(){
        return bookname;
```

```
        }
        public void setBookname(String bookname){
            this.bookname=bookname;
        }
}
```

配置 struts.xml，代码如下：

```
<?xml version="1.0" encoding="UTF-8" ?>
<!DOCTYPE struts PUBLIC
        "-//Apache Software Foundation//DTD Struts Configuration 2.5//EN"
        "http://struts.apache.org/dtds/struts-2.5.dtd">
<!-- START SNIPPET: xworkSample -->
<struts>
    <package name="default" extends="struts-default">
        ...
        <action name="searchBook" class="bookAction" method="searchBook">
            <result name="success">searchBook_result.jsp</result>
        </action>
    </package>
</struts>
<!-- END SNIPPET: xworkSample -->
```

执行成功跳转到 searchBook_result.jsp 页。

4. Spring

前面已经配置好，这里无须配置。

5. JSP

创建 searchBook_result.jsp，代码如下：

```
<%@ page contentType="text/html;charset=gb2312" %>
<%@ taglib prefix="s" uri="/struts-tags" %>
<!DOCTYPE HTML PUBLIC "-//W3C//DTD HTML 4.01 Transitional//EN"
"http://www.w3c.org/TR/1999/REC-html401-19991224/loose.dtd">
<html>
<head>
        <title>网上书店</title>
        <link href="css/bookstore.css" rel="stylesheet" type="text/css"/>
</head>
<body>
        <jsp:include page="head.jsp"/>
        <div class="content">
            <div class="left">
                <div class="list_box">
                    <div class="list_bk">
                        <s:action name="browseCatalog" executeResult="true"/>
                    </div>
                </div>
            </div>
            <div class="right">
                <div class="right_box">
```

```
<s:set var="books" value="#request.books"/>
<s:if test="#books.size!=0">
            
            
    <font color="blue"><h3>所有符合条件的图书</h3></font><br>
    <s:iterator value="#books" var="book">
        <table width="600" border="0">
            <tr>
                <td width="200" align="center">
<img src="/bookstore/picture/<s:property value="#book.picture"/>" width="100">
                </td>
                <td valign="top" width="400">
                    <table>
                        <tr>
                            <td>
                    书名:<s:property value="#book.bookname"/><br>
                            </td>
                        </tr>
                        <tr>
                            <td>
                            价格:<s:property value="#book.price"/>元
                                     
          
                                     
          
                                     
          
                            </td>
                        </tr>
                    </table>
                </td>
            </tr>
        </table>
    </s:iterator>
</s:if>
<s:else>
    对不起，没有合适的图书！
</s:else>
        </div>
    </div>
</div>
<jsp:include page="foot.jsp"/>
</body>
</html>
```

在搜书栏中输入 Qt，搜索结果如图 6.12 所示。

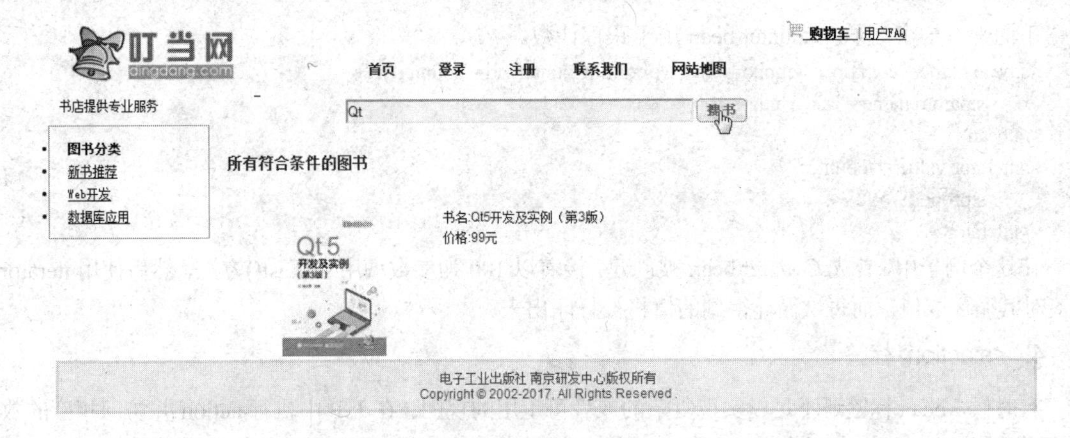

图 6.12　搜索图书结果

6.3　知识点——Struts 2：标签库

Struts 2 提供了许多不同种类的标签，分为 4 类：数据标签、控制标签、UI 标签及杂项标签。

6.3.1　数据标签

数据标签处理从值栈提取数据，以及将数据设置到值栈中的操作。

1．<s:property>标签

property 标签用于得到 value 属性，如下所示，在 Action 中为 username 属性赋值，在网页中从 user 中读取值。

```
<s:property value="username"/>，您好！欢迎光临叮当书店。
```

2．<s:set>标签

set 标签用于对值栈中的表达式进行求值，并将结果赋给特定作用域中的某个变量名。这对于在 JSP 中使用临时变量是很有用的，而使用临时变量会使代码更容易阅读，并使执行速度稍微快一点。

下面是一个简单例子，展示了 property 标签访问存储于 session 的 user 对象的多个字段：

```
<s:property value="#session['user'].username"/>
<s:property value="#session['user'].age"/>
<s:property value="#session['user'].address"/>
```

每次都要重复使用“#session['user']”不仅麻烦，还容易引发错误。更好的做法是定义一个临时变量，让这个变量指向 User 对象。使用 set 标签使得代码易于阅读，代码如下：

```
<s:set name="user" value="#session['user'] " />
<s:property value="#user.username"/>
<s:property value="#user.age"/>
<s:property value="#user.address"/>
```

由于 set 标签可以将表达式重构得更精简，更易于管理。因此，整个页面都变得更简单了。

3．<s:bean>标签

基本的 Struts 2 标签提供了一定的数据处理功能，而有时候需要更加复杂的功能。bean 标签可以创建简单的 JavaBean，并将其压入值栈中，在 bean 标签的起始与结束标记之间，还可以任意地把 JavaBean 赋值给某个变量，以便让它在 action context 中能够访问。

下面来看一个例子：Counter bean 用于跟踪计数。

```
<s:bean name="com.opensymphony.webwork.util.Counter" id="counter">
    <s:param name="last" value="100">
</s:bean>
<s:iterator value="#counter">
    <s:property/>
</s:iterator>
```

在这个例子中，首先 Counter bean 被创建，接着以 100 为参数调用 setLast()方法，然后使用 iterator 标签对其循环取值，而每次循环得到的值将被打印出来。

4. <s:action>标签

有时候，bean 标签还不足以实现复杂的或者可重用的视图。在 JSP 中执行 action 并访问相应的数据，而不是将 JavaBean 存入 action context 中。

利用 action 标签，可以通过简单的方式创建可重用组件，同时不需要在 JSP 页面中增加代码片段。比如在应用系统中，页面左边是一个书的种类的菜单，由于需要在多个页面中进行显示，所以可创建一个独立获取数据的 action 供各个页面使用，代码如下：

```
<action name="browseCatalog" executeResult="true">
    <result name="success">menu.jsp</result>
</action>
```

executeResult 设置为 true。如果 executeResult 没有设定，在默认情况下，它的值为 false，即使 action 执行了，也不会生成任何视图。

6.3.2 控制标签

控制标签可以改变程序的执行流，以及基于系统的状态产生不同的输出。

1. <s:if><s:else>标签

该标签用于执行基本的条件流转。

例如，判断用户是否登录。如果登录，页面显示“注销”；反之，页面显示“登录”。

```
<s:if test="#session.user==null">
    <a class=title01 href="login.jsp">登录</a>
</s:if>
<s:else>
    <a href="logout.action">注销</a>
</s:else>
```

2. <s:iterator>标签

iterator 标签可以循环遍历任何对象集合，包括 Collection、Map、Enumeration、Iterator 及 array。同时，可以在 action context 中定义一个变量，用于确定与当前循环状态相关的基本信息，例如，遍历到了奇数行还是偶数行。

下面这个例子用于循环遍历由 CaveatEmptor 的 Search action 返回的条目集合：

```
<s:iterator value="items">
    <s:property value="name"/>,<s:property value="description"/>
</s:iterator>
```

表达式 items 调用了 Search.getItems()方法，执行后返回一个 Item 对象的 List。随着循环遍历的进行，在 iterator 标签内部的内容被调用的时候，每个遍历到的对象都会被暂时压入值栈。在标签内部的内容执行完毕后，这个对象就会出栈。

由于 Item 对象被压入到值栈中，所以 property 标签能够通过使用 name 和 description 这两个表达式，实现 getName()和 getDescription()方法。

习　题　六

（1）按照本章的指导，给网上书店开发图书分类显示、分页显示、搜索图书等功能。

（2）试给系统增加一个“新书展示”的功能，在打开的网上书店首页显示最近畅销的新书。

（3）阅读、理解本章程序几个功能模块的 JSP 代码，对照 6.3 节知识点并参考其他相关的技术书籍和资料，初步学会 Struts 2 标签库的使用。

第7章　项目开发综合：购物车功能开发

本章主要内容：

（1）网上书店购物车、结账功能的开发。

（2）Struts 2 的 OGNL 表达式基础。

（3）Hibernate 数据关联。

7.1 需求展示

当用户浏览到满意的图书时，可以填写需要的数量，并单击【购买】按钮，将图书放入购物车（位于服务器内存中），如图 7.1 所示。

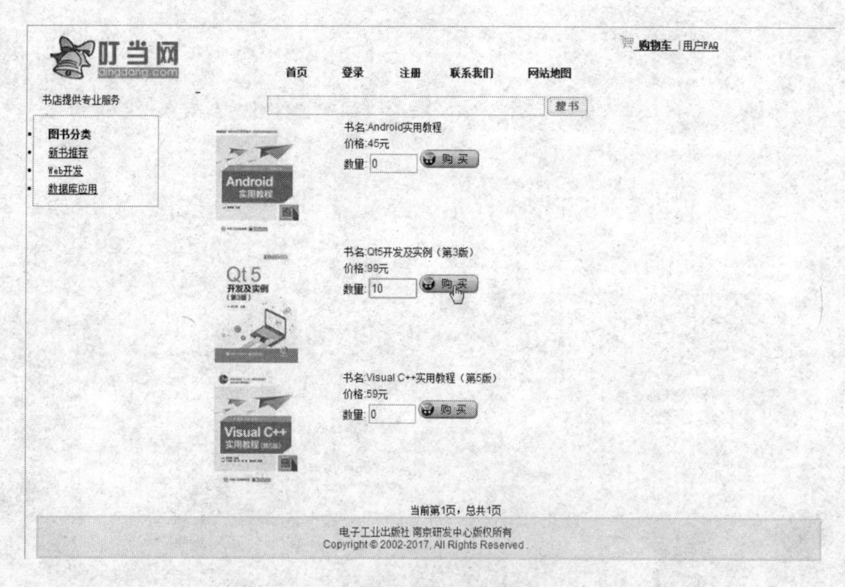

图 7.1　将图书放入购物车

将书放入购物车后，用户可选择继续购买或者进入结算中心下订单，如图 7.2 所示。

图 7.2　继续买书或下订单

用户也可随时单击购物车，查看购物车中已有的图书。

7.2 开 发 步 骤

7.2.1 添加到购物车

开发的步骤：

（1）创建购物车模型。

（2）DAO。

（3）Service。

（4）Action。

（5）Spring。

（6）JSP。

具体操作如下。

1. 创建购物车模型

购物车模型 Cart 如图 7.3 所示，其源文件在项目中的位置如图 7.4 所示。

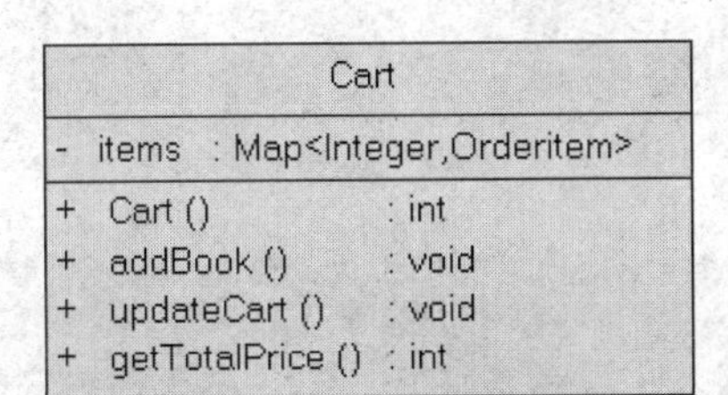

图 7.3　购物车模型 Cart

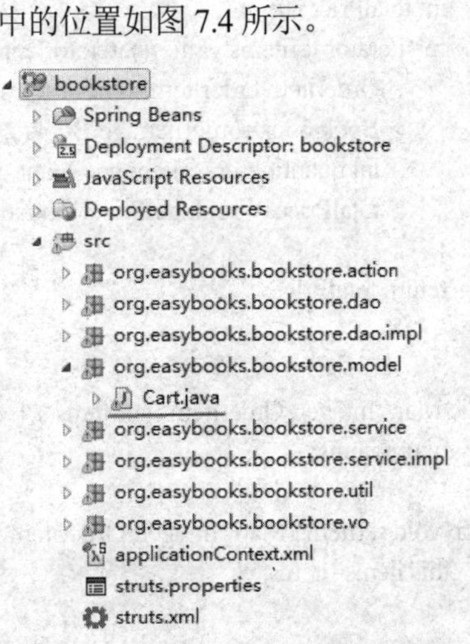

图 7.4　Cart 模型源文件所在位置

Cart.java 的代码如下：

```
package org.easybooks.bookstore.model;
import java.util.*;
import org.easybooks.bookstore.vo.*;
public class Cart{
    protected Map<Integer,Orderitem> items;                //属性 item
    //构造函数
    public Cart(){
        if(items==null)
            items=new HashMap<Integer,Orderitem>();
    }
    //添加图书到购物车
    public void addBook(Integer bookid,Orderitem orderitem){
```

```
                //是否存在，如果存在，则更改数量
                //如果不存在，则添加到集合
                if(items.containsKey("bookid")){
                        Orderitem _orderitem=items.get(bookid);
                        orderitem.setQuantity(_orderitem.getOrderitemid()+orderitem.getQuantity());
                        items.put(bookid,_orderitem);
                }
                else{
                        items.put(bookid,orderitem);
                }
        }
        //更新购物车的购买书籍数量
        public void updateCart(Integer bookid,int quantity){
                Orderitem orderitem=items.get(bookid);
                orderitem.setQuantity(quantity);
                items.put(bookid, orderitem);
        }
        //计算总价格
        public int getTotalPrice(){
                int totalPrice=0;
                for(Iterator it=items.values().iterator();it.hasNext();){
                        Orderitem orderitem=(Orderitem)it.next();
                        Book book=orderitem.getBook();
                        int quantity=orderitem.getQuantity();
                        totalPrice+=book.getPrice()*quantity;
                }
                return totalPrice;
        }

        public Map<Integer, Orderitem>getItems() {
                return items;
        }
        public void setItems(Map<Integer, Orderitem>items) {
                this.items=items;
        }
}
```

Cart 使用 Java 语言中的集合类 Map 来管理购物车中的图书，Map 提供了一个通用的元素存储方法，用于存储元素对（称为“键-值”对），其中每个键映射一个值，在上面代码中的键为 bookid（书号），值为 orderitem（订单项）对象。

2. DAO

DAO层主要为BaseDAO类、IBookDAO接口和BookDAO类。在IBookDAO中定义了getBookbyId()方法，通过这个方法可以根据 id 号得到图书的信息。BookDAO 具体实现了这个接口。

IBookDAO.java 的代码如下：

```
package org.easybooks.bookstore.dao;
import java.util.List;
import org.easybooks.bookstore.vo.Book;
public interface IBookDAO{
        public List getBookbyCatalogid(Integer catalogid);
        public List getBookbyCatalogidPaging(Integer catalogid,int currentPage,int pageSize);
```

```
        public int getTotalbyCatalog(Integer catalogid);
        public List getRequiredBookbyHql(String hql);
        public Book getBookbyId(Integer bookid);
}
```

这里新增方法 getBookbyId，根据图书号得到图书。

修改 BookDAO.java，代码如下：

```
package org.easybooks.bookstore.dao.impl;
import java.util.List;
import org.easybooks.bookstore.dao.*;
import org.hibernate.*;
import org.easybooks.bookstore.vo.Book;
public class BookDAO extends BaseDAO implements IBookDAO{
        …
        //根据图书号得到图书
        public Book getBookbyId(Integer bookid){
                Session session=getSession();
                //Hibernate 返回 Book 类的持久对象
                Book book=(Book)session.get(Book.class,bookid);
                session.close();
                return book;
        }
}
```

在上段代码中，由 Hibernate 返回 Book 类的持久对象，有关对象持久化及其生命周期的问题在后面的知识点中介绍。

3. Service

IBookService 接口定义的方法为 getBookbyId()，在 BookService 中具体实现了这个方法。

IBookService.java 的代码如下：

```
package org.easybooks.bookstore.service;
import java.util.List;
import org.easybooks.bookstore.vo.Book;
public interface IBookService{
        public List getBookbyCatalogid(Integer catalogid);
        public List getBookbyCatalogidPaging(Integer catalogid,int currentPage,int pageSize);
        public int getTotalbyCatalog(Integer catalogid);
        public List getRequiredBookbyHql(String hql);
        //根据 bookid 得到图书信息
        public Book getBookbyId(Integer bookid);
}
```

此处业务层也是直接封装 DAO 层的 getBookbyId()方法。

BookService.java 的代码如下：

```
package org.easybooks.bookstore.service.impl;
import java.util.List;
import org.easybooks.bookstore.dao.IBookDAO;
import org.easybooks.bookstore.service.IBookService;
import org.easybooks.bookstore.vo.Book;
public class BookService implements IBookService{
        …
```

```
    public Book getBookbyId(Integer bookid){
        return bookDAO.getBookbyId(bookid);
    }
}
```

业务层借助 DAO 接口实现业务方法 getBookbyId()。

4. Action

ShoppingAction 通过 addToCart()方法完成将图书放入购物车的业务逻辑，如图 7.5 所示。

ShoppingAction	
- bookid	: int
- quantity	: int
- bookService	: IBookService
+ addToCart ()	: java.lang.String
+ updateCart ()	: java.lang.String
+ checkOut ()	: java.lang.String

图 7.5 ShoppingAction 的方法

文件在项目中的位置如图 7.6 所示。

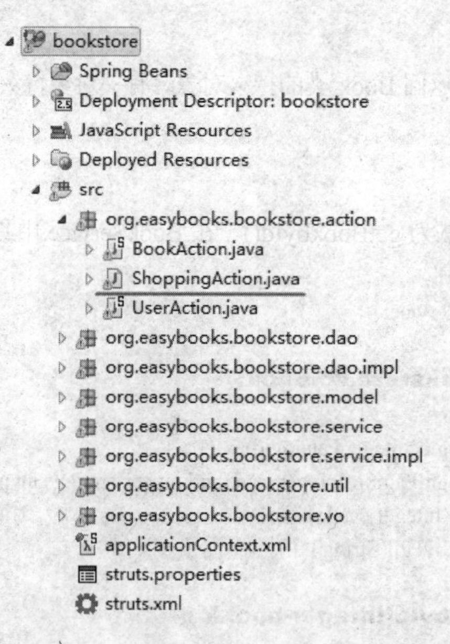

图 7.6 ShoppingAction 模块在项目中的位置

创建 ShoppingAction.java，代码如下：

```
package org.easybooks.bookstore.action;
import java.util.Map;
import org.easybooks.bookstore.model.Cart;
import org.easybooks.bookstore.service.IBookService;
import org.easybooks.bookstore.vo.*;
import com.opensymphony.xwork2.*;
public class ShoppingAction extends ActionSupport{
    private int quantity;
```

```
        private Integer bookid;
        private IBookService bookService;
        //添加到购物车
        public String addToCart() throws Exception{
            Book book=bookService.getBookbyId(bookid);
            Orderitem orderitem=new Orderitem();
            orderitem.setBook(book);
            orderitem.setQuantity(quantity);
            Map session=ActionContext.getContext().getSession();
            Cart cart=(Cart)session.get("cart");
            if(cart==null){
                cart=new Cart();
            }
            cart.addBook(bookid, orderitem);
            session.put("cart",cart);
            return SUCCESS;
        }
        //属性 bookid 的 getter/setter 方法
        public Integer getBookid(){
            return bookid;
        }
        public void setBookid(Integer bookid){
            this.bookid=bookid;
        }
        //属性 quantity 的 getter/setter 方法
        public int getQuantity(){
            return quantity;
        }
        public void setQuantity(int quantity){
            this.quantity=quantity;
        }
        //属性 bookService 的 getter/setter 方法
        public IBookService getBookService(){
            return bookService;
        }
        public void setBookService(IBookService bookService){
            this.bookService=bookService;
        }
}
```

配置 struts.xml，代码如下：

```
<?xml version="1.0" encoding="UTF-8" ?>
<!DOCTYPE struts PUBLIC
    "-//Apache Software Foundation//DTD Struts Configuration 2.5//EN"
    "http://struts.apache.org/dtds/struts-2.5.dtd">
<!-- START SNIPPET: xworkSample -->
<struts>
    <package name="default" extends="struts-default">
        ...
        <action name="addToCart" class="shoppingAction" method="addToCart">
            <result name="success">addToCart_success.jsp</result>
```

```
            </action>
        </package>
    </struts>
    <!-- END SNIPPET: xworkSample -->
```

执行成功跳转到 addToCart_success.jsp 页面。

5. Spring

applicationContext.xml 的代码如下：

```
<?xml version="1.0" encoding="UTF-8"?>
<beans
        xmlns="http://www.springframework.org/schema/beans"
        xmlns:xsi="http://www.w3.org/2001/XMLSchema-instance"
        xmlns:p="http://www.springframework.org/schema/p"
        xsi:schemaLocation="http://www.springframework.org/schema/beans http://www.springframework.org/sche
ma/beans/spring-beans-4.1.xsd http://www.springframework.org/schema/tx http://www.springframework.org/schema/tx/s
pring-tx.xsd" xmlns:tx="http://www.springframework.org/schema/tx">
        <bean id="dataSource"
            ...
        </bean>
        <bean id="sessionFactory"
            ...
        </bean>
        ...
        <bean id="shoppingAction" class="org.easybooks.bookstore.action. ShoppingA
ction">
            <property name="bookService" ref="bookService"/>
        </bean>
        <tx:annotation-driven transaction-manager="transactionManager"/>
</beans>
```

以上的配置在 ShoppingAction 控制块中注入了 BookService 业务组件。

6. JSP

修改 browseBookPaging.jsp，代码如下：

```
<%@ page contentType="text/html;charset=gb2312" %>
<%@ taglib prefix="s" uri="/struts-tags" %>
<!DOCTYPE HTML PUBLIC "-//W3C//DTD HTML 4.01 Transitional//EN"
"http://www.w3c.org/TR/1999/REC-html401-19991224/loose.dtd">
<html>
<head>
            <title>网上书店</title>
            <link href="css/bookstore.css" rel="stylesheet" type="text/css"/>
</head>
<body>
            <jsp:include page="head.jsp"/>
            <div class="content">
                  …
                  <div class="right">
                        <div class="right_box">
                              <s:iterator value="#request['books']" var="book">
                                    <table width="600" border="0">
```

```
                    <tr>
                        <td width="200" align="center">
                            <img    src="/bookstore/picture/<s:property    value="#book.
picture "/>" width="100"/>
                        </td>
                        <td valign="top" width="400">
                            <table>
                                …
                                <tr>
                                    <td>
                                        价格:<s:property value="#book.price"/>元
                                        …
            <form action="addToCart.action" method="post">
                数量:
                <input type="text" name="quantity" value="0" size="4"/>
                <input  type="hidden"  name="bookid"  value="<s:property  value= "#bo
ok.bookid"/>">
                <input type="image" name="submit" src="/bookstore/picture/buy.gif"/>
            </form>
                                    </td>
                                </tr>
                            </table>
                        </td>
                    </tr>
                </table>
            </s:iterator>
            …
        </div>
    </div>
</div>
<jsp:include page="foot.jsp"/>
</body>
</html>
```

这样修改后，原来页面上每本图书后的 购 买 按钮就变为可用的了，能够响应用户的操作，将对应的图书放入购物车。

创建 addToCart_success.jsp，代码如下：

```
<%@ page contentType="text/html;charset=gb2312" %>
<%@ taglib prefix="s" uri="/struts-tags" %>
<!DOCTYPE HTML PUBLIC "-//W3C//DTD HTML 4.01 Transitional//EN"
"http://www.w3c.org/TR/1999/REC-html401-19991224/loose.dtd">
<html>
<head>
        <title>网上书店</title>
        <link href="css/bookstore.css" rel="stylesheet" type="text/css"/>
</head>
<body>
        <jsp:include page="head.jsp"/>
        <div class="content">
            <div class="left">
                <div class="list_box">
```

```
                    <div class="list_bk">
                        <s:action name="browseCatalog" executeResult="true"/>
                    </div>
                </div>
            </div>
            <div class="right">
                <div class="right_box">
                    <font face="宋体">图书添加成功！</font>
                    <form action="browseBookPaging.action" method="post">
                        <input type="hidden" value="<s:property value="#session['catalogid']"/>">
                        <input type="image" name="submit" src="/bookstore/picture/continue.gif"/>
                    </form>
                    <a href="#"><img src="/bookstore/picture/count.gif"/></a>
                </div>
            </div>
        </div>
        <jsp:include page="foot.jsp"/>
</body>
</html>
```

添加成功后，用户单击 继续购物 按钮启动 browseBookPaging.action 模块，返回分页显示的图书页，可以继续选购图书。

修改 BookAction.java，代码如下：

```
package org.easybooks.bookstore.action;
…
public class BookAction extends ActionSupport{
        …
        public String browseBookPaging() throws Exception{
            int totalSize=bookService.getTotalbyCatalog(catalogid);
            Pager pager=new Pager(currentPage,totalSize);
            List books=bookService.getBookbyCatalogidPaging(catalogid,currentPage, pager.getPageSize());
            Map request=(Map)ActionContext.getContext().get("request");
            request.put("books", books);
            request.put("pager",pager);
            //购物车要返回时，需要记住返回的地址
            Map session=ActionContext.getContext().getSession();
            request.put("catalogid",catalogid);
            return SUCCESS;
        }
        …
}
```

测试程序，运行效果如图 7.1 和图 7.2 所示，但此时还无法显示购物车中的图书，相应的功能尚未开发。

7. 知识点：Hibernate 实体对象生命周期

实体对象生命周期是 Hibernate 应用的一个关键概念。对生命周期的理解和把握不仅对 Hibernate 的正确应用颇有裨益，而且对 Hibernate 实现原理的探索也很有意义。

这里的实体对象特指 Hibernate O/R 映射关系中的域对象（O/R 中的“O”）。

实体对象生命周期有 3 种状态。

（1）Transient（瞬时态）。

瞬时态，即实体对象在内存中的存在与数据库中的记录无关，例如：

```
User user=new User();
user.setUsername("Tom");
```

这里的 user 对象与数据库中的记录没有任何关联。

（2）Persisent（持久态）。

持久态是指对象处于由 Hibernate 框架管理的状态。在这种状态下，实体对象的引用被纳入 Hibernate 实体容器中加以管理。处于持久状态的对象，其变更将由 Hibernate 固化到数据库中。

```
User user=new User();
User anotherUser=new User();
user.setUsername("Tom");                          //此时，user 处于瞬时态
anotherUser.setUsername("Grace");                 //此时，anotherUser 处于瞬时态
Transaction tx=session.beginTransaction();
//通过 save()方法，user 对象转换为持久态，由 Hibernate 纳入实体管理容器中
//而 anotherUser 仍然处于瞬时态
session.save(user);
//事务提交之后，数据库表中插入一条用户“Tom”的记录
//对于 anotherUser 则无任何操作
tx.commit();
Transaction tx2=session.beginTransaction();
user.setUserName("Tom1");
anotherUser.setUsername("Grace1");
//虽然这个事务中没有显式调用 session.save()方法保存 user 对象
//但由于 user 为持久态，将自动被固化到数据库中
//因此，数据库的用户记录已被更改为“Tom1”
//而此时 anotherUser 仍然是一个普通 Java 对象，不能对数据库产生任何影响
tx2.commit();
```

处于瞬时状态的对象，可以通过 Session 的 save()方法转换成 Persistent 状态。同样，如果一个实体对象由 Hibernate 加载，那么它也处于持久状态。

```
//由 Hibernate 返回的持久对象
User user=(User)Session.load(User.class,new Integer(1));
```

持久对象对应数据库中的一条记录，可以看成数据库记录的对象化操作接口，其状态的变更将对数据库中的记录产生影响。

在前面的程序中，也是使用 Hibernate 返回的持久对象 Book 获取用户选购的图书：

```
Session session=getSession();
//Hibernate 返回 Book 类的持久对象
Book book=(Book)session.get(Book.class,bookid);
session.close();
return book;
```

这样，就可实现按图书号返回特定的图书对象。

（3）Detached（脱管状态）。

处于持久状态的对象，其对应的 Session 实例关闭后，该对象就处于脱管状态。

Session 实例可以看成持久对象的宿主，一旦该宿主失效，其从属的持久对象就进入脱管状态。

```
//user 处于瞬时态
User user=new User();
User.setUsername("Tom");
Transaction tx=session.beginTransaction();
```

```
//user 对象由 Hibernate 纳入管理容器中，处于持久态
session.save(user);
tx.commit();
//user 对象状态变为脱管状态，因为与其关联的 Session 已经关闭
session.close();
```

在上面的例子中，user 对象从瞬时态转变为持久态，又从持久态转变为脱管状态。那么，这里的脱管状态和瞬时态有什么区别呢？

区别在于脱管对象可以再次与某个 Session 实例相关联而成为持久对象。更为重要的是，当瞬时对象执行 session.save 方法时，user 对象的内容已经发生了变化。Hibernate 对 user 对象持久化，并为其赋予了主键值。这个 user 对象自然可以与库表中具备相同 id 值的记录相关联，但瞬时状态的 user 对象与库表中的数据缺乏对应关系。而脱管状态的 user 对象，却在库表中存在相对应的记录，只不过由于脱管对象脱离 Session 这个数据操作媒介，其状态的改变无法更新到表中对应的记录而已。

有时候为了方便，将处于瞬时和脱管状态的对象统称为值对象（Value Object，VO），将处于持久状态的对象称为持久对象（Persistent Object，PO）。

这是由“实体对象是否被纳入 Hibernate 实体管理容器”加以区别的，非管理的实体对象统称为 VO，被管理的对象称为 PO。

7.2.2 显示购物车

开发的步骤：

（1）Action。

（2）JSP。

具体操作如下。

1. Action

修改 ShoppingAction.java，代码如下：

```
package org.easybooks.bookstore.action;
…
public class ShoppingAction extends ActionSupport{
        private int quantity;
        private Integer bookid;
        private IBookService bookService;
        //添加到购物车
        public String addToCart() throws Exception{
                …
        }

        //更新购物车
        public String updateCart() throws Exception{
                Map session=ActionContext.getContext().getSession();
                Cart cart=(Cart)session.get("cart");
                cart.updateCart(bookid, quantity);
                session.put("cart", cart);
                return SUCCESS;
        }
        …
}
```

ShoppingAction 中新增的 updateCart()用于完成更新购物车的功能。

配置 struts.xml，代码如下：

```
<?xml version="1.0" encoding="UTF-8" ?>
<!DOCTYPE struts PUBLIC
        "-//Apache Software Foundation//DTD Struts Configuration 2.5//EN"
        "http://struts.apache.org/dtds/struts-2.5.dtd">
<!-- START SNIPPET: xworkSample -->
<struts>
    <package name="default" extends="struts-default">
        ...
        <action name="updateCart" class="shoppingAction" method="updateCart">
            <result name="success">showCart.jsp</result>
        </action>
    </package>
</struts>
<!-- END SNIPPET: xworkSample -->
```

显示购物车的页面为 showCart.jsp，也就是 updateCart.action 执行成功后跳转到的页面。

2. JSP

创建 showCart.jsp，代码如下：

```
<%@ page contentType="text/html;charset=gb2312" %>
<%@ taglib prefix="s" uri="/struts-tags" %>
<!DOCTYPE HTML PUBLIC "-//W3C//DTD HTML 4.01 Transitional//EN"
"http://www.w3c.org/TR/1999/REC-html401-19991224/loose.dtd">
<html>
<head>
    <title>网上购书系统</title>
    <link href="css/bookstore.css" rel="stylesheet" type="text/css"/>
</head>
<body>
    <jsp:include page="head.jsp"/>
    <div class="content">
        <div class="left">
            <div class="list_box">
                <div class="list_bk">
                    <s:action name="browseCatalog" executeResult="true"/>
                </div>
            </div>
        </div>
        <div class="right">
            <div class="right_box">
                <s:set var="items" value="#session.cart.items"/>
                <s:if test="#items.size != 0">
                        
                        
                    <font color="blue"><h3>您购物车中图书</h3></font><br/>
        <table id="tb" cellSpacing="2" cellPadding="5" width="95%" align="center" border="0">
            <tr>
            <td bgcolor="rgb(238,238,238)" align="center" width="50%" height="12">书  名</td>
            <td bgcolor="rgb(238,238,238)" align="center" width="15%" >定  价</td>
```

```
                <td bgcolor="rgb(238,238,238)" align="center" width="15%">数  量</td>
                <td bgcolor="rgb(238,238,238)" align="center" width="20%">
                                    <font color="gray">操  作</font>
                                </td>
                            </tr>
                        <form action="updateCart.action" method="post">
                            <s:iterator value="#items">
                                <tr>
                                    <td>
                                <s:property value="value.book.bookname"/>
                                    </td>
                                    <td>
                                <s:property value="value.book.price"/>
                                    </td>
                                    <td>
<input type="text" name="quantity" value="<s:property value="value.quantity"/>" size="4"/>
<input type="hidden" name="bookid" value="<s:property value="value.book.bookid"/>"/>
                                    </td>
                                    <td>
                                        <input type="submit" value="更新"/>
                                    </td>
                                </tr>
                            </s:iterator>
                        </form>
                        </table>
                    <hr/>
                            
                            
                            
                            
                            
                            
                            
                            
                            
                            
                            
                            
                            
            消费金额:<s:property value="#session.cart.totalPrice"/>元   
                    <a href="checkout.action"><img src="/bookstore/picture/count.gif"/></a>
                </s:if>
                <s:else>
                    对不起，您还没有选购图书！
                </s:else>
            </div>
        </div>
    </div>
    <jsp:include page="foot.jsp"/>
</body>
</html>
```

以上 JSP 页面中加黑的部分使用了 Struts 2 的 OGNL 表达式来获取图书名称、价格等信息，有关 OGNL 表达式的内容详见 7.3 节。

测试程序，读者可以自行选购几种书，然后单击 购物车 查看，效果如图 7.7 所示。

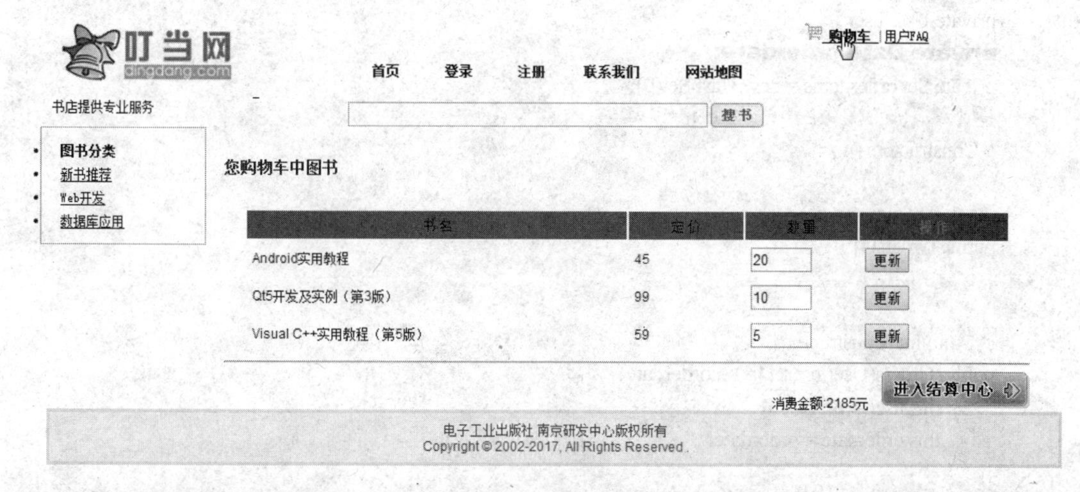

图 7.7　显示购物车中的图书

系统已经自动计算出所购图书的总价，读者不妨自己验算一下以核对是否正确。

7.2.3　结账下订单

开发的步骤：

（1）修改表的 POJO 类及映射文件。

（2）DAO。

（3）Service。

（4）Action。

（5）Spring。

（6）JSP。

具体操作如下。

1. 修改表的 POJO 类及映射文件

为了使数据库字段类型与程序代码兼容，并且做到表之间的自动关联，需要对之前 Hibernate 反向工程自动生成的持久化类及映射文件稍做修改。

修改 Orders.java（加黑处），代码如下：

```
package org.easybooks.bookstore.vo;
//import java.sql.Timestamp;
import java.util.Date;
import java.util.HashSet;
import java.util.Set;

/**
 * Orders entity. @author MyEclipse Persistence Tools
 */

public class Orders implements java.io.Serializable{
```

```
// Fields

private Integer orderid;
private User user;
private Date orderdate;
private Set orderitems = new HashSet(0);

// Constructors

/** default constructor */
public Orders(){
}

/** minimal constructor */
public Orders(User user, Date orderdate){
        this.user = user;
        this.orderdate = orderdate;
}

/** full constructor */
public Orders(User user, Date orderdate, Set orderitems){
        this.user = user;
        this.orderdate = orderdate;
        this.orderitems = orderitems;
}

// Property accessors

public Integer getOrderid(){
        return this.orderid;
}

public void setOrderid(Integer orderid){
        this.orderid = orderid;
}

public User getUser(){
        return this.user;
}

public void setUser(User user){
        this.user = user;
}

public Date getOrderdate(){
        return this.orderdate;
}

public void setOrderdate(Date orderdate){
        this.orderdate = orderdate;
```

```
        }

        public Set getOrderitems(){
                return this.orderitems;
        }

        public void setOrderitems(Set orderitems){
                this.orderitems = orderitems;
        }

}
```

这样一改，程序就可以顺利地读/写订单日期字段了。

修改映射文件 Orders.hbm.xml，代码如下：

```
<?xml version="1.0" encoding="utf-8"?>
...
<hibernate-mapping>
    <class name="org.easybooks.bookstore.vo.Orders" table="orders" catalog="bookstore">
        ...
        <set name="orderitems" cascade="all" inverse="true">
            <key>
                <column name="orderid" not-null="true" />
            </key>
            <one-to-many class="org.easybooks.bookstore.vo.Orderitem"/>
        </set>
    </class>
</hibernate-mapping>
```

这样设置使得数据库表在所有情况下均进行关联操作，以维持数据的一致性。

2. DAO

主要涉及的接口和类为 IOrderDAO 接口和 OrderDAO 类。IOrderDAO 接口中定义了 saveOrder() 方法，用来将订单和订单项信息保存到 orders 表和 orderitem 表中。

IOrderDAO.java 的代码如下：

```
package org.easybooks.bookstore.dao;
import org.easybooks.bookstore.vo.Orders;
public interface IOrderDAO{
        public Orders saveOrder(Orders order);
}
```

OrderDAO.java 的代码如下：

```
package org.easybooks.bookstore.dao.impl;
import org.easybooks.bookstore.dao.*;
import org.easybooks.bookstore.vo.Orders;
import org.hibernate.*;
public class OrderDAO extends BaseDAO implements IOrderDAO{
        //保存购物信息
        public Orders saveOrder(Orders order){
                Session session = getSession();
                Transaction tx = session.beginTransaction();
                session.save(order);
                tx.commit();
```

```
            session.close();
            return order;
        }
}
```

向数据库表中写入订单记录用到了事务操作，保证数据完整性，有关事务管理的基本概念将在第8章中详细介绍。

3. Service

Service 层主要为 IOrderService 接口，这个接口定义了 saveOrder()方法，用于结账。OrderService 具体实现了这个接口。

创建 IOrderService.java，代码如下：

```
package org.easybooks.bookstore.service;
import org.easybooks.bookstore.vo.Orders;
public interface IOrderService{
        //保存购物信息
        public Orders saveOrder(Orders order);
}
```

Service 层封装 DAO 层的方法。

创建 OrderService.java，代码如下：

```
package org.easybooks.bookstore.service.impl;
import org.easybooks.bookstore.dao.IOrderDAO;
import org.easybooks.bookstore.service.IOrderService;
import org.easybooks.bookstore.vo.Orders;
public class OrderService implements IOrderService{
        private IOrderDAO orderDAO;                //属性 orderDAO
        //属性 orderDAO 的 setter 方法
        public void setOrderDAO(IOrderDAO orderDAO){
                this.orderDAO=orderDAO;
        }
        //保存购物信息
        public Orders saveOrder(Orders order){
                return orderDAO.saveOrder(order);
        }
}
```

orderDAO.saveOrder(order)实现写订单的业务逻辑。

4. Action

修改 ShoppingAction.java，代码如下：

```
package org.easybooks.bookstore.action;
import java.util.Map;
import java.util.Iterator;
import java.util.Date;
import org.easybooks.bookstore.model.Cart;
import org.easybooks.bookstore.service.IBookService;
import org.easybooks.bookstore.service.IOrderService;
import org.easybooks.bookstore.vo.*;
import com.opensymphony.xwork2.*;
public class ShoppingAction extends ActionSupport{
        private int quantity;
```

```
        private Integer bookid;
        private IBookService bookService;
        private IOrderService orderService;
        //添加到购物车
        public String addToCart() throws Exception{
            …
        }
        //更新购物车
        public String updateCart() throws Exception{
            …
        }
        //结账下订单
        public String checkout() throws Exception{
            Map session=ActionContext.getContext().getSession();
            User user=(User)session.get("user");
            Cart cart=(Cart)session.get("cart");
            if(user==null || cart ==null)
                return ActionSupport.ERROR;
            Orders order=new Orders();
            order.setOrderdate(new Date());
            order.setUser(user);
            for(Iterator it=cart.getItems().values().iterator();it.hasNext();){
                Orderitem orderitem=(Orderitem)it.next();
                orderitem.setOrders(order);
                order.getOrderitems().add(orderitem);
            }
            orderService.saveOrder(order);
            Map request=(Map)ActionContext.getContext().get("request");
            request.put("order",order);
            return SUCCESS;
        }
        …
        public IOrderService getOrderService(){
            return orderService;
        }
        public void setOrderService(IOrderService orderService){
            this.orderService=orderService;
        }
    }
```

在这里，向 ShoppingAction 类中添加一个 checkOut()方法来完成结账功能。程序中的 Iterator 是 Java 语言中对集合进行迭代的迭代器，本程序用它来遍历用户购物车里的书，生成订单项，进一步组织成订单。

Iterator 有 hasNext()方法，返回是否还有没有访问到的元素，next()方法则是返回下一个元素，这样对于程序员来说，在不知道用户购书总数的情况下，也照样可以实现对购物车中图书的遍历访问。

配置 struts.xml，代码如下：

```
<?xml version="1.0" encoding="UTF-8" ?>
<!DOCTYPE struts PUBLIC
    "-//Apache Software Foundation//DTD Struts Configuration 2.5//EN"
```

```
        "http://struts.apache.org/dtds/struts-2.5.dtd">
<!-- START SNIPPET: xworkSample -->
<struts>
    <package name="default" extends="struts-default">
    ...
        <action name="checkout" class="shoppingAction" method="checkout">
            <result name="success">checkout_success.jsp</result>
            <result name="error">login.jsp</result>
        </action>
    </package>
</struts>
<!-- END SNIPPET: xworkSample -->
```

执行成功跳转到的 checkout_success.jsp 页面显示用户订单信息。

5. Spring

applicationContext.xml 的代码如下：

```
<?xml version="1.0" encoding="UTF-8"?>
<beans
        xmlns="http://www.springframework.org/schema/beans"
        xmlns:xsi="http://www.w3.org/2001/XMLSchema-instance"
        xmlns:p="http://www.springframework.org/schema/p"
        xsi:schemaLocation="http://www.springframework.org/schema/beans
http://www.springframework.org/schema/beans/spring-beans-4.1.xsd http://www.springframework.org/schema/tx http://
www.springframework.org/schema/tx/spring-tx.xsd" xmlns:tx="http://www.springframework.org/schema/tx">
        <bean id="dataSource"
            ...
        </bean>
        <bean id="sessionFactory"
            ...
        </bean>
        ...
        <bean id="shoppingAction" class="org.easybooks.bookstore.action.ShoppingAction">
            <property name="bookService" ref="bookService"/>
            <property name="orderService" ref="orderService"/>
        </bean>
        <bean id="orderDAO" class="org.easybooks.bookstore.dao.impl.OrderDAO"
parent="baseDAO"/>
        <bean id="orderService" class="org.easybooks.bookstore.service.impl.Ord
erService">
            <property name="orderDAO" ref="orderDAO"/>
        </bean>
        <tx:annotation-driven transaction-manager="transactionManager"/>
</beans>
```

注册 OrderService、OrderDAO 组件，并配置它们的注入关系。在 ShoppingAction 模块中要增加注入一个 OrderService 组件。

6. JSP

创建 checkout_success.jsp，代码如下：

```
<%@ page contentType="text/html;charset=gb2312" %>
```

```
<%@ taglib prefix="s" uri="/struts-tags" %>
<!DOCTYPE HTML PUBLIC "-//W3C//DTD HTML 4.01 Transitional//EN"
"http://www.w3c.org/TR/1999/REC-html401-19991224/loose.dtd">
<html>
<head>
    <title>网上书店</title>
    <link href="css/bookstore.css" rel="stylesheet" type="text/css"/>
</head>
<body>
    <jsp:include page="head.jsp"/>
    <div class="content">
        <div class="left">
            <div class="list_box">
                <div class="list_bk">
                    <s:action name="browseCatalog" executeResult="true"/>
                </div>
            </div>
        </div>
        <div class="right">
            <div class="right_box">

                <font face="宋体"></font><font face="宋体"></font><font face="宋体"></font><font
face="宋体"></font>
                <div class="info_bk1">
                    <div align="center">
                        <h3>订单添加成功！</h3>
        <s:property value="#session.user.username"/>，您的订单已经下达，订单号为
        <s:property value="#request.order.orderid"/>，我们会在 3 日内寄送图书给您！
                        <br><br>
                        <a href="logout.action">退出登录</a>
                    </div>
                </div>
            </div>
        </div>
    </div>
    <jsp:include page="foot.jsp"/>
</body>
</html>
```

测试程序，先登录，然后在图 7.7 中单击"进入结算中心"按钮，页面上显示订单信息，如图 7.8 所示。

图 7.8　结账显示订单

有兴趣的读者也可通过命令行进入 MySQL 数据库，查询有关这单交易的详细记录，如图 7.9 所示。

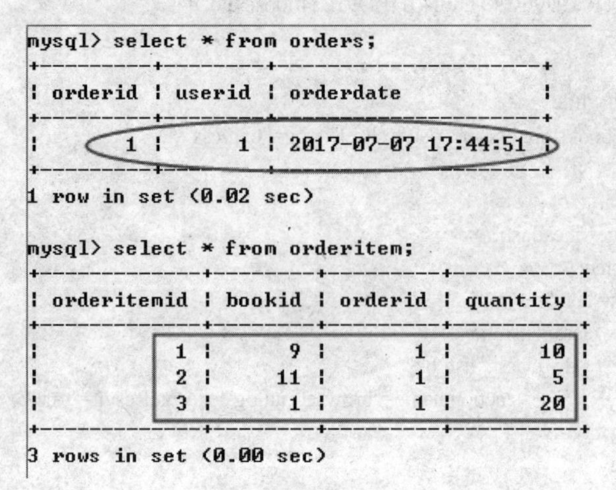

```
mysql> select * from orders;
+---------+--------+---------------------+
| orderid | userid | orderdate           |
+---------+--------+---------------------+
|       1 |      1 | 2017-07-07 17:44:51 |
+---------+--------+---------------------+
1 row in set (0.02 sec)

mysql> select * from orderitem;
+-------------+--------+---------+----------+
| orderitemid | bookid | orderid | quantity |
+-------------+--------+---------+----------+
|           1 |      9 |       1 |       10 |
|           2 |     11 |       1 |        5 |
|           3 |      1 |       1 |       20 |
+-------------+--------+---------+----------+
3 rows in set (0.00 sec)
```

图 7.9　订单在数据库中留下的记录

7.3　知识点——Struts 2：OGNL 表达式

7.3.1　OGNL 基础

OGNL 是 Object Graphic Navigation Language（对象图导航语言）的缩写。它是一个开源项目，也是一种功能强大的 EL（Expression Language，表达式语言），可以通过简单的表达式来访问 Java 对象中的属性。

OGNL 先在 WebWork 项目中得到应用，也是 Struts 2 框架视图默认的表达式语言。可以说，OGNL 表达式是 Struts 2 框架的特点之一。

标准的 OGNL 会设定一个根对象（root 对象）。假设使用标准 OGNL 表达式来求值（不是 Struts 2 OGNL），如果 OGNL 上下文有两个对象（foo 对象、bar 对象），同时 foo 对象被设置为根对象（root），则利用下面的 OGNL 表达式求值：

```
#foo.blah          //返回 foo.getBlah()
#bar.blah          //返回 bar.getBlah()
blah               //返回 foo.getBlah()，因为 foo 为根对象
```

使用 ONGL 非常简单，如果要访问的对象不是根对象，如示例中的 bar 对象，则需要使用命名空间，用“#”来表示，如“#bar”；如果访问一个根对象，则不用指定命名空间，可以直接访问根对象的属性。

在 Struts 2 框架中，值栈（Value Stack）就是 OGNL 的根对象，假设值栈中存在两个对象实例（Man 和 Animal），这两个对象实例都有一个 name 属性，Animal 有一个 species 属性，Man 有一个 salary 属性，假设 Animal 在值栈的顶部，Man 在 Animal 下面，如图 7.10 所示。下面的代码片段能更好地理解 OGNL 表达式。

```
species            //调用 animal.getSpecies()
salary             //调用 man.getSalary()
name               //调用 animal.getName()，因为 Animal 位于值栈的顶部
```

在最后一行实例代码中，返回的是 animal。getName()返回值返回 Animal 的 name 属性，因为 Animal 是值栈的顶部元素，OGNL 将从顶部元素搜索，所以会返回 Animal 的 name 属性值。如果要获得 Man 的 name 值，则需要如下代码：

```
man.name
```

Struts 2 允许在值栈中使用索引，实例代码如下：

```
[0].name    //调用 animal.getName()
[1].name    //调用 man.getName()
```

Struts 2 中的 OGNL Context 是 ActionContext，如图 7.11 所示。

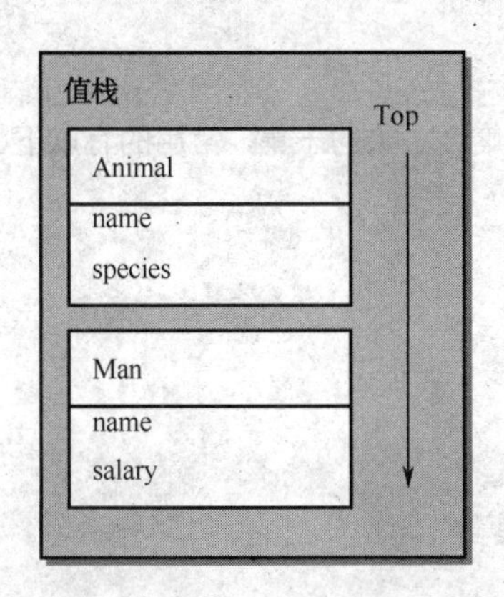

图 7.10　一个包含了 Animal 和 Man 的值栈

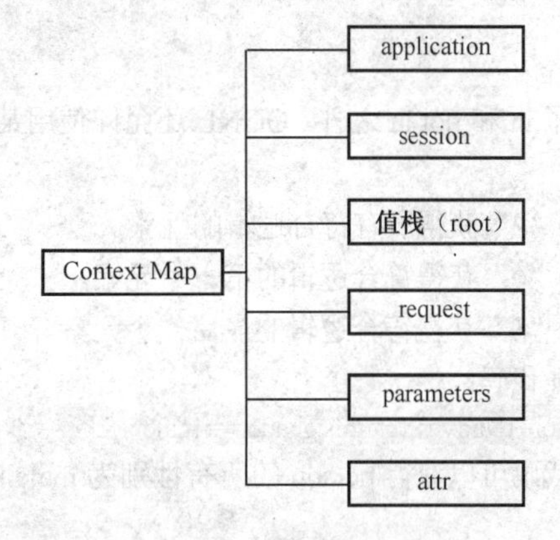

图 7.11　Struts 2 的 OGNL Context 结构示意图

由于值栈是 Struts 2 中 OGNL 的根对象，如果用户需要访问值栈中的对象，则可以通过如下代码访问值栈中的属性：

```
${foo}    //获得值栈中的 foo 属性
```

如果访问其他 Context 中的对象，由于不是根对象，所以在访问时需要加“#”前缀。

（1）application 对象。用于访问 ServletContext，例如“#application.username”或“#application["username"]”，相当于调用 Servlet 的 getAttribute("username")。

（2）session 对象。用来访问 HttpSession，例如“#session.username”或“#session ["userName"]”，相当于调用 session.getAttribute("userName")。

session 对象在购物车程序中被用到，例如：

```
<s:set name="items" value="#session.cart.items"/>
消费金额:<s:property value="#session.cart.totalPrice"/>元   
```

从会话中获取购物车模型的 items 等属性，再由它们进一步获得有关所购书籍的相关信息。

（3）request 对象。用来访问 HttpServletRequest 属性的 Map，例如“#request.username”或“#request["userName"]”，相当于调用 request.getAttribute("userName")。

request 对象在 browseBookPaging.jsp 页面中也被用到：

```
<s:iterator value="#request['books']" var="book">
```

7.3.2　OGNL 的集合操作

如果需要一个集合元素（如 List 对象或 Map 对象），可以使用 OGNL 中与集合相关的表达式。

可以使用如下代码直接生成一个 List 对象：

```
{e1, e2, e3, …}
```

在该 OGNL 表达式中，直接生成了一个 List 对象，该 List 对象中包含 3 个元素：e1、e2 和 e3。

如果需要更多的元素，则可以定义多个元素，多个元素之间使用逗号隔开。

如下代码可以直接生成一个 Map 对象：

```
#{key: value1, key2: value2, …}
```

Map 类型的集合对象使用 key-value 格式定义，每个 key-value 元素使用冒号表示，多个元素之间使用逗号隔开。

对于集合类型，OGNL 表达式可以使用 in 和 not in 符号。其中，in 判断某个元素是否在指定的集合对象中；not in 判断某个元素是否不在指定的集合对象中。代码如下所示：

```
<s: if test="'foo' in {'foo', 'bar'}">
    …
</s: if>
```

除了 in 和 not in 之外，OGNL 还允许使用某个规则获得集合对象的子集，常用的有以下 3 个相关操作符。

（1）“?”获得所有符合逻辑的元素。

（2）“^”获得符合逻辑的第一个元素。

（3）“$”获得符合逻辑的最后一个元素。

例如代码：

```
Person .relatives.{?# this.gender=='male'}
```

该代码可以获得 person 的所有性别为 male 的 relatives 集合。

7.4 知识点——Hibernate 数据关联

在实际项目的数据库设计过程中，往往需要操作多个数据表，而且多个表之间往往存在复杂的关系。下面简单介绍如何在 Hibernate 中描述多个表的映射关系，并演示如何操作关系复杂的持久对象。

对象之间的关联关系分为多对一、一对多、一对一和多对多 4 种情况。

7.4.1 多对一

实体与实体间的关系为多对一的关系，在现实中很常见。例如，在学校宿舍管理中，学生作为使用者 User 与房间 Room 的关系就是多对一的关系，多个使用者可以居住在一个房间，如图 7.12 所示。

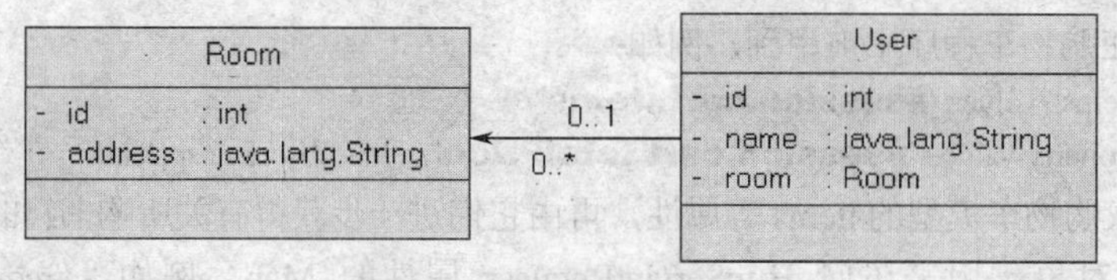

图 7.12 实体多对一关联

可以借 room_id 让使用者与房间产生关联，建立如下的 user 和 room 表：

```
create table user(
    id int(11) not null auto_increment primary key,
    name varchar(100) not null default "",
    room_id int(11)
);
create table room(
    id int(11) not null auto_increment primary key,
    address varchar(100) not null default "",
);
```

用程序来表示（通常用 Hibernate 反向工程生成），User 类如下：

```
public class User{
    private Integer id;
    private String name;
    private Room room;
     …
}
```

User 类中有一个 room 属性，将参考 Room 实例，多个 User 实例可共同参考一个 Room 实例。

Room 类代码如下：

```
public class Room{
    private Integer id;
    private String address;
    …
}
```

映射文件 Room.hbm.xml 代码如下：

```
<class name="onlyfun.caterpillar.Room" table="room">
    <id name="id" column="id">
        <generator class="native"/>
    </id>
    <property name="address" column="address" type="java.lang.String"/>
</class>
```

很简单的一个映射文件，而在 user.hbm.xml 中，使用<many-to-one>来标志映射多对一关系：

```
<class name="onlyfun.caterpillar.User" table="user">
    <id name="id" column="id" type="java.lang.Integer">
        <generator class="native"/>
    </id>
    <property name="name" column="name" type="java.lang.String"/>
    <many-to-one name="room"
        column="room_id"
        class="onlyfun.caterpillar.Room"
        cascade="all"
        outer-join="true"/>
</class>
```

在<many-to-one>的设定中，cascade 表示主控方（User）进行 save-update、delete 等相关操作时，被控方（Room）是否也要进行相关操作，即存储或更新 User 实例时，当中的 Room 实例是否也一起对数据库进行存储或更新操作。设定为 all，表示主控方进行任何操作，被控方也进行对应操作。

下面是一个存储的例子：

```
Room room1=new Room();
Room room2=new Room();
User user1=new User();
User user2=new User();
User user3=new User();
room1.setAddress("NTU-M8-419");
room2.setAddress("NTU-G3-302");
user1.setName("bush");
user1.setRoom("room1");
user2.setName("Tom");
user2.setRoom("room2");
```

```
user3.setName("Grace");
user3.setRoom("room2");

Session session=sessionFactory.openSession();
Transaction tx=session.beginTransaction();
session.save(user1);                    //主控方操作，被控方也对应操作
session.save(user2);
session.save(user3);
tx.commit();
session.close();
```

最后的结果是，room 表格插入了两条记录：

```
room
id    address
1     NTU-M8-419
2     NTU-G3-302
user
id    name    room_id
1     bush       1
2     Tom        2
3     Grace      2
```

在 Hibernate 映射文件中，cascade 属性的设置映射程序的编写，cascade 属性预设值是 none。以多对一的范例来看，如果设定 cascade 不为 true，则必须分别对 User 实例和 Room 实例进行存储，代码如下：

```
session.save(room1);                    //存储 Room 实例
session.save(room2);
session.save(user1);                    //存储 User 实例
session.save(user2);
session.save(user3);
```

7.4.2 一对多

多对一关系反过来就是一对多关系。一对多关系在系统实现中也很常见。典型的例子就是父亲与孩子的关系、房间与使用者的关系。在下面的示例中，每个 Room 都关联到多个 User，如图 7.13 所示，即一个房间可供多人居住。

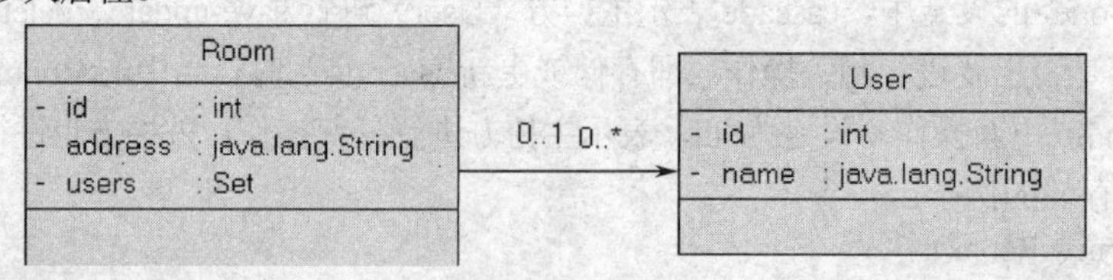

图 7.13 一对多

User.java 的代码如下：

```
public class User{
    private Integer id;
    private String name;
    …
}
```

而在 Room 类别中使用 Set 记录多个 User，代码如下：

```
public class Room{
```

```
    private Integer id;
    private String address;
    private Set users;
    …
}
```

这种方式即单向一对多关系，也就是 Room 实例知道 User 实例的存在，而 User 实例则没有意识到 Room 实例的存在（在多对一关系中，是单向多对一关系，即 User 知道 Room 的存在，但 Room 不知道 User 的存在）。

在映射文件上，User.hbm.xml 代码如下：

```
<class name="onlyfun.caterpillar.User" table="user">
    <id name="id" column="id" type="java.lang.Integer">
        <generator class="native"/>
    </id>
    <property name="name" column="name" type="java.lang.String"/>
</class>
```

在单向关系中，被参考的对象的映射文件就如单一实例一样配置，接下来看 Room.hbm.xml，使用<one-to-many>标志配置一对多。

Room.hbm.xml 的代码如下：

```
<class name="onlyfun.caterpillar.Room" table="room">
    <id name="id" column="id">
        <generator class="native"/>
    </id>
    <property name="address"
            column="address"
            type="java.lang.String"/>
    <set name="users" table="user" cascade="all">
            <key column="room_id"/>
            <one-to-many class=" User"/>
    </set>
</class>
```

可以如下存储实例：

```
User user1=new User();
User user2=new User();
User user3=new User();
Room room1=new Room();
Room room2=new Room();
user1.setName("bush");
user2.setName("tom");
user3.setName("grace");
room1.setUsers(new HashSet());
room1.setAddress("NTU-M8-419");
room1.addUser(user1);
room1.addUser(user2);
room2.setUsers(new HashSet());
room2.setAddress("NTU-G3-302");
room2.addUser(user3);
Session session = sessionFactory.openSession();
Transaction tx = session.beginTransaction();
session.save(room1);          // cascade 操作
```

```
session.save(room2);
tx.commit();
session.close();
```

在数据库中将存储以下的表格：

```
user
id   name        room_id
1  bush          1
2  tom           1
3  grace         2
room
id  address
1    NTU-M8-419
2    NTU-G3-302
```

7.4.3 双向关联

在多对一、一对多中都是单向关联，也就是其中一方关联到另一方，而另一方不知道自己被关联。如果让双方都意识到另一方的存在，就形成了双向关联，把多对一、一对多的例子改写一下，重新设计 User 类如图 7.14 所示。

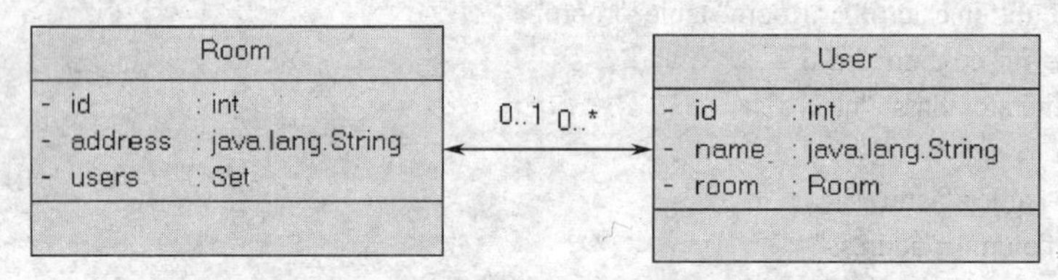

图 7.14 双向关联

User 类代码如下：

```
public class User{
    private Integer id;
    private String name;
    private Room room;
    …
}
```

Room 类代码如下：

```
public class Room{
    private Integer id;
    private String address;
    private Set users;
    …
}
```

这样，User 实例可参考 Room 实例而维持多对一关系，而 Room 实例记得 User 实例而维持一对多关系。

映射文件 User.hbm.xml 的代码如下：

```
<class name="onlyfun.caterpillar.User" table="user">
    <id name="id" column="id" type="java.lang.Integer">
        <generator class="native"/>
    </id>
    <property name="name" column="name" type="java.lang.String"/>
```

```
    <many-to-one name="room"
                column="room_id"
                class="onlyfun.caterpillar.Room"
                cascade="save-update"
                outer-join="true"/>
</class>
```

Room.hbm.xml 的代码如下：

```
<class name="onlyfun.caterpillar.Room" table="room">
    <id name="id" column="id">
        <generator class="native"/>
    </id>
    <property name="address" column="address"type="java.lang.String"/>
    <set name="users" table="user" cascade="save-update">
        <key column="room_id"/>
        <one-to-many class="onlyfun.caterpillar.User"/>
    </set>
</class>
```

因为映射文件双方都设定了 cascade 为 save-update，所以可以用多对一的方式来维持关联：

```
User user1=new User();
User user2=new User();
Room room1=new Room();
user1.setName("bush");
user2.setName("caterpillar");
room1.setAddress("NTU-M8-419");
user1.setRoom(room1);
user2.setRoom(room1);
Session session = sessionFactory.openSession();
Transaction tx = session.beginTransaction();
session.save(user1);
session.save(user2);
tx.commit();
session.close();
```

或者反过来以一对多的方式来维持关联：

```
User user1 = new User();
User user2 = new User();
Room room1=new Room();
user1.setName("bush");
user2.setName("caterpillar");
room1.setUsers(new HashSet());
room1.setAddress("NTU-M8-419");
room1.addUser(user1);
room1.addUser(user2);
Session session = sessionFactory.openSession();
Transaction tx = session.beginTransaction();
session.save(room1);
tx.commit();
session.close();
```

这里有个效率问题需要讨论，上面程序 Hibernate 将使用以下的 SQL 语句进行存储：

```
Hibernate: insert into room (address) values (?)
```

```
Hibernate: insert into user (name, room_id) values (?, ?)
Hibernate: insert into user (name, room_id) values (?, ?)
Hibernate: update user set room_id=? where id=?
Hibernate: update user set room_id=? where id=?
```

上面的写法标志关联由 Room 单方面维护，而主控方也是 Room。User 不知道 Room 的 room_id 是多少，所以必须在分别存储 Room 与 User 之后，再更新 user 的 room_id。

在一对多、多对一形成双向关联的情况下，可以将关联维持的控制交给“多”的一方。这样会比较有效率。原因不难理解，就像在公司中，老板要记住所有员工的名字很慢，每个员工记住老板的名字就很快。

所以在一对多、多对一形成双向关联的情况下，可以在“一”的一方设定控制反转，也就是在存储“一”的一方时，将关联维持的控制权交给“多”的一方。就上面的例子来说，可以设定 Room.hbm.xml 如下：

```
<class name="onlyfun.caterpillar.Room" table="room">
    <id name="id" column="id">
        <generator class="native"/>
    </id>
    <property name="address" column="address"type="java.lang.String"/>
    <set name="users" table="user" cascade="save-update" inverse="true">
        <key column="room_id"/>
        <one-to-many class="User"/>
    </set>
</class>
```

由于关联的控制交给“多”的一方，所以在直接存储“一”前，“多”的一方必须意识到“一”的存在，所以程序修改如下：

```
User user1 = new User();
User user2 = new User();
Room room1 = new Room();
user1.setName("bush");
user2.setName("tom");
room1.setUsers(new HashSet());
room1.setAddress("NTU-M8-419");
//多方必须意识到单方的存在
user1.setRoom(room1);
user2.setRoom(room1);
Session session = sessionFactory.openSession();
Transaction tx = session.beginTransaction();
session.save(room1);
tx.commit();
session.close();
```

上面的程序 Hibernate 将使用以下的 SQL 语句：

```
Hibernate: insert into room (address) values (?)
Hibernate: insert into user (name, room_id) values (?, ?)
Hibernate: insert into user (name, room_id) values (?, ?)
```

习　题　七

（1）完成添加图书到购物车、显示购物车和结账下订单功能。

（2）如果要求添加到购物车中的书籍数目不能为 0 或负数，则应如何修改程序？

（3）在显示购物车时增加一个删除功能，允许用户删除已加入车中的图书。

（4）对照本章 7.2 节 3 个程序的 JSP 页面源码，学习 OGNL 表达式的应用。

（5）从网上书店程序由 Hibernate 自动生成的持久化类和映射文件中分析出都有哪几种数据关联，对照 7.4 节的讲述，理解有关源文件的代码。

第8章　项目开发技术：日志输出和事务管理

本章主要内容：

（1）Spring AOP 机制。

（2）为订单添加日志输出。

（3）将结账过程纳入事务管理。

（4）Hibernate 缓存、事务管理的基本概念。

8.1　Spring AOP 简介

AOP（Aspect Oriented Programming）意为**面向切面**（也叫面向方面）编程，是通过预编译方式和运行期动态代理，实现在不修改源代码的情况下给程序动态统一添加功能的一种技术。

8.1.1　从代理机制初探 AOP

程序中经常需要为某些动作或事件做记录，以便随时检查程序运行过程、获得用于排除错误的信息。下面来看一个简单的例子，它在执行某些方法时留下的日志信息如下：

```
import java.util.logging.*;
public class HelloSpeaker{
    private Logger logger=Logger.getLogger(this.getClass().getName());
    public void hello(String name){
        logger.log(Level.INFO, "hello method starts…");        //方法执行开始时留下日志
        System.out.println("hello, "+name);                     //程序的主要功能
        Logger.log(Level.INFO, "hello method ends…");           //方法执行完毕时留下日志
    }
}
```

在 HelloSpeaker 类中，当执行 hello()方法时，程序员希望开始执行该方法与执行完毕时都留下日志。最简单的做法是如上面的程序，在方法执行的前后加上日志动作。然而对于 HelloSpeaker 来说，日志的这种动作并不属于 HelloSpeaker 逻辑，这使得 HelloSpeaker 增加了额外的“负担”。

如果程序中这种日志动作到处都有需求，以上写法势必造成程序员必须到处撰写这些日志动作的代码。这将使得维护日志代码的困难加大。如果需要的服务不只是日志动作，还有一些非类本身职责的相关动作（如权限检查、事务管理等）也混入到类中，则会使得类的负担加重，甚至混淆类本身的职责。

另外，使用以上写法，如果有一天不再需要日志（或权限检查、交易管理等）的服务，则将需要修改所有留下日志动作的程序，无法简单地将这些相关服务从现有的程序中移除。

可以使用代理（Proxy）机制来解决这个问题，有两种代理方式：静态代理（static proxy）和动态代理（dynamic proxy）。

在静态代理的实现中，代理类与被代理的类必须实现同一个接口，在代理类中可以实现记录等相关服

务，并在需要的时候再呼叫被代理类。这样，被代理类中就可以仅保留与业务相关的职责了。

举个简单的例子，首先定义一个 Ihello 接口。

Ihello.java 的代码如下：

```
public interface Ihello{
    public void hello(String name);
}
```

然后，让实现业务逻辑的 HelloSpeaker 类实现 Ihello 接口。

HelloSpeaker.java 的代码如下：

```
public class HelloSpeaker implements Ihello{
    public void hello(String name){
        System.out.println("hello, "+name);
    }
}
```

可以看到，在 HelloSpeaker 类中没有任何日志的代码插入其中，日志服务的实现将被放到代理类中，代理类同样要实现 Ihello 接口。

HelloProxy.java 的代码如下：

```
public class HelloProxy implements Ihello{
    private Logger logger=Logger.getLogger(this.getClass().getName());
    private Ihello helloObject;
    public HelloProxy(Ihello helloObject){
        this.helloObject=helloObject;
    }
    public void hello(String name){
        log("hello method starts…");                    //开始日志服务
        helloObject.hello(name);                        //执行业务逻辑
        log("hello method ends…");                      //结束日志服务
    }
    private void log(String msg){
        logger.log(Level.INFO,msg);
    }
}
```

在 HelloProxy 类的 hello()方法中，真正实现了业务逻辑前后可以安排记录服务，可以实际撰写一个测试程序来看看如何使用代理类。

```
public class ProxyDemo{
    public static void main(String[] args){
        Ihello proxy=new HelloProxy(new HelloSpeaker());
        proxy.hello("Justin");
    }
}
```

这是静态代理的基本示例，但是可以看到，代理类的一个接口只能服务于一种类型的类，而且如果要代理的方法很多，势必要为每个方法进行代理，静态代理在程序规模稍大时必定无法胜任。

8.1.2　动态代理

在 JDK1.3 之后加入了可协助开发动态代理功能的 API，不需要为特定类和方法编写特定的代理类，使用动态代理，可以使得一个处理者（Handler）为多个类服务。

要实现动态代理，同样需要定义所要代理的接口。

Ihello.java 的代码如下：

```
public interface Ihello{
    public void hello(String name);
}
```

然后，让实现业务逻辑的 HelloSpeaker 类实现 Ihello 接口。

HelloSpeaker.java 的代码如下：

```
public class HelloSpeaker implements Ihello{
    public void hello(String name){
            System.out.println("hello, "+name);
    }
}
```

与静态代理不同的是，这里要实现不同的代理类：

```
import java.lang.reflect.InvocationHandler;
import java.lang.reflect.Method;
public class LogHandler implements InvocationHandler{
     private Object sub;
     public LogHandler(){}
     public LogHandler(Object obj){
          sub=obj;
     }
     public Object invoke(Object proxy,Method method,Object[] args)
                    throws Throwable{
          System.out.println("before you do thing");
          method.invoke(sub,args);
          System.out.println("after you do thing");
          return null;
     }
}
```

写一个测试程序，使用 LogHandler 的 bind()方法来绑定被代理类。

ProxyDemo.java 的代码如下：

```
import java.lang.reflect.Proxy
public class ProxyDemo{
    public static void main(String[] args){
        LogHandler logHandler=new LogHandler();
        Ihello helloProxy=(Ihello)logHandler.bind(new HelloSpeaker());
        helloProxy.hello("Justin");
    }
}
```

使用代理类将记录与业务逻辑无关的动作提取出来，设计为一个服务类，如同前面的范例 HelloProxy 和 LogHandler，这样的类称为切面（aspect）。

8.1.3 AOP 基本概念

AOP 中的 aspect 所指的可以是日志等动作或服务，将这些动作设计为通用、不介入特定业务类的一个职责清楚的 Aspect 类，这就是 Aspect Oriented Programming（AOP）。

1. Cross-cutting concerns

在动态代理的例子中，记录日志的动作原先被横切到 HelloSpeaker 本身所负责的业务流程中，与之类似如安全检查、事务等服务，在一个应用程序中也常被安排到各个类的处理流程中。这些动作在

AOP 的术语中被称为**横切**关注点（Cross-cutting concerns）。

如图 8.1 所示，原来的业务流程是很单纯的。

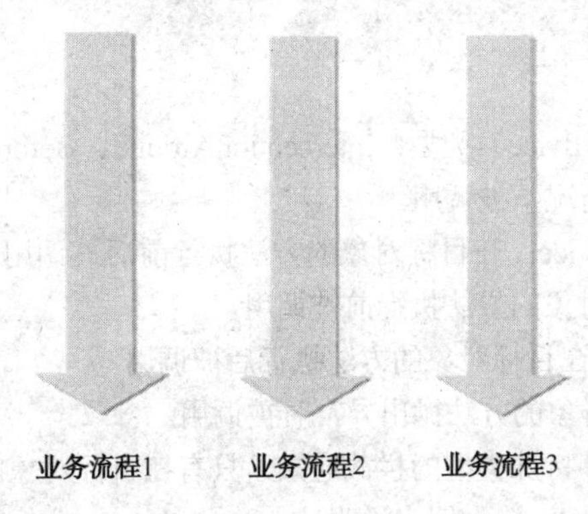

图 8.1　原来的业务流程

Cross-cutting concerns 如果直接写在负责某业务的类的流程中，将使维护程序的成本增加。如果以后要修改类的记录功能或者移除这些服务，则必须修改所有曾记录服务的程序，然后重新编译。另外，Cross-cutting concerns 混杂在业务逻辑之中，使得业务类本身的逻辑或者程序的撰写更为复杂。

如图 8.2 所示，为了加入日志与安全检查等服务，类的程序代码中被硬生生地切入了相关的 Logging、Security 程序片段。

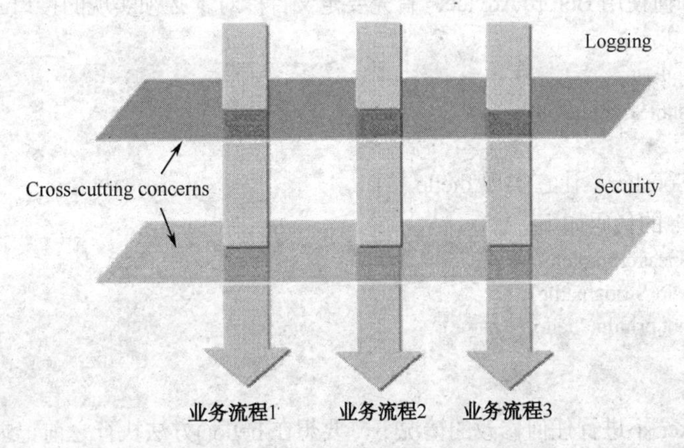

图 8.2　切入各种服务代码的业务流程

2. Aspect

将散落在各个业务类中的 Cross-cutting concerns 收集起来，单独设计为独立可重用的类，这种类称为 Aspect。例如，在动态代理中将日志的动作设计为一个 LogHandler 类，LogHandler 类在 AOP 术语中就是 Aspect 的一个具体实例。在需要该服务的时候，“缝合”到应用程序中；不需要了，也可马上从应用程序中脱离，对程序中的可重用组件不用做任何的修改。例如，在动态代理中的 HelloSpeaker 所代表的角色就是可重用的组件，在它需要日志服务时并不用修改本身的代码。

另外，对于应用程序中可重用的组件来说，以 AOP 的设计方式，它不用知道处理提供服务的类的存在，即与服务相关的 API 不会出现在可重用的应用组件中，因而可提高这些组件的重用性，可以将它们应用到其他的程序中，而不会因为加入了某个服务而与目前的应用框架发生耦合。

不同的AOP框架对AOP概念有不同的实现方式，主要的差别在于所提供的Aspects的丰富程度，以及它们如何被“缝合”（Weave）到应用程序中。

8.1.4 通知Advice

Spring提供了5种通知（Advice）类型：InterceptionAround、Before、After Returning、Throw 和Introduction。它们分别在以下情况下被调用。

- Interception Around Advice：在目标对象的方法执行前后被调用。
- Before Advice：在目标对象的方法执行前被调用。
- After Returning Advice：在目标对象的方法执行后被调用。
- Throw Advice：在目标对象的方法抛出异常时被调用。
- Introduction Advice：一种特殊类型的拦截通知，只有在目标对象的方法调用完毕后执行。

这里，以前置通知Before Advice为例来说明。

Before Advice会在目标对象的方法执行之前被呼叫。如同在便利店里，在客户购买东西之前，促销员要给他们一个热情的招呼。为了实现这一点，需要扩展MethodBeforeAdvice接口，该接口提供获取目标方法、参数及目标对象。

```
public interface MethodBeforeAdvice{
    void before(Method method, Object[] args, Object target) throws Throwable
}
```

用实例来示范如何使用Before Advice。首先要定义目标对象必须实现的接口。

Ihello.java的代码如下：

```
public interface Ihello{
    public void hello(String name);
}
```

接着定义HelloSpeaker，让它实现Ihello接口。

HelloSpeaker.java的代码如下：

```
public class HelloSpeaker implements Ihello{
    public void hello(String name){
        System.out.println("hello, "+name);
    }
}
```

在对HelloSpeaker不进行任何修改的情况下，要想在hello()方法执行之前记录一些日志的服务，应先实现MethodBeforeAdvice接口。

LogBeforeAdvice.java的代码如下：

```
import java.lang.reflect.Method;
import java.util.logging.Level;
import java.util.logging.Logger;
import org.springframework.aop.MethodBeforeAdvice;
public class LogBeforeAdvice implements MethodBeforeAdvice{
    private Logger logger=Logger.getLogger(this.getClass().getName());
    public void before(Mehod method,Object[] args,Object target) throws Throwable{
        logger.log(Levl.INFO, "method starts…"+method);
    }
}
```

在before()方法中，加入了一些记录日志的程序代码。

applicationContext.xml的配置如下：

```
…
<beans>
    <bean id="logBeforeAdvice" class="LogBeforeAdvice"/>
    <bean id="helloSpeaker" class="HelloSpeaker"/>
    <bean id="helloProxy" class="org.springframwork.aop.framework.ProxyFactoryBean">
        <property name="proxyInterfaces">
            <value>Ihello</value>
        </property>
        <property name="trarget">
            <ref bean="helloSpeaker"/>
        </property>
        <property name="interceptorNames">
            <list>
                <value>logBeforeAdvice</value>
            </list>
        </property>
    </bean>
</beans>
```

注意：

除了建立 Advice 和 Target 实例之外，还使用了 org.springframework.aop.framework.ProxyBean。这个类会被 BeanFactory 或者 ApplicationContext 用来建立代理对象。需要在 proxyInterfaces 属性中告诉代理可运行的界面，在 target 上告诉 Target 对象，在 interceptorNames 上告诉要应用的 Advice 实例，在不指定目标方法的时候，Before Advice 会被“缝合”（Weave）到界面上多处有定义的方法之前。

写一个程序测试 Before Advice 的运作。

SpringAOPDemo.java 的代码如下：

```
import org.springframework.context.ApplicationContext;
import org.springframework.context.support.FileSystemXmlApplicationContext;
public class SpringAOPDemo{
    public static void main(String[] args){
        ApplicationContext context=new FileSystemXmlApplicationContext("/WebRoot/WEB-INF/classes/appli
cationContext.xml");
        Ihello helloProxy=(Ihello)context.getBean("helloProxy");
        helloProxy.hello("Justin");
    }
}
```

HelloSpeaker 与 LogBeforeAdvice 是两个独立的类。对于 HelloSpeaker 来说，它不用知道 LogBeforeAdvice 的存在；而 LogBeforeAdvice 也可以运行到其他类上。HelloSpeaker 与 LogBeforeAdvice 都可以重复使用。

8.1.5　切入点 Pointcut

Pointcut 定义了通知 Advice 应用的时机。从一个实例开始，介绍如何使用 Spring 提供的 org.springframework.aop.support.NameMatchMethodPointcutAdvisor。可以指定 Advice 所要应用的目标上的方法名称，或者用“*”来指定。例如，“hello*”表示调用代理对象上以 hello 作为开头的方法名称时，都会应用指定的 Advices。

Ihello.java 的代码如下：

```
public interface Ihello{
    public void helloNewbie(String name);
    public void helloMaster(String name);
}
```

HelloSpeaker 类实现 Ihello 接口，代码如下：

```
public class HelloSpeaker{
    public void helloNewbie(String name){
        System.out.println("Hello, "+name+"newbie! ");
    }
    public void helloMaster(String name){
        System.out.println("Hello, "+name+"master! ");
    }
}
```

编写一个简单的 Advice，这里使用 Before Advice 中的 LogBeforeAdvice。

定义 Bean 文档，使用 NameMatchMethodPointcutAdvisor 将 Pointcut 与 Advice 结合在一起。

applicationContext.xml 的代码如下：

```
…
<beans>
    <bean id="logBeforeAdvice" class="LogBeforeAdvice"/>
    <bean id="helloAdvisor"
        class="org.springframework.aop.support.NameMatchMethodPointcutAdvisor">
        <property name="mappedName">
            <value>hello*</value>
        </property>
        <property name="advice">
            <ref bean="logBeforeAdvice"/>
        </property>
    </bean>
    <bean id="helloSpeaker" class="HelloSpeaker"/>
    <bean id="helloProxy" class="org.springframework.aop.framework.ProxyFactoryBean">
        <property name="proxyInterfaces">
            <value>Ihello</value>
        </property>
        <property name="target">
            <ref bean="helloSpeaker"/>
        </property>
        <property name="interceptorNames">
            <list>
                <value>helloAdvisor</value>
            </list>
        </property>
    </bean>
</beans>
```

在 NameMatchMethodPointcutAdvisor 的 mappedName 属性中，由于指定了“hello*”，所以当调用 helloNewbie()或者 helloMaster()方法时，由于方法名称的开头为“hello”，则会应用 LogBeforeAdvice 的服务逻辑，可以写程序来测试。

SpringAOPDemo.java 代码如下：

```
import org.springframework.context.ApplicationContext;
import org.springframework.context.support.FileSystemXmlApplicationContext;
```

```
public class SpringAOPDemo{
    public static void main(String[] args){
        ApplicationContext context=new FileSystemXmlApplicationContext("/WebRoot/WEB-INF/classes/applic
ationContext.xml");
        Ihello helloProxy=(Ihello)context.getBean("helloProxy");
        helloProxy.helloNewbie("Justin");
        helloProxy.helloMaster("Tom");
    }
}
```

在 Spring 中使用 PointcutAdvisor 把 Pointcut 与 Advice 结合为一个对象。Spring 中大部分内建的 Pointcut 都有对应的 PointAdvisor。org.springframework.aop.support.NameMatchMethodPointcutAdvisor 是最简单的 PointAdvisor，它是 Spring 中静态的 Pointcut 实例。使用 org.springframework.aop.support.RegexpMethodPointcut 可以实现静态切入点，RegexpMethodPointcut 是一个通用的正则表达式切入点，它是通过 Jakarta ORO 来实现的。

静态切入点只限于给定的方法和目标类，而不考虑方法的参数。动态切入点与静态切入点的区别是动态切入点不仅限定于给定的方法和类，还可以指定方法的参数。当切入点需要在执行时根据参数值来调用通知时，就需要使用动态切入点。而大多数的切入点可以使用静态切入点，很少有机会创建动态切入点。

8.1.6 Spring 对事务的支持

事务的特性之一是原子（Atomic）性。如对数据库存取，就是一组 SQL 指令，这组 SQL 指令必须全部执行成功；如果因为某个原因（如其中一行 SQL 有错误），则先前所执行过的 SQL 指令撤销。

在 JDBC 中，可以用 Connection 的 setAutoCommit()方法，给定它 false 参数。在一连串的 SQL 语句后面，调用 Connection 的 commit()来送出变更。如果中间发生错误，则调用 rollback()来撤销所有的执行。

```
try{
    connection.setAutoCommit(false);
    …                                   //一连串 SQL 操作
    connection.commit();                //执行成功，提交所有变更
}catch(SQLException e){
    connection.rollback();              //发生错误，撤销所有变更
}
```

在 Spring 中对 JDBC 的事务管理加以封装，Spring 事务管理的抽象关键在于 org.springframwork.transaction.PlatformTransactionManager 接口的实现。PlatformTransactionManager 接口有许多事务实现类别，如 DataSourceTransactionManager、HibernateTransactionManager、JdoTransactionManager、JtaTransactionManager 等。借助 PlatformTransactionManager 接口和各种技术实现，Spring 在事务管理上可以让开发人员使用一致的编程模式。

事务的失败通常是致命的错误，Spring 不强迫一定要处理，而让开发者自行选择是否要捕捉异常。

Spring 提供编程式事务管理（Programmatic transaction management）与声明式事务管理（Declarative transaction management）。

（1）编程式事务管理。

编程式事务管理可以清楚地控制事务的边界，即自行实现事务何时开始、撤销、结束等，可以实现细粒度的事务控制。

（2）声明式事务管理。

然而在多数情况下，事务并不需要细粒度的控制。采用声明式事务管理，优点是Spring事务管理的相关API可以不用介入程序中，从对象的角度来看，并不知道它正被纳入事务管理中。不需要事务管理的时候，只要在配置文件中修改一些配置，就可以移除事务管理服务。

这里，主要介绍声明式事务管理。Spring 的声明式事务管理依赖 AOP 框架来完成。使用声明式事务管理的好处是事务管理不侵入开发组件，即 DAO 组件不会意识到正在事务管理之中。如果想要改变事务管理策略，只需要在配置文件中重新设置即可。

例如，可以在不修改 UserDAO 类的情况下，为这个类加入事务管理的服务。简化的方法是使用 TransactionProxyFactoryBean，指定要介入的事务管理对象及其方法，这里需要修改配置文件，如下所示。

applicationContext.xml 的代码如下：

```
…
<beans>
    <bean id="transactionManager"
        class="org.springframework.orm.hibernate4.HibernateTransactionManager">
        <property name="sessionFactory">
            <ref bean="sessionFactory"/>
        </property>
    </bean>
    <bean id="userDAO" class="UserDAO">
        <property name="sessionFactory">
            <ref bean="sessionFactory"/>
        </property>
    </bean>
    <bean id="userDAOProxy"
        class="org.springframework.transaction.interceptor.TransactionProxyFactoryBean">
        <property name="proxyInterfaces">
            <list>
                <value>IUserDAO</value>
            </list>
        </property>
        <property name="target">
            <ref bean="userDAO"/>
        </property>
        <property name="transactionManager">
            <ref bean="transactionManager"/>
        </property>
        <property name="transactionAttributes">
            <props>
                <prop key="insert*">PROPAGATION_REQUIRED</prop>
            </props>
        </property>
    </bean>
</beans>
```

TransactionProxyFactoryBean 需要一个 TransactionManager，如果是 JDBC，则可以使用 DataSource TransactionManager。由于这里使用的是 Hibernate，所以使用 org.springframework.orm.hibernate4. HibernateTransactionManager。TransactionProxyFactoryBean 是代理类，target 属性指定要代理的对象，事务管理会自动介入指定的方法前后。这里是指 transactionAttributes 属性指定“insert*”，表示指定方

法名称以 insert 开头的全部纳入事务管理。也可以指定方法全名，如果在方法执行过程中发生错误，则所有先前的操作自动撤回，否则正常提交。

在“insert*”等方法上指定 PROPAGATION_REQUIRED，表示在目前的事务执行操作中，如果事务不存在就创建一个新的，相关的定义可以在 API 文件的 TransactionDefinition 接口中找到。也可以加上多个事务定义，中间使用逗号“,”隔开。例如，可以加上只读，或者指定某个异常发生时撤回操作：

```
PROPAGATION_REQUIRED, readOnly, –MyCheckedException
```

MyCheckedException 前面加上“–”时，表示发生指定异常撤销操作，如果加上“+”，表示发生异常时立即提交。

由于 userDAO 被 userDAOProxy 代理了，所以要做的是取得 userDAOProxy，而不是 userDAO。例如 SpringAOPDemo.java：

```
import org.springframework.context.ApplicationContext;
import org.springframework.context.support.FileSystemXmlApplicationContext;
public static void man(String[] args){
    ApplicationContext context=new FileSystemXmlApplicationContext("applicationContext.xml");
    User user=new User();
    user.setName("Tome");
    user.setAge(new Integer(20));
    IUserDAO userDAO=(IUserDAO)context.getBean("userDAOProxy");
    userDAO.insert(user);
}
```

也可以设定更多的事务管理细节。如果以后不再需要事务管理，则直接在 Bean 定义文件中修改配置。

8.2 开发步骤

8.2.1 为订单添加日志输出

本节应用 Spring 提供的通知 Advice 功能，为购书系统添加日志输出的能力。

1. 实现 MethodBeforeAdvice 接口

在项目 org.easybooks.bookstore.service.impl 包下创建 LogBeforeAdvice 类。

LogBeforeAdvice.java 的代码如下：

```
package org.easybooks.bookstore.service.impl;
import java.lang.reflect.*;
import java.util.logging.Level;
import java.util.logging.Logger;
import org.springframework.aop.MethodBeforeAdvice;
public class LogBeforeAdvice implements MethodBeforeAdvice{
    private Logger logger=Logger.getLogger(this.getClass().getName());
    public void before(Method method,Object[] args,Object target) throws Exception{
        logger.log(Level.INFO, "method starts..."+method);
    }
}
```

这里，LogBeforeAdvice 类被设计为一个独立的服务，需要在 applicationContext.xml 中注册和配置。

2. 注册日志服务、配置代理

在 applicationContext.xml 中修改和配置如下：

```
<?xml version="1.0" encoding="UTF-8"?>
<beans
        xmlns="http://www.springframework.org/schema/beans"
        xmlns:xsi="http://www.w3.org/2001/XMLSchema-instance"
        xmlns:p="http://www.springframework.org/schema/p"
        xsi:schemaLocation="http://www.springframework.org/schema/beans
http://www.springframework.org/schema/beans/spring-beans-4.1.xsd  http://www.springframework.org/schema/tx  http://
www.springframework.org/schema/tx/spring-tx.xsd" xmlns:tx="http://www.springframework.org/schema/tx">
        <bean id="dataSource"
            ...
        </bean>
        <bean id="sessionFactory"
            ...
        </bean>
        ...
        <bean id="orderDAO" class="org.easybooks.bookstore.dao.impl.OrderDAO" parent="baseDAO"/>
        <bean id="orderServiceProxy" class="org.easybooks.bookstore.service.impl.OrderService">
            <property name="orderDAO" ref="orderDAO"/>
        </bean>
        <!-- 前置日志通知 -->
        <bean id="logBeforeAdvice" class="org.easybooks.bookstore.service.impl.LogB
eforeAdvice"/>
        <bean id="orderService" class="org.springframework.aop.framework.ProxyFact
oryBean">
            <property name="proxyInterfaces">
                <value>org.easybooks.bookstore.service.IOrderService</value>
            </property>
            <property name="target" ref="orderServiceProxy"/>
            <property name="interceptorNames">
                <list>
                    <value>logBeforeAdvice</value>
                </list>
            </property>
        </bean>
        <tx:annotation-driven transaction-manager="transactionManager" />
</beans>
```

这里将原来组件 OrderService 的 id 修改为 orderServiceProxy，将它交由 ProxyFactory Bean 组件代理，同时将 id 标识 orderService 也赋予代理者。如此一来，对原程序的代码就无须做任何改动了！

3. 输出订单日志

部署运行网上书店程序，登录后选购几本图书，然后结账，成功下订单后，控制台会输出如下日志信息：

```
七月 08, 2017 1:44:21 下午 org.easybooks.bookstore.service.impl.LogBeforeAdvice before
信息: method starts...public abstract org.easybooks.bookstore.vo.Orders org.easybooks.bookstore.service.IOrde
rService.saveOrder(org.easybooks.bookstore.vo.Orders)
```

日志输出效果如图 8.3 所示。

图 8.3　日志输出效果

从日志中可见，保存订单时，程序调用了 IOrderService 接口中的 saveOrder()方法，并且是通过持久化类 org.easybooks.bookstore.vo.Orders 操作数据库 orders（订单）表的。

打开命令行，进入 MySQL 数据库，查询发现 orders 表中记录的订单信息与日志显示的完全一致，如图 8.4 所示。

系统显示，在 2017-07-08 13:44:21（应读者运行程序的时刻不同，这个日期时间会不同）确实有一份订单。

```
mysql> select * from orders;
+---------+--------+---------------------+
| orderid | userid | orderdate           |
+---------+--------+---------------------+
|       1 |      1 | 2017-07-07 17:44:51 |
|       2 |      1 | 2017-07-08 13:44:21 |
+---------+--------+---------------------+
2 rows in set (0.02 sec)
```

```
Problems Tasks Console Terminal Servers W
Tomcat v9.0 Server at localhost [MyEclipse Server] C:\Program Files\Java
信息: Starting ProtocolHandler ["ajp-nio-8009"]
七月 08, 2017 1:41:11 下午 org.apache.catalina.startup.Catalina s
信息: Server startup in 13856 ms
Sat Jul 08 13:42:38 CST 2017 WARN: Establishing SSL connecti
七月 08, 2017 1:44:21 下午 org.easybooks.bookstore.service.impl.L
信息: method starts...public abstract org.easybooks.bookstore.
```

图 8.4　日志记录与数据库记录对照

8.2.2　将结账过程纳入事务管理

如图 8.5、图 8.6 所示，结账功能将购物车中的商品存入数据库，现在为其增加声明式事务功能，将结账过程纳入 Spring 的事务管理中。

叮当网 dingdang.com　购物车 | 用户FAQ
首页　注销　注册　联系我们　网站地图
书店提供专业服务　搜书
图书分类：新书推荐　Web开发　数据库应用
您购物车中图书

书名	定价	数量	操作
Android实用教程	45	2	更新
JavaEE基础实用教程（第2版）	49	1	更新
Qt5开发及实例（第3版）	99	3	更新

消费金额:436元　进入结算中心

电子工业出版社 南京研发中心版权所有
Copyright © 2002-2017, All Rights Reserved

图 8.5　进入结算中心

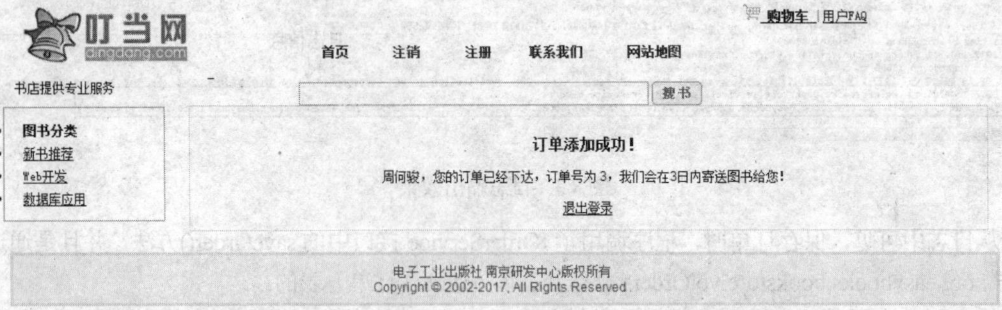

图 8.6 结账成功

1. 增加事务管理器

修改 applicationContext.xml，代码片段如下：

```
…
<!-- 定义一个事务管理器 -->
<bean id="transactionManager"
        class="org.springframework.orm.hibernate4.HibernateTransactionManager">
        <property name="sessionFactory" ref="sessionFactory" />
</bean>
<!-- 定义事务管理策略 -->
<bean id="txTemplate" class="org.springframework.transaction.interceptor.TransactionProxyFactoryBean" abstract="true">
        <property name="transactionManager" ref="transactionManager"/>
        <property name="transactionAttributes">
                <props>
                        <prop key="saveOrder">PROPAGATION_REQUIRED</prop>
                </props>
        </property>
</bean>
…
```

2. 修改 applicationContext 中的 Service

原来的代码如下：

```
<bean id="orderService" class="org.easybooks.bookstore.service.impl.OrderService">
                <property name="orderDAO" ref="orderDAO"/>
</bean>
```

修改后的代码如下：

```
<bean id="orderService" parent="txTemplate">
        <property name="target">
                <bean class="org.easybooks.bookstore.service.impl.OrderService">
                        <property name="orderDAO" ref="orderDAO"/>
                </bean>
        </property>
</bean>
```

3. 知识点：bean 继承简化 XML 配置

Spring 提供了两种方法以减少繁复的 XML：一种是 bean 继承，另一种是 AOP 自动代理。这里介绍 bean 继承。

简化事务和服务对象声明的一种方法是使用 Spring 对父 bean 的支持。使用<bean>标签的 parent 属性，就能够指定一个 bean 成为其他 bean 的孩子，继承父 bean 的属性。

使用 bean 继承来包含多重 TransactionProxyFactoryBean 声明的 XML，开始于在上下文中定义一个 TransactionProxyFactoryBean 的 abstract 声明：

```
<bean id="abstractTxDefinition"
    class="org.springframework.transaction.interceptor.TransactionProxyFactoryBean"
    lazy-init="true">
    <property name="transactionManager">
        <ref bean="transactionManager"/>
    </property>
    <property name="transactionAttributeSource">
        <ref bean="attributeSource"/>
    </property>
</bean>
```

注意上面的代码片段，target 属性消失了。

下面创建 bean，代码如下：

```
<bean id="courseService" parent="abstractTxDefinition">
    <property name="target">
        <bean class="myImpl">
    </property>
</bean>
```

parent 属性表示这个 bean 将从 abstractTxDefinition bean 中继承它的定义。这个 bean 所要添加的一件事情就是绑定一个 target 属性的值。

到目前为止，这个技术并没有节省更多的 XML，但是考虑将要做的事情是让另一个 bean 事务化，只需要加一个 abstractTxDefiniton 的子 Bean 就可以了。

```
<bean id="studentService" parent="abstractTxDefinition">
    <property name="target">
        <bean class="myImpl">
    </property>
</bean>
```

假如应用有几十个服务 bean 需要被事务化，当有大量需要被事务化的 bean 时，bean 的继承就真正得到回报。

8.3　知识点——Hibernate 缓存、事务管理

8.3.1　缓存管理

缓存是提高系统性能的重要手段。在大并发量的情况下，如果每次程序都需要从数据库直接做查询操作，带来的性能开销是很大的。频繁的数据库磁盘读/写操作会大大降低系统的性能。此时，如果能让数据库在本地内存中保留一个镜像，下次访问的时候就从内存中直接获取，显然可以使性能提升。引入缓存机制的难点是如何保证内存中数据的有效性，否则，脏数据的出现将会给系统带来难以预知的严重后果。对于应用程序，缓存通过内存或磁盘保存了数据库的当前有关数据状态，它是一个存储在本地的数据备份。缓存位于数据库和应用程序之间，从数据库更新数据，并给程序提供数据。

Hibernate 实现了良好的缓存机制，借助 Hibernate 内部的缓存提高数据读取性能。Hibernate 中的

缓存可分为两层：一级缓存和二级缓存。

1. 一级缓存

Session 实现了一级缓存，它是事务级数据缓存。一旦事务结束，这个缓存也就失效。一个 Session 的生命周期对应一个数据库事务或程序事务。Session 缓存保证一个 Session 中两次请求同一个对象时，取得的对象是同一个 Java 实例。

2. 二级缓存

二级缓存是 SessionFactory 范围的缓存，所有的 Session 共享一个二级缓存。Session 在进行数据查询操作时，会首先在自身内部的一级缓存中进行查找，如果一级缓存未能命中，则在二级缓存中查询；如果二级缓存命中，就将此数据作为结果返回。

在引入二级缓存时，需要考虑能否使用缓存、哪些数据应用二级缓存。显然，数据库中所有的数据都实施缓存是最简单的方法。但是，这种方式有时反而会对性能造成影响。比如以下情况：有一个电信话务系统，客户可以通过这套系统查询自己的通话记录。对于每个客户，库表中可能都有成千上万条数据，而不同客户之间，基本不可能共享数据（客户只能查询自身的通话记录）。如果对此表施以缓存管理，内存会迅速被几乎不可能重复的数据充斥，系统性能急剧下降。

因此，在考虑缓存机制应用策略的时候，应该对当前系统的数据逻辑进行考察，以确定最佳的解决方案。

在确定了缓存策略后，要挑选一个高效的缓存，它将作为插件被 Hibernate 调用。Hibernate 允许使用下述缓存插件。

EhCache：可以在 JVM 中作为一个简单进程范围内的缓存，它可以把缓存的数据放入内存或磁盘，并支持 Hibernate 中选用的查询缓存。

OpenSymphony OSCache：和 EhCache 相似，并且提供了丰富的缓存过期策略。

SwarmCache：可作为集群范围的缓存，但不支持查询缓存。

JBossCache：可作为集群范围的缓存，可支持查询缓存。

OSCache：可作为集群范围的缓存，能用于任何 Java 应用程序的普通缓存解决方案。

8.3.2 事务

事务是一个非常重要的概念。本节将讲述 JDBC 事务、JTA 事务的基本概念，以及并发数据库访问过程中要注意的问题。

事务（Transaction）是工作中的基本逻辑单位，可以用于确保数据库能够被正确修改，避免数据只修改了一部分而导致数据不完整，或者在修改时受到用户干扰。作为一名软件设计师，必须了解并合理利用事务，以确保数据库保存正确完整的数据。

1. 基于 JDBC 的事务管理

Hibernate 是 JDBC 的轻量级封装，本身并不具备事务管理能力。在事务管理层，Hibernate 将其委托给底层的 JDBC 或 JTA，以实现事务管理和调度功能。

在 JDBC 的数据库操作中，一项事务是由一条或者多条表达式组成的不可分割的工作单元，通过提交 commit()或者回滚 rollback()来结束事务的操作。

在 JDBC 中，事务默认是自动提交。也就是说，一条对数据库的更新表达式代表一项事务操作。操作成功后，系统将自动调用 commit()来提交。否则，将调用 rollback()来回滚。

在 JDBC 中，可以通过调用 setAutoCommit(false)来禁止自动提交。之后，就可以把多个数据库操作的表达式作为一个事务，在操作完成后调用 commit()来进行整体提交。

将事务管理委托给 JDBC 进行处理是最简单的实现方式，Hibernate 对于 JDBC 事务的封装也比较简单。

看下面这段代码：

```
Session session=sessionFactory.openSession();
Transaction tx=session.beginTransaction();
session.save(room);
tx.commit();
```

从 JDBC 层面而言，上面的代码实际上对应着：

```
Connection cn=getConnection;
cn.setAutoCommit(false);
//JDBC 调用相关的 SQL 语句
cn.commit();
```

在 sessionFactory.openSession()语句中，Hibernate 会初始化数据库连接。与此同时，将其 AutoCommit 设为关闭状态（false），即一开始从 SessionFactory 获得的 session，其自动提交属性已经被关闭。下面的代码不会对数据库产生任何效果：

```
session session=sessionFactory.openSession();
session.save(room);
session.close();
```

这实际上相当于 JDBC Connection 的 AutoCommit 属性被设为 false，执行了若干 JDBC 操作之后，并没有调用 commit 操作。

如果代码真正作用到数据库，则必须调用 Transaction 指令：

```
Session session =sessionFactory.openSession();
Transaction tx=session.beginTransaction();
session.save(room);
tx.commit();
session.close();
```

2. 基于 JTA 的事务管理概念

JTA（Java Transaction API）是由 Java EE Transaction Manager 管理的事务。其最大的特点是调用 UserTransaction 接口的 begin、commit 和 rollback 方法来完成事务范围的界定、事务的提交和回滚。JTA Transaction 可以实现同一事务对应不同的数据库。

JTA 主要用于分布式的多个数据源的两阶段提交的事务，而 JDBC 的 Connection 提供的是单个数据源的事务。后者因为只涉及一个数据源，故其事务可以由数据库自己单独实现。而 JTA 事务因为其分布式和多数据源的特性，不可能由任何一个数据源实现。因此，JTA 中的事务是由“事务管理器”实现的。它会在多个数据源之间统筹事务，具体使用的技术就是所谓的“两阶段提交”。

JTA 提供了跨 Session 的事务管理能力。这一点是与 JDBC Transaction 的最大差异。JDBC 事务由 Connection 管理，即事务管理实际上是在 JDBC Connection 中实现的。事务周期限于 Connection 的生命周期。同样，对于基于 JDBC Transaction 的 Hibernate 事务管理机制而言，事务管理在 Session 所依托的 JDBC Connection 中实现，事务周期限于 Session 的生命周期。

JTA 事务管理则由 JTA 容器实现。JTA 容器对当前加入事务的众多 Connection 进行调度，实现事务性要求。JTA 的事务周期可横跨多个 JDBC Connection 生命周期。同样，对于基于 JTA 事务的 Hibernate 而言，JTA 事务横跨多个 Session。

3. 锁

在业务逻辑的实现过程中，往往需要保证数据访问的排他性。如在金融系统的日终结算处理中，希望对某个结算时间点的数据进行处理，而不希望在结算过程中（可能是几秒，也可能是几个小时），数据再发生变化。此时，需要通过一些机制来保证这些数据在某个操作过程中不会被外界修改，这样的机制就是所谓的“锁”，即给选定的目标数据上锁，使其无法被其他程序修改。

Hibernate 支持两种锁机制：悲观锁（Pessimistic Locking）和乐观锁（Optimistic Locking）。

悲观锁是指对数据被外界修改持保守态度。假定在任何时刻存取数据时，都可能有一个客户也正在存取同一数据。为了保持数据被操作的一致性，于是对数据采取了数据库层次的锁定状态。悲观锁依靠数据库提供的锁机制来实现。

乐观锁则乐观地认为数据很少发生同时存取的问题，因而不做数据库层次上的锁定。为了维护正确的数据，乐观锁采用应用程序上的逻辑实现版本控制的方法。

Hibernate 中通过版本号检索来实现后更新为主，这也是 Hibernate 推荐的方式。在数据库中，假如有一个 Version 栏记录，在读取数据时连带版本号一同读取，并在更新数据时递增版本号，然后对比版本与数据库中的版本号。如果大于数据库中的版本号，则给予更新，否则就报错误。

比如，有两个客户端，A 客户先读取了账户余额 200 元，之后，B 客户也读取了账户余额 200 元的数据。在并发情况下，A 客户提取了 100 元，对数据库做了变更，此时数据中的数据余额为 100 元，B 客户也要提取 80 元，根据所取得的资料，200 元减 80 元为 120 元，再对数据库进行变更，最后的余额就会不正确。

利用乐观锁，若 A 客户读取账户余额 200 元，并连带读取版本号为 5，B 客户此时也读取账号余额为 200 元，版本号也为 5。A 客户在领款后，账号余额为 100 元，此时将版本号变为 6，而数据库中的版本号为 5，所以准予更新。更新数据库后，数据库的余额为 100 元，版本号为 6。B 客户领款后要变更数据库，其版本号为 5，但是数据库的版本号为 6，此时不予更新。如果 B 客户试图更新数据，将会引发异常。可以捕捉这个异常，在处理数据中重新读取数据库中的数据。

习 题 八

（1）Spring 是怎样通过动态代理机制实现 AOP 的？

（2）简述 AOP 的基本概念：Cross-cutting concerns、Advice、Pointcut。

（3）什么是事务？在 Spring 框架中如何实现事务管理？

（4）仿照 8.2.1 节，在完全不改动系统源代码的情况下，给网上书店的登录、添加到购物车等模块也都增加日志显示功能。

（5）将用户注册模块改用 Spring 声明式事务管理实现。

（6）了解 Hibernate 的事务管理机制，简述用 Spring 管理事务与 Hibernate 相比有哪些优势。

第 9 章　项目开发技术：Ajax 验证用户注册

本章主要内容：

（1）用 Ajax 为书店注册模块添加实时验证功能。

（2）Ajax 入门基础知识。

之前开发的网上书店注册功能并没有提供对用户名的验证，常见的验证方法是用户输入用户名，由后台程序检测数据库中用户名是否重复而做出注册成功或失败的提示。但这样操作对于用户来说不方便。一个好的用户体验应该是，一旦用户输入完注册名，Web 系统能立即检查并提示合法性，同时还不影响当前页面的操作。这就是“异步获取数据”的要求，目前最流行的方式是使用 Ajax 实现。

本章将通过 Ajax 技术对用户注册模块进行修改，效果如图 9.1 所示。

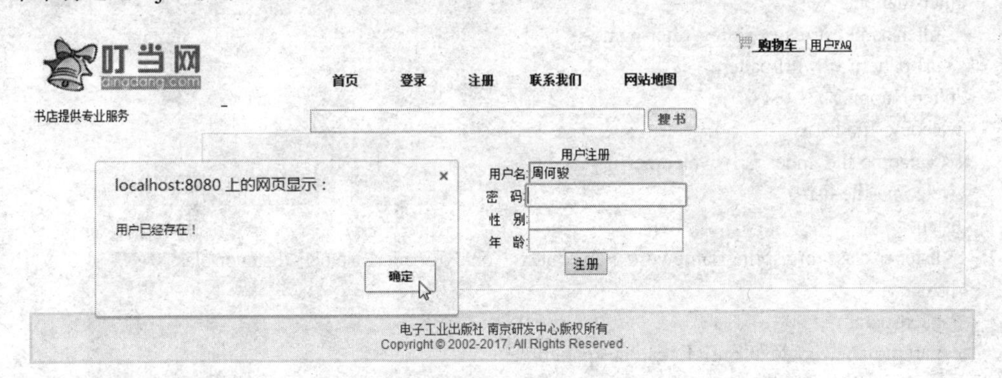

图 9.1　Ajax 验证用户注册

9.1　开 发 步 骤

开发的步骤如下：

（1）下载 dwr.jar 包。

（2）配置 web.xml。

（3）DAO。

（4）Service。

（5）JSP。

（6）配置 dwr.xml。

具体操作如下。

1. 下载 dwr.jar 包

从 http://directwebremoting.org/dwr/downloads/index.html 下载 dwr.jar（版本为 3.0.2）包，添加 dwr.jar 到 bookstore 工程中。

2. 配置 web.xml

配置 web.xml，代码如下：

```
<?xml version="1.0" encoding="UTF-8"?>
<web-app  xmlns:xsi="http://www.w3.org/2001/XMLSchema-instance"  xmlns="http://java.sun.com/xml/ns/j2ee" xmlns:web="http://xmlns.jcp.org/xml/ns/javaee"  xsi:schemaLocation="http://java.sun.com/xml/ns/j2ee  http://java.sun.com/xml/ns/j2ee/web-app_2_4.xsd"  id="WebApp_9"  version="2.4">
    <filter>
      <filter-name>struts-prepare</filter-name>
      <filter-class>org.apache.struts2.dispatcher.filter.StrutsPrepareFilter</filter-class>
    </filter>
    <filter>
      <filter-name>struts-execute</filter-name>
      <filter-class>org.apache.struts2.dispatcher.filter.StrutsExecuteFilter</filter-class>
    </filter>
    <filter-mapping>
      <filter-name>struts-prepare</filter-name>
      <url-pattern>/*</url-pattern>
    </filter-mapping>
    <filter-mapping>
      <filter-name>struts-execute</filter-name>
      <url-pattern>/*</url-pattern>
    </filter-mapping>
    <welcome-file-list>
      <welcome-file>index.jsp</welcome-file>
    </welcome-file-list>
    <listener>
      <listener-class>org.springframework.web.context.ContextLoaderListener</listener-class>
    </listener>
    <context-param>
      <param-name>contextConfigLocation</param-name>
      <param-value>classpath:applicationContext.xml</param-value>
    </context-param>
    <!-- 开始 DWR 配置 -->
    <servlet>
      <servlet-name>dwr</servlet-name>
      <servlet-class>org.directwebremoting.servlet.DwrServlet</servlet-class>
      <init-param>
          <param-name>debug</param-name>
          <param-value>true</param-value>
      </init-param>
      <init-param>
          <param-name>crossDomainSessionSecurity</param-name>
          <param-value>false</param-value>
      </init-param>
      <load-on-startup>1</load-on-startup>
    </servlet>
    <servlet-mapping>
      <servlet-name>dwr</servlet-name>
      <url-pattern>/dwr/*</url-pattern>
```

```
	</servlet-mapping>
	<!-- 结束 DWR 配置 -->
</web-app>
```

3. DAO

本层主要的类是 IUserDAO，接口的 exitUser()方法定义是否已经存在这个用户。UserDAO 实现这个方法，如图 9.2 所示。

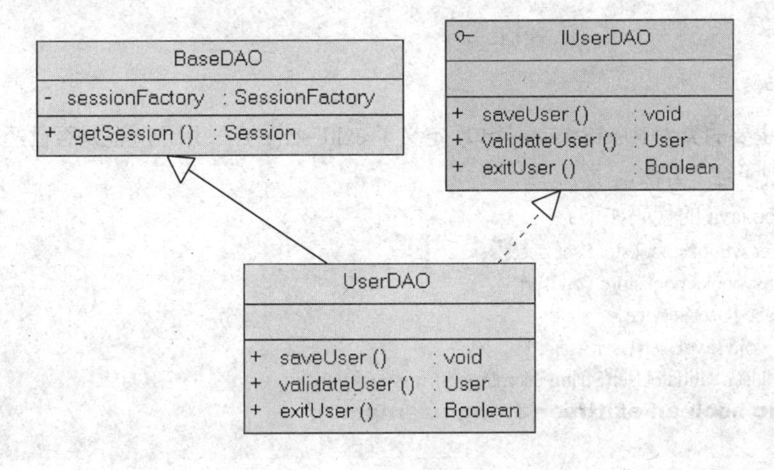

图 9.2　DAO 主要类图

IUserDAO.java 的代码如下：

```
package org.easybooks.bookstore.dao;
import org.easybooks.bookstore.vo.User;
public interface IUserDAO{
	public void saveUser(User user);
	public User validateUser(String username,String password);
	public boolean exitUser(String username);
}
```

UserDAO.java 的代码如下：

```
package org.easybooks.bookstore.dao.impl;
import java.util.List;
import org.easybooks.bookstore.dao.*;
import org.easybooks.bookstore.vo.User;
import org.hibernate.*;
public class UserDAO extends BaseDAO implements IUserDAO{
	public void saveUser(User user){
		…
	}
	public User validateUser(String username,String password){
		…
	}
	public boolean exitUser(String username){
		Session session=getSession();
		String hql="from User u where u.username=? ";
		Query query=session.createQuery(hql);
		query.setParameter(0,username);
```

```
                List users=query.list();
                if(users.size()!=0){
                        User user=(User)users.get(0);
                        return true;
                }
                session.close();
                return false;
        }
}
```

4. Service

Service 层主要的类为 IUserService 接口，定义了 exitUser()方法，用于验证是否已经存在这个用户，UserService 实现了这个方法。

IUserService.java 的代码如下：

```
package org.easybooks.bookstore.service;
import org.easybooks.bookstore.vo.User;
public interface IUserService{
        public void saveUser(User user);
        public User validateUser(String username,String password);
        public boolean exitUser(String username);
}
```

UserService.java 的代码如下：

```
package org.easybooks.bookstore.service.impl;
import org.easybooks.bookstore.dao.IUserDAO;
import org.easybooks.bookstore.service.IUserService;
import org.easybooks.bookstore.vo.User;
public class UserService implements IUserService{
        private IUserDAO userDAO;
        public void saveUser(User user){
                this.userDAO.saveUser(user);
        }
        public User validateUser(String username,String password){
                return userDAO.validateUser(username, password);
        }
        public boolean exitUser(String username){
                return userDAO.exitUser(username);
        }
        public IUserDAO getUserDAO(){
                return userDAO;
        }
        public void setUserDAO(IUserDAO userDAO){
                this.userDAO=userDAO;
        }
}
```

其中，加黑处为添加的代码。

5. JSP

修改 register.jsp 注册页面。

修改后的 register.jsp 代码如下：

```
<%@ page language="java" pageEncoding="utf-8"%>
<%@ taglib prefix="s" uri="/struts-tags"%>
<!DOCTYPE HTML PUBLIC "-//W3C//DTD HTML 4.01 Transitional//EN"
"http://www.w3c.org/TR/1999/REC-html401-19991224/loose.dtd">
<html>
<head>
	<title>网上书店</title>
	<script type="text/javascript" src="dwr/engine.js"></script>
	<script type="text/javascript" src="dwr/util.js"></script>
	<script type="text/javascript" src="dwr/interface/UserDAOAjax.js"></script>
	<script type="text/javascript">
		function show(boolean){
			if(boolean){
				alert("用户已经存在！");
			}
		}
		function validate(){
			var name=form1.name.value;
			if(name==""){
				alert("用户名不能为空！");
				return;
			}
			UserDAOAjax.exitUser(name,show);
		}
	</script>
</head>
<body>
	<jsp:include page="head.jsp"/>
	<div class="content">
		<div class="right">
			<div class="right_box">
				<div class="info_bk1">
					<div align="center">
						<form action="register.action" method="post" name="form1">
							用户注册<br>
用户名:<input type="text" id="name" name="user.username" onblur="validate()" size="20"/><br>
密    码:<input type="password" name="user.password" size="21"/><br>
性    别:<input type="text" name="user.sex" size="20"/><br>
年    龄:<input type="text" name="user.age" size="20"/><br>
							<input type="submit" value="注册"/>
						</form>
					</div>
				</div>
			</div>
		</div>
	</div>
	<jsp:include page="foot.jsp"/>
</body>
</html>
```

6. 配置 dwr.xml

dwr.xml 在项目中的位置如图 9.3 所示。

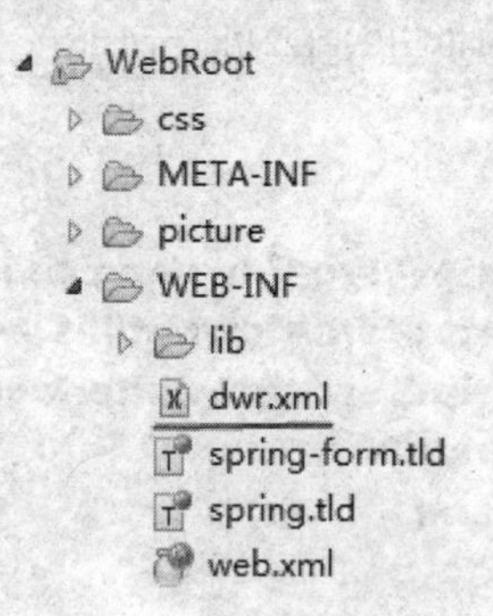

图 9.3 dwr.xml 在项目中的位置

配置文件 dwr.xml 的内容如下：

```
<!DOCTYPE dwr PUBLIC
"-//GetAhead Limited//DTD Direct Web Remoting 1.0//EN"
"http://www.getahead.ltd.uk/dwr/dwr10.dtd">
<dwr>
        <allow>
                <create javascript="UserDAOAjax" creator="spring">
                        <param name="beanName" value="userService"/>
                        <include method="exitUser"/>
                </create>
        </allow>
</dwr>
```

creator 属性是必需的，它用来指定使用哪种构造器。

默认情况下，有如下 9 种构造器。

（1）new：用 Java 的 new 关键字构造对象。

（2）none：不创建对象。

（3）scripted：通过 BSF 使用脚本语言创建对象。

（4）spring：通过 Spring 框架访问 Bean。

（5）jsf：使用 JSF 的 Bean。

（6）struts：使用 Struts 的 FormBean。

（7）pageflow：访问 Beehive 或 Weblogic 的 PageFlow。

（8）javascript 属性：用于指定浏览器中这个被构造出来的对象的名称。

（9）param 元素：指定构造器的其他参数，每种构造器各有不同。例如，“new”构造器需要知道创建的对象是什么类型。每个构造器的参数可在各自的文档中找到。

9.2 Ajax 入门

9.2.1 Asynchronous JavaScript+XML

Ajax 即“**A**synchronous **J**avaScript **a**nd **X**ML”（异步 JavaScript 和 XML）的简称，是由

Jesse James Gaiiett创造的名词，用来指一种创建交互式网页应用的网页开发技术。Asynchronous为"异步"，这是Ajax的核心观念，要想了解Ajax，应先了解为何要使用异步。

现在，许多应用程序都建立在Web上，但是，Web本身却成为限制应用程序发展的因素。个中原因来自网络延迟的不确定性，网络连接是耗费资源的行为，程序必须序列化，通信协议沟通、路由传输等动作都很浪费时间和资源。Web应用程序通常通过表单进行资料提交，在同步的情况下，使用者发送表单后，只能等待服务器回应，这段时间内，用户无法做进一步的操作，如图9.4所示。

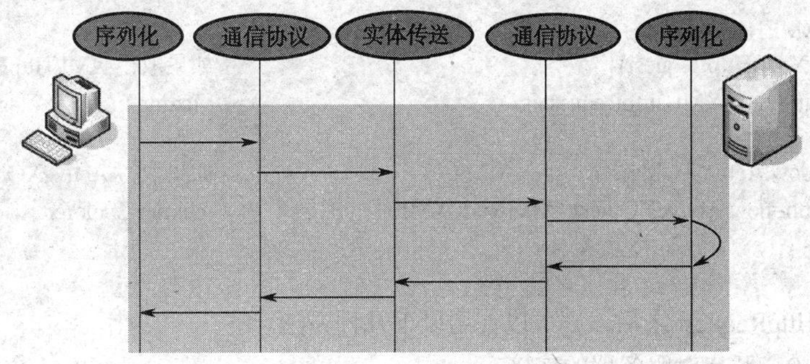

图9.4 同步技术

图9.4中加底纹部分是发送表单之后使用者必须等待的时间，浏览器预设是使用同步的方式送出请求并等待回应。

如果可以把请求与回应改为异步进行，即发送请求后，浏览器不需要苦等服务器的回应，而是可以让使用者对浏览器中的Web应用程序进行其他的操作。当服务器终于处理完请求并送出回应时，计算机接收到回应，再呼叫浏览器所设定的对应动作进行处理，如图9.5所示。

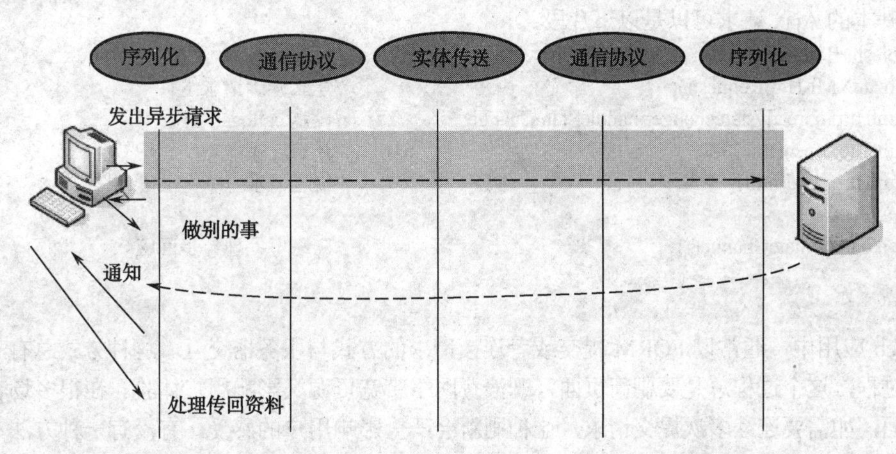

图9.5 异步技术

现在的问题是，谁来发送异步请求。Ajax是使用XMLHttpRequest组件，通过JavaScript来建立的。其实，在Firefox、NetScape、Safari、Opera中称为XMLHttpRequest，在Internet Explorer中称为Microsoft XMLHTTP或Msxml2.XMLHTTP的ActiveX组件，不过在IE 7中又更名为XMLHttpRequest。

Ajax应用程序是必须由客户端、服务器一同合作的程序，JavaScript是用来撰写Ajax应用程序客户端的语言，XML则是请求或回应时建议使用的交换资料格式。

9.2.2 XMLHttpRequest

在 Ajax 应用程序中，如果是在 Mozilla/Firefox/Safari 中，则可以通过 XMLHttpRequest 来发送异步请求；如果是 IE 6 或者之前的版本，则使用 ActiveXObject 来发送异步请求。为了实现各种不同浏览器的兼容性，必须进行测试取得 XMLHttpRequest 或 ActiveXObject。

```
var xmlHttp;
function createXMLHttpRequest(){
    if(window.XMLHttpRequest){                                    //如果取得 XMLHttpRequest
        xmlHttp=new XMLHttpRequest();                             //Mozilla,Firefox,Safari
    }
    else if(window.ActiveXObject){                                //如果取得 ActiveXObject
        xmlHttp=new ActiveXObject("Microsoft.XMLHTTP");           //Internet Explorer
    }
}
```

在建立 XMLHttpRequest 之后，则可以使用以下几种方法。

（1）void open()：开启对服务器的连接。

（2）void send()：向服务器发送请求。

（3）void setRequestHeader()：为 HTTP 请求设定一个给定的 header 值。

（4）void abort()：用来中断请求。

（5）string getAllResponseHeaders()：获取响应的所有 http 头，返回一个字符串，其中在每个 http 头名称和值之间用冒号分隔，以\r\n 结束。

（6）string getResponseHeader()：从响应信息中获取指定的 http 头，并以字符串形式返回。

一个基本的 Ajax 请求可以是以下片段：

```
function startRequest(){
    createXMLHttpRequest();                                   //建立异步请求组件
    xmlHttp.onreadystatechange=handleStateChange;             //设定 callback 函数
    xmlHttp.open();                                           //开启连接
    xmlHttp.send(null);                                       //传送请求
}
function handleStateChange(){                                 //在这里处理异步回应
    …
}
```

在 Web 应用中，通常以 FORM 提交或者连接请求的方式与服务器交互。这种方式总有一个请求和响应的过程，这个过程总是要刷新页面，既浪费网络带宽资源又影响用户体验。在很多场合需要不断刷新页面，如需要连续多次提交请求，这种刷新会严重影响用户的感受。有没有一种方法不刷新页面而完成数据提交或数据请求呢？Ajax 技术就是解决这个问题的答案。Ajax 使 Web 应用看上去好像传统窗口应用软件那样立即响应，没有提交、等待、刷新的过程。

Ajax 是利用浏览器与服务器之间的一个通道来“暗中”完成数据提交或者请求的。具体方法是，页面的脚本程序通过浏览器提供的空间完成数据的提交和请求，并将返回的数据由 JavaScript 处理后展现到页面上。整个过程是由浏览器、JavaScript、HTML 共同完成的。Ajax 是这样一组技术的总称。不同的浏览器对 Ajax 有不同的支持方法，而对于 Web 服务器来说没有任何变化，因为浏览器和服务器之间的这个隧道依然是基于 HTTP 请求和响应的，浏览器正常的请求和 Ajax 请求对于 Web 服务器来说没有任何区别。如图 9.6 所示为 Ajax 的请求和响应过程。

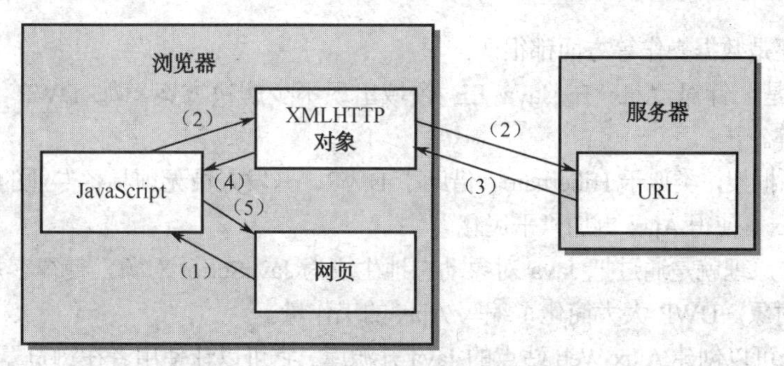

图 9.6　Ajax 的请求和响应过程

Ajax 的请求和响应过程如下。

（1）网页调用 JavaScript 程序。

（2）JavaScript 利用浏览器提供的 XMLHTTP 对象向 Web 服务器发送请求。

（3）请求的 URL 资源处理后返回结果给浏览器的 XMLHTTP 对象。

（4）XMLHTTP 对象调用实现设置的处理方法。

（5）JavaScript 方法解析返回的数据，利用返回的数据更新页面。

创建的对象是什么类型、每个构造器的参数在各自的文档中都能找到。

9.2.3　基于 Ajax 的用户注册实例

当用户填写注册信息时，在不提交到服务器的情况下，判断用户名是否被注册并告之用户。Ajax 的无刷新机制使得注册系统中对于注册名称能即时显示。如果用户名已经存在，则即时通知用户更换名称。

首先定义 XMLHTTP 对象：

```
var xmlHttp=false;
xmlHttp=new ActiveXObject("Microsoft.XMLHTTP");
```

然后自定义函数，这个函数的主要功能是异步获得 cu.jsp 的内容。在此之前先提取当前页表单元素“u_name”即用户名文本框的值，通过 cu.jsp 其后的参数即赋值而得到不同的结果。

```
function callServer(){
    var u_name=document.getElementById("username").value;    //从网页得到用户输入的用户名
    var url="cu.jsp?name="+escape(u_name);
    xmlHttp.open("GET",url,true);
    xmlHttp.onreadystatechange=updatePage;
    xmlHttp.send(null);
}
```

cu.jsp 的主要功能就是接收 URL 参数 name 的值做内容显示，该内容最终被 t1.html 异步获取。

```
name=request.querystirng("name");                                    //获得 name 的值
//连接数据库查看是否有该用户，如果有则返回 true，如果没有则返回 false
```

将异步获取的信息显示在当前页：

```
function updatePage(){
    test1.innerHTML=xmlHttp.responseText;
}
```

9.2.4　Ajax 集成技术：DWR

对于程序员来说，现在需要掌握 JavaScript 脚本来操作数据。但是，相对于 Java，JavaScript 语言无论在面向对象还是数据操作等方面都很弱。

值得高兴的是，针对 Ajax 在 Java EE 领域出现不少解决方案，如 DWR、AjaxAnywhere、JSON-RPC-Java 等。

DWR 是开源框架，类似于 Hibernate。借助于 DWR，开发人员无须具备专业的 JavaScript 知识就可以轻松实现 Ajax，使得 Ajax 更加“平民化”。

DWR 的工作原理就是通过把 Java 对象动态地生成为 JavaScript 对象，使得客户端通过脚本就能够访问到服务器对象。DWR 大大简化了编写 Ajax 的工作量。

DWR 是一个可以创建 Ajax Web 站点的 Java 开源库。它可以让使用者在浏览器中的 JavaScript 代码调用 Web 服务器上的 Java 代码，就像 Java 代码在浏览器中一样。

DWR 包含 2 个主要部分：

（1）一个运行在服务器端的 Java Servlet，它处理请求并向浏览器发送响应。

（2）运行在浏览器端的 JavaScript，它发送请求并能动态更新网页。

DWR 工作原理是动态把 Java 类生成为 JavaScript。它的代码就像 Ajax 一样，感觉调用就像发生在浏览器端，但是实际上代码调用发生在服务器端。DWR 负责数据的传递和转换。这种从 Java 到 JavaScript 的远程调用功能的方式使 DWR 用起来有些像 RMI 或者 SOAP 的常规 RPC 机制，而且 DWR 的优点在于不需要任何的浏览器插件就能运行在网页上。

Java 从根本上说是同步机制，然而 Ajax 却是异步的。所以调用远程方法时，当数据已经从网络返回时，要提供有回调（callback）功能的 DWR，如图 9.7 所示。

DWR 动态地在 JavaScript 里生成一个 AjaxService 类，去匹配服务器端的代码。由 eventHandler 去调用它。然后，DWR 处理所有的远程细节，包括所有的参数以及返回 JavaScript 和 Java 的值。在示例中，eventHandler 方法调用 AjaxService 的 getOptions()方法，然后通过回调（callback）方法 poplulateList(data)得到返回的数据，其中 data 就是 String[]{"1", "2", "3"}，最后再使用 DWRUtil 把 data 加入下拉列表中。

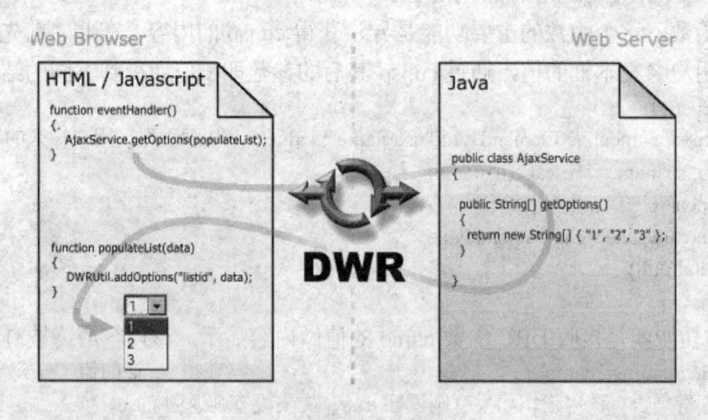

图 9.7　DWR 原理

习　题　九

使用 Ajax 完成更改用户登录模块，要求：如果用户名或密码有一项为空，则弹出提示窗口。

第 10 章 项目开发技术：Java EE 应用测试与发布

本章主要内容：

（1）用 JUnit 对网上书店系统进行单元测试。

（2）部署网上书店，生成发布包。

10.1 测 试

应用系统的实施代码构建完成之后，并不代表项目已经结束。至少还有系统测试、发布以及性能调优等工作需要完成。本章将讨论这些问题。

10.1.1 应用测试：使用 JUnit 单元测试框架

测试的目的是检验开发结果是否满足规定需求，测试是保证软件质量的重要手段，是软件开发过程中不可缺少的组成部分。

单元测试与集成测试分别有各自的定义：在实际开发中，两者之间的界定是模糊的。因此，在这里一并讨论。

虽然测试是一项乏味的工作，但是对自己开发的程序代码进行单元测试是程序员必要的工作。在 Java EE 项目中，一般有以下两种方法进行单元测试。

1. 编写 main 方法

在被测试类中编写一个 main 方法是传统而简单的方法，但缺点不少。首先，增加了源代码的长度。其次，有可能破坏源代码的可读性，特别是对于那些拥有多个对外接口的类，要求其在一个 main 方法中完成所有测试案例，测试繁杂。若把这些案例分解成一个一个私有测试方法，则将降低代码的可读性。最后，可能使得功能类引入多余的依赖类，例如，测试类引用了类所有接口的实现类。

main 方法的根本性缺点在于测试结果的直观阅读性问题。main 方法测试，必须在执行后通过对控制台的输出信息进行观察，才能判断结果是成功还是失败。这显然是不方便、浪费时间的。

2. 使用 JUnit 单元测试框架

JUnit 是 main 方法的改进替代方案，JUnit 是一套功能强大而使用简单的单元测试框架。实际上，它现在已经是 Java 代码单元测试的事实标准。

下面以 bookstore 为例进行说明。

引入 JUnit 单元测试框架的 bookstore 项目目录如图 10.1 所示。

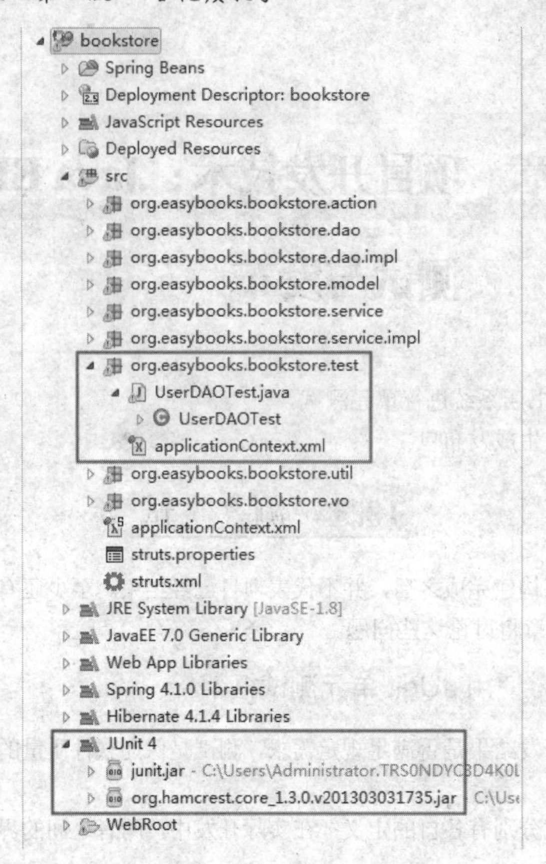

图 10.1　引入 JUnit 单元测试框架的项目目录

需要在项目\WebRoot\WEB-INF\lib 目录下加一个 Spring-mock.jar 包，并加载到该工程。所有集成这个类的方法都是一个测试类，本例对 UserDAO 类进行测试。

将 src 下的 applicationContext.xml 复制到 test 文件夹下。

编写测试类 UserDAOTest 的代码：

```
package org.easybooks.bookstore.test;
import org.springframework.test.AbstractDependencyInjectionSpringContextTests;
import org.easybooks.bookstore.dao.IUserDAO;
import org.easybooks.bookstore.vo.User;
public class UserDAOTest extends AbstractDependencyInjectionSpringContextTests{
    //测试 DAO，所以注入一个 DAO
    private IUserDAO userDAO;
    //一个用来实现 UserDAO 实例依赖注入的 setter 方法
    public void setUserDAO(IUserDAO _userDAO){
        userDAO=_userDAO;
    }
    @Override
    protected String[] getConfigLocations() {
        //指定 Spring 配置文件加载这个 fixture
        return new String[] {"classpath:org/easybooks/bookstore/test/applicationContext.xml"};
    }
    //测试 UserDAO 中的 validateUser()方法
    public void testValidateUser(){
```

```
            User user=userDAO.validateUser("zhouhejun","19830925");
            this.assertNull(user);
        }
}
```

加入 JUnit 库，单击 Java Build Path 中的【Add Library…】按钮，如图 10.2 所示。

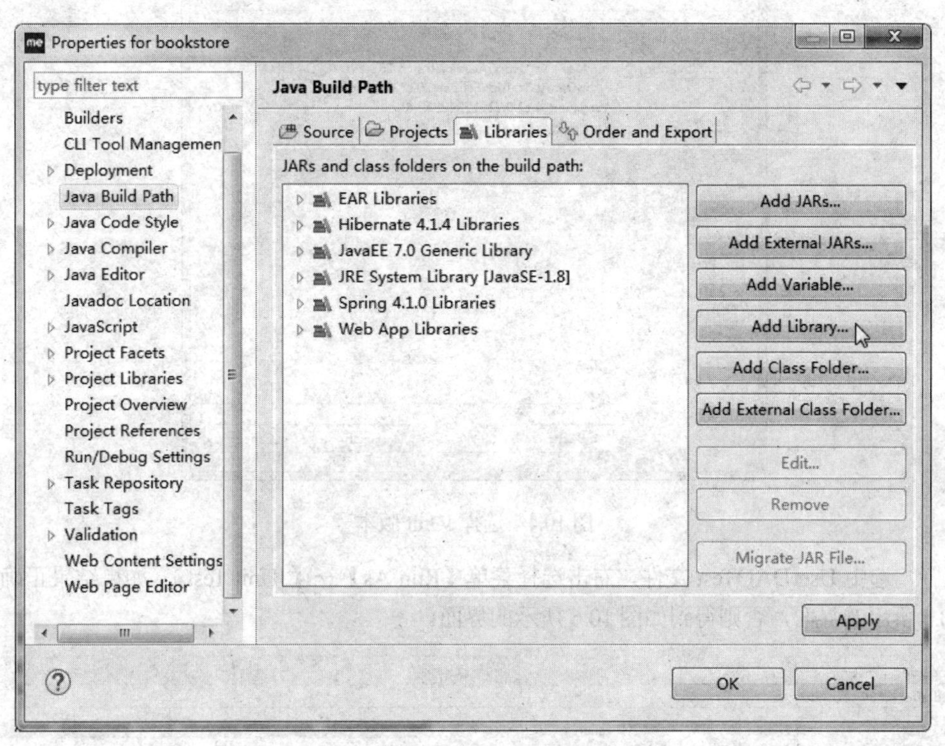

图 10.2　添加类库

出现如图 10.3 所示的界面，选择 JUnit 类库。

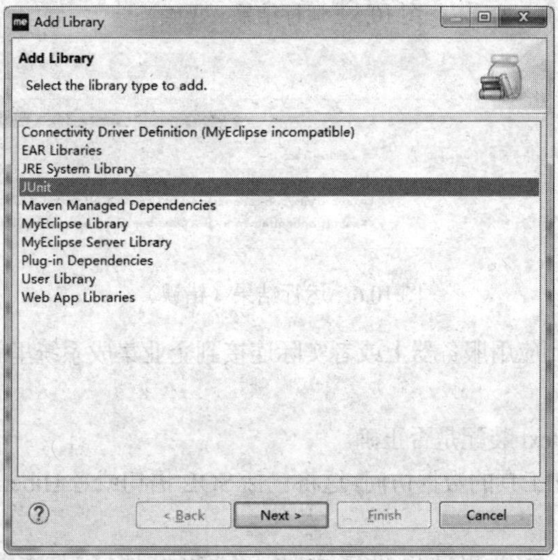

图 10.3　选择 JUnit 类库

单击【Next】按钮，选择 JUnit 的版本，如图 10.4 所示。

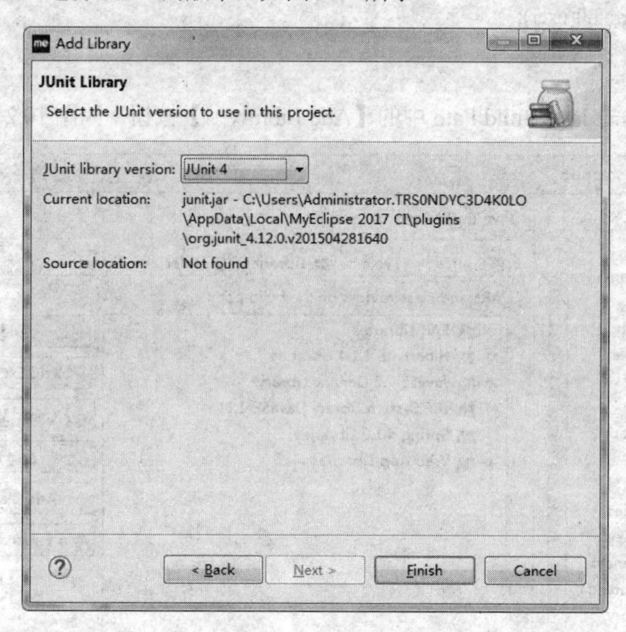

图 10.4　选择 JUnit 版本

运行，选中 UserDAOTest 文件，右击选择菜单【Run As】→【JUnit Test】。如果结果正确，得到如图 10.5 所示的界面，否则得到如图 10.6 所示的界面。

图 10.5　运行结果（正确）

图 10.6　运行结果（错误）

不用将应用程序部署到应用服务器上或者实际连接到企业集成系统里就可以进行一些集成测试。这样可以测试以下内容：

Spring IoC 容器的 context 装配是否正确。

使用 JDBC 或者 ORM 工具的数据访问，这将包括 SQL 语句或者 Hibernate 的 XML 映射文件是否正确。

Spring Framework 为集成测试提供了支持，这些支持通过 Spring Framework 发行包里 spring-mock.jar 文件中的一些类来提供。这个库中的类远远超越了 Catus 等容器内的测试工具。

当类 AbstractDependencyInjectionSpringContextTests 及其子类装载 ApplicationContext 时，可以通过 setter 注入任何配置的测试类的实例，只需要定义变量和相应的 setter 操作。AbstractDependencyInjectionSpringContextTests 将从 getConfigLocations()方法指定的配置文件中自动查找对应的对象。

10.1.2　性能与压力测试

经常会被人提问：你的应用请求响应速度如何？能支持多少个并发用户？在强负载的情况下，软件可靠性如何？显然，对于这些问题通过常规的测试手段是无法回答的。为此，需要寻找其他的测试方法。

1. 可靠性测试

对于一个像 bookstore 这样的运行系统来说，保证提供 7 天×24 小时连续稳定的服务是非常必要的。可靠性测试通常的做法是使用一定的负载（通常是系统可预见的最佳并发用户数，而不是最大并发用户数）长时间地对系统服务加压，并观察随着压力时间的延长，响应时间、吞吐量以及服务器相关资源利用率的变化；记录每次系统发生故障的时间，计算出相邻故障的时间间隔，从而统计出系统不发生故障的“最小时间间隔”、“最大时间间隔”和“平均时间间隔”，其中“平均时间间隔”就是要了解系统的大概“可靠”程度。

2. 压力测试

压力测试目的是评估出系统在特定环境下能保持正常运行的极限状态。通常做法是，在正确输入情况下反复增减并发用户数，观察系统受压的情况，直到捕捉到系统刚好不瘫痪时的临界状态。

3. 性能测试

性能测试的目的是检查应用系统的各项性能值是否达到预期的要求，查找出系统的性能瓶颈，以便为系统调优以及评估软件系统的合理软、硬件配置方案提供参考。

通常，测试的性能指标有请求处理成功率（%）、请求处理平均响应时间（ms）、吞吐量（bps）、系统最大处理能力（请求/秒）和系统支持的最大并发用户数等。

通常，需要借助一个第三方的性能与吞吐量测试工具才能帮助解决性能测试的问题。这些工具比较流行的有 LoadRunner、WAS、QALoad、JMeter 等。

以 JMeter 为例，它是 Apache 组织用 100%的 Java 实现的免费的性能测试工具，可以在模拟重负载条件下分析整个应用服务的性能。其官方网址为 http://jmeter.apache.org/download_jmeter.cgi。

一个典型的 JMeter 测试计划如下：

（1）线程组。

线程组用于定义运行的线程数以及线程等候周期。每一个线程模拟一个用户，而等候周期用于指定创建所有线程所花费的时间。例如，线程数为 50，等候时间为 100s，则等于创建每个线程的时间间隔为 2s；如果等候时间为 0，则代表 50 个线程同时创建，也就是并发访问。循环数则定义了线程运行次数，也就是某个线程创建后执行多少次请求就结束。

（2）取样器。

取样器定义访问应用服务请求。这些请求包括 http、jms 等，这里主要定义 http 请求。

（3）监听器。

监听器用于请求数据后期的分析处理。它提供很多结果分析方式，如可以使用图形结果、表格结果和聚合报告等。

10.2 发 布

10.2.1 发布网上书店

发布网上书店，将系统打包成一个 war 文件，步骤如下。

（1）在 MyEclipse 2017 中，选择主菜单【File】→【Export...】，出现如图 10.7 所示的界面，展开树状列表，选中“Java EE”节点下的“WAR file”项，单击【Next】按钮。也可以直接右击项目 bookstore，选择【Export】→【WAR file】。

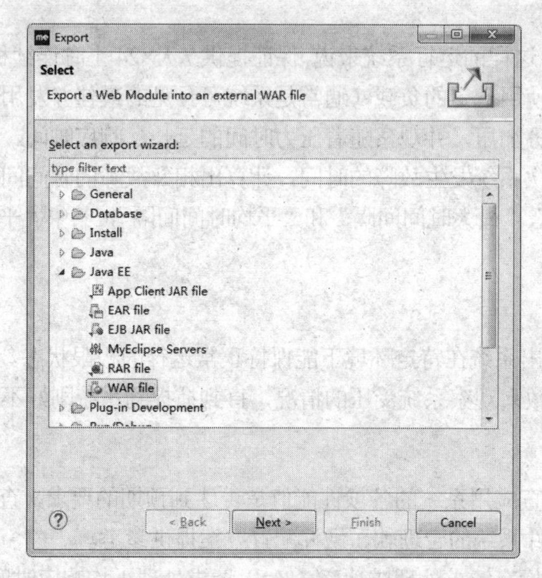

图 10.7 发布网上书店

（2）在“WAR Export”页中单击“Destination”栏右侧的【Browse】按钮，弹出【另存为】对话框，默认将生成的.war 文件保存到 MyEclipse 2017 的工作区中，单击【Finish】按钮，如图 10.8 所示。

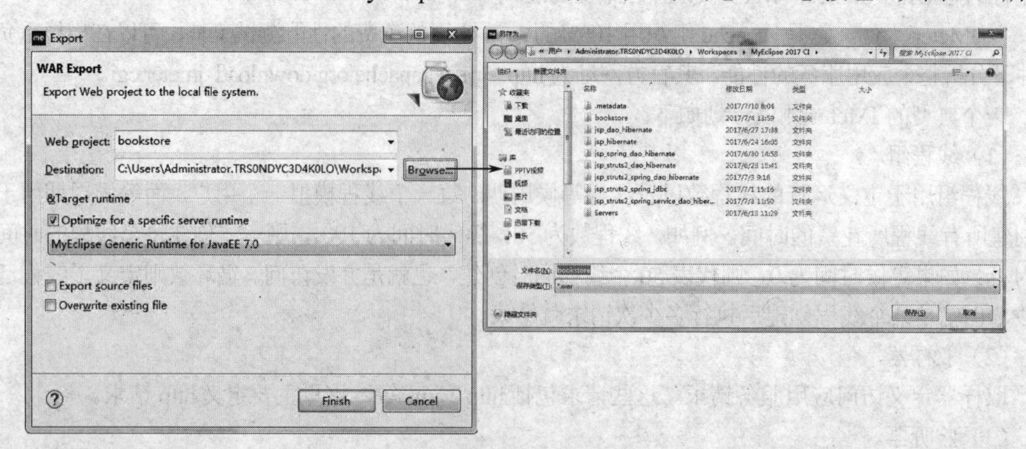

图 10.8 保存.war 文件

（3）最后，将 MyEclipse 2017 工作区中的 bookstore.war 文件复制到 Tomcat 的 Web 目录 C:\Program Files\Apache Software Foundation\Tomcat 9.0\webapps 下，手工启动 Tomcat 即可。

打开浏览器，输入 http://localhost:8080/bookstore/并回车，即可显示如图 10.9 所示的网上书店首页。

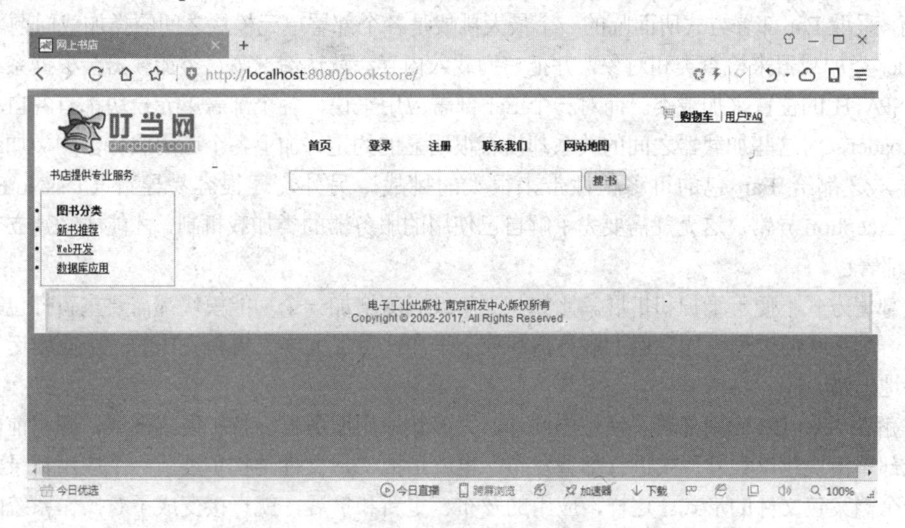

图 10.9　脱离 MyEclipse 环境运行网上书店

退出 MyEclipse 2017，此时已经完全脱离了 MyEclipse 开发环境，可以试一试，网上书店系统仍然可以正常运行使用，说明它已经发布成功！

10.2.2　知识点——发布文件的类型

在发布 Java EE 项目时，常会看到 Ear（扩展名为 ear）、Jar（扩展名为 jar）、War（扩展名为 war）文件。它们是什么意思？有何不同呢？在文件结构上，三者并没有什么不同，它们都采用 zip 或者 jar 档案文件压缩格式，但是它们的使用目的有所区别：

Jar 文件包含 Java 类的普通库、资源（resources）、辅助文件（auxiliary files）等。

War 文件包含全部 Web 应用程序。在这种情况下，一个 Web 应用程序被定义为单独的一组文件、类和资源，用户可以对 Jar 文件进行封装，并把它作为小型服务程序来访问。

Ear 文件包含全部企业应用程序。在这种情况下，一个企业应用程序被定义为多个 Jar 文件、资源、类和 Web 应用程序的集合。

每一种文件（Jar、War、Ear）只能由应用服务器、小型服务器程序容器、EJB 容器等进行处理。

对于一个 Java EE 应用体系，可由以下任意部署单元模块构成：

（1）Web 应用 War 包。

一个 War 文件包含一个 Web 应用各种实现 Java 类、依赖库类、视图页面（如 html、jsp、图像文件等）以及部署描述文件（如 web.xml）。

（2）EJB 组件的 Jar 包。

一个 EJB 组件的 Jar 包可以包含多个 EJB 实现 Java 类以及它们的部署描述文件。

（3）资源连接器（JCA）Ear 包。

它包含企业应用 JCA 所实现的 Java 类和依赖库。

（4）应用客户端 Jar 包。

它包含一个准备在客户端运行的独立应用程序。

Java EE Ear 文件通过特定的部署描述文件（application.xml）把它们装配成统一的发布包。Ear 部署的优点是准确地反映应用的语义。由于是 Java EE 标准规范，几乎所有的 Java EE 应用程序服务器都提供了友好的可视化部署工具，发布过程方便、简单。

然而，采取 Ear 部署方式所面临的一个最大挑战是各个部署单元模块之间的类加载问题。JVM 用 ClassLoader 类加载器来检查类和对象，并把它们载入内存。默认情况下，类加载器会根据系统环境变量 CLASSPATH 的位置来加载类。而对一个 Ear 部署应用来说，各个部署单元模块都有各自单独分离的 ClassLoader，对这些加载器之间的关系却没有很明显的约定，加上各个应用服务器的类加载机制又存在差异，这都给 Ear 包的可移植性带来很大的挑战。另外，还很容易导致 ClassNotFound 和 ClassCastException 异常。这无疑需要先了解自己使用的服务器的类加载机制，才能成功建立一个可运行的 Ear 部署包。

Ear 部署方式不便于维护和扩展。比如，更新或者新增加一个功能模块都需要重新打包，重新发布。这是一个乏味的过程，如果遇上服务器卸载不干净，费了大半天更新完毕的一个应用运行起来却莫名其妙地出错。

为了解决 Java EE 应用部署灵活性的问题，大多数应用服务器支持扩展式部署，即将前面提到的各种单元部署模块包以独立形式进行部署发布，也就是把 Ear 文件结构扩展成一个应用目录结构，代替原来一个档案包文件的形式。这样，应用的发布、更新和扩展，就直接变成了对操作系统的目录文件的管理。

例如，一个 Java EE 的 bookstore 应用程序，针对 Jboss 在 Windows 系统上部署。

首先，对于编译好的 Java 类，为了方便以后维护和发布，按照 bookstore 应用程序包多层的结构，分别建立以下 4 个 jar 文件。

bookstore_Util.jar：将 bookstore 各层公共使用的类打成一个公共包 org.easybooks.bookstore.Util。

bookstore_Action.jar：将 bookstore 应用表示层所有类打成一个包 org.easybooks.bookstore.Action。

bookstore_Service.jar：将 bookstore 应用业务逻辑层所有的类打成一个包 org.easybooks.bookstore.Service。

bookstore_DAO.jar：将 bookstore 应用数据持久层所有的类打成一个包 org.easybooks.bookstore.Dao。

其次，构建 Web 应用发布的 bookstore.war 目录（这里不采用 War 文件包的形式），目录中包含了页面视图及与其相关的所有资源，但不包含 Java 类以及依赖库。

最后，将业务框架所依赖的 EJB 组件打包成 businessEJB.jar。

有关 Jboss 服务器体系结构以及在其上发布 Java EE 应用的具体操作这里不多介绍，感兴趣的读者可以上网搜索相关的技术资料。

习 题 十

（1）使用 JUnit 对用户登录模块进行测试。

（2）将网上书店的发布包 bookstore.war 文件复制到另外一台非开发机器上，这台机器仅安装 Tomcat，将发布包放到 Tomcat 的\webapps 下并手工启动 Tomcat，看看能不能正常运行网上书店应用。

（3）有兴趣的读者可以学着使用 JMeter 对书店应用进行性能和压力测试，并查阅相关资料了解 Jboss 服务器上发布 Java EE 应用的知识。

反侵权盗版声明